技工院校工学一体化课程教学资源

技工院校计算机动画制作专业工学一体化教材

三维非雕刻道具与场景制作工作页

主编　宋　雄

学习任务三
虚拟交互项目非雕刻道具制作

中国劳动社会保障出版社

简介

本书为技工院校计算机动画制作专业“三维非雕刻道具与场景制作”工学一体化课程的工作页，依据《计算机动画制作专业国家技能人才培养工学一体化课程标准》编写，供各地技工院校开展工学一体化教学使用。

本书主要包括网络游戏非雕刻道具制作、网络游戏非雕刻场景制作、虚拟交互项目非雕刻道具制作、虚拟交互项目非雕刻场景制作四个学习任务，每个学习任务包含接受任务、明确信息，分析任务、制订计划，实施计划、阶段检查，审核优化、文件提交，展示汇报、总结反馈五个学习环节。

完成本书中学习任务所需的相关素材可通过技工教育网（https://jg.class.com.cn）下载并使用。

图书在版编目（CIP）数据

三维非雕刻道具与场景制作工作页 / 宋雄主编 . 北京 : 中国劳动社会保障出版社，2025. --（技工院校工学一体化课程教学资源）（技工院校计算机动画制作专业工学一体化教材）. -- ISBN 978-7-5167-7107-5

Ⅰ. TP391.41

中国国家版本馆 CIP 数据核字第 20253FL758 号

三维非雕刻道具与场景制作工作页

SANWEI FEIDIAOKE DAOJU YU CHANGJING ZHIZUO GONGZUOYE

中国劳动社会保障出版社出版发行

（北京市惠新东街 1 号　邮政编码：100029）

*

北京市艺辉印刷有限公司印刷装订　　新华书店经销

880 毫米 ×1230 毫米　16 开本　22.25 印张　496 千字

2025 年 7 月第 1 版　　2025 年 7 月第 1 次印刷

定价：58.00 元

营销中心电话：400-606-6496

出版社网址：https://www.class.com.cn

https://jg.class.com.cn

技工院校工学一体化课程教学资源
技工院校计算机动画制作专业工学一体化教材

开发院校

牵头院校：广州市工贸技师学院

参与院校：广西机电技师学院　北京市新媒体技师学院

江苏省盐城技师学院

指导专家

张利芳　陈海娜　马　琳

本书编审人员

主　　编：宋　雄

副 主 编：陈　矗

参　　编：韦文颖　朱素莲　刘学谦　刘雯方　杨晓玲　吴云兰　张良锋

姜　欢　徐　杰　谢奇肯　蔡丽娟

审　　稿：曹　莹

指　　导：马　琳

序

技工教育的本质是就业教育，其最显著的特征是职业性，其最好的培养模式就是“在工作中学习、在学习中工作”。培育大批高技能人才，既要适应新一轮科技革命和产业变革的需要，也要遵循技能人才成长发展规律，创新技能人才培养方式。推进工学一体化技能人才培养模式改革是推进校企融合、提质培优的重要途径，是技工院校服务制造业和实体经济发展的务实举措。

2009 年，人力资源社会保障部办公厅印发了《技工院校一体化课程教学改革试点工作方案》，分三批在部分技工院校试点开展工学一体化课程教学改革工作，到 2021 年已经覆盖 31 个专业 191 所部级试点院校。经过十多年的发展，理念得到认同、试点不断扩大、学生学习兴趣明显提高，取得了显著成效。2022 年 3 月，人力资源社会保障部印发了《推进技工院校工学一体化技能人才培养模式实施方案》，提出在全国技工院校大力推进工学一体化技能人才培养模式，实现百个专业、千所院校、万名教师的“百千万”工作目标，以促进技工院校人才培养模式变革、提升技能人才培养质量、带动形成技工院校改革创新新局面。

新一轮工学一体化课程教学改革开展聚焦“课程标准”“课程资源”“教师培养”三项重点工作，为持续推进技工院校工学一体化技能人才培养模式实施奠定了坚实基础。印发《〈国家技能人才培养工学一体化课程标准〉开发技术规程》，出版《工学一体化课程开发指导手册》，分三阶段指引完成 103 个专业国家技能人才培养工学一体化课程标准与课程设置方案开发；编制《工学一体化课程教学资源开发指

南》，开发第一批 14 个专业 37 门课程工学一体化课程教学资源；印发《技工院校工学一体化教师培训标准》，出版《工学一体化教师培训指导手册》，依托工学一体化教师培训基地培育师资队伍；印发《技工院校工学一体化课堂、课程、专业、院校建设标准》，出版《工学一体化课程教学实施指导手册》，指引 1 000 所技工院校对标开展工学一体化优质课堂、精品课程、示范专业、骨干院校的建设工作，实现以评促建的目标。

教材建设是教学改革成果固化的重要载体。本次工学一体化课程教学资源按照工作逻辑呈现实践、理论知识和素养，遵循工作过程六步法，从工作向“工作 + 学习”融合，通过引导问题层层递进，实现“输入—内化—输出—考核”的学习闭环，突出学生心智技能和思维的培养，强调学生个人成长的积累。近年来，通过指导专家、几百位试点院校的骨干教师以及编辑团队共同努力，产出了教学指导用书、工作页及答案、信息页及数字资源等形式的系列教材学材，以满足技工院校的教学使用需求。

本系列教材及配套资源的出版，不仅是对本轮技工院校工学一体化技能人才培养模式改革工作的阶段性总结，也是打通从课程标准到课堂实施最后一公里的全新尝试，意义深远。希望全国技工院校将推行工学一体化技能人才培养模式作为创新人才培养模式、提高人才培养质量的重要抓手，为加快培养具有良好工作思维与习惯、自主学习意识与能力、精湛专业技艺与技能的复合型技能人才作出新的更大贡献！

技工教育和职业培训教学指导委员会

2025 年 4 月

目录

学习任务三
虚拟交互项目非雕刻道具制作

任务描述

任务情境

《科幻岛》是一款科幻题材的5V5对战虚拟交互射击游戏，该游戏为现代科幻架空背景，美术风格具有半写实的特征，造型精简。该款游戏需要制作一种枪械道具模型——“沙漠之鹰”。为满足游戏内中景、近景造型使用的需求，枪械道具的前期二维设计由某游戏公司原画部门完成。某网络科技公司三维资产部门承接了枪械道具三维资产的制作任务，项目主管拿到道具制作任务单、道具原画稿和道具制作项目规范文件，参考行业优秀案例，对接了制作内容、制作规范、制作周期、制作标准等，并根据该项目进度要求分配和安排人员。你作为模型师，领取了制作任务，该任务要求在5个工作日内制作完成一份枪械道具模型并提交。

接到枪械道具模型制作任务后，你需要与教师充分沟通，解读道具原画稿和道具制作项目规范文件，参考行业优秀案例（如《CS:GO》《穿越火线》等），使用Maya进行建模、UV展开，使用Substance 3D Painter制作贴图，最后渲染输出。每个制作环节都需要经过教师的检查和品质把控，修改合格后，将道具整体渲染效果提交给教师审核，根据游戏行业规范标准和项目制作规范进行工程文件命名、输出和整理，提交并配合完成验收。在本任务制作过程中应遵守保密协议，不泄露项目机密信息。

任务要求

1. 任务制作周期

任务制作周期为5个工作日。

2. 任务制作要求

（1）模型制作要求

1）模型造型准确，高度还原道具原画稿，比例符合游戏场景要求。

2）模型无重面、破面和未缝合点。

3）模型布线合理、细节充足，布线精度满足虚拟交互射击游戏中景、近景需求（20 000 个四边面以内）。

（2）模型 UV 要求

UV 排列合理，无拉伸、无反向、无重叠。

（3）材质贴图要求

贴图无接缝、无高光和阴影，分辨率满足要求，与游戏风格、色彩相融合。

（4）渲染输出要求

1）输出模型正面、侧面及自由视角渲染效果图各一张，将它们合并在一张画布中。

2）画布大小为 4 096 × 4 096 像素，格式为 *.jpg。

（5）文件规范要求

1）模型按照道具制作项目规范文件规定内容制作，提交 Maya 源文件、贴图文件和效果图文件。

2）严格按照命名要求给文件、文件夹及工程文件内部模型、图层等命名，整理打包。

3）提交所有源文件（应包含 *.mb、*.ma、*.psd、*.tga、*.png、*.fbx 等格式）。

任务资料

1. 道具制作任务单

道具制作任务单

设计风格：可参考《CS:GO》《穿越火线》等游戏的枪械造型、枪械道具模型材质及布线参考图，如图 3-0-1 所示。制作材质时不必严格对照参考图片，只参考结构即可

使用软件：要求使用 Maya、Substance 3D Painter

制作时间：5 个工作日（包含制作模型、贴图）

制作要求：

（1）造型参考道具原画稿，比例正确。若原画稿包含不清晰的部分，依据模型师自己的经验进行完善。

（2）模型布线均匀合理，面数精简，布线精度满足虚拟交互射击游戏中景、近景需求（20 000 个四边面以内）。

（3）可活动部件单独拆分制作。

（4）UV 排列合理，无拉伸、无反向、无重叠。

（5）贴图无接缝、无高光、无阴影，分辨率为 2 048×2 048 像素。道具模型要与游戏风格、色彩相融合。

（6）输出模型正面、侧面及自由视角渲染效果图各一张，将它们合并在一张画布中。画布大小为 4 096×4 096 像素，格式为 *.jpg。

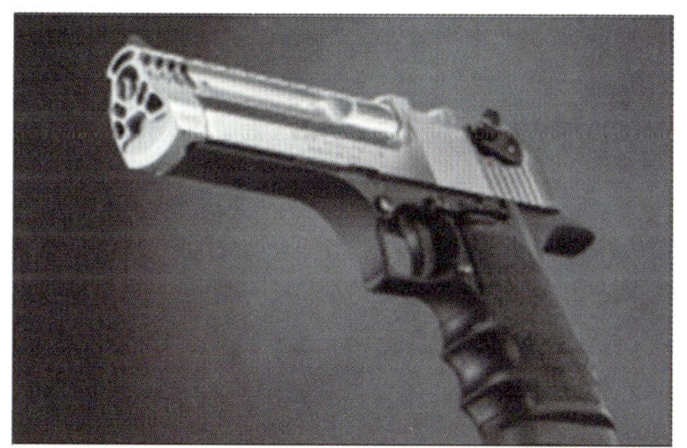

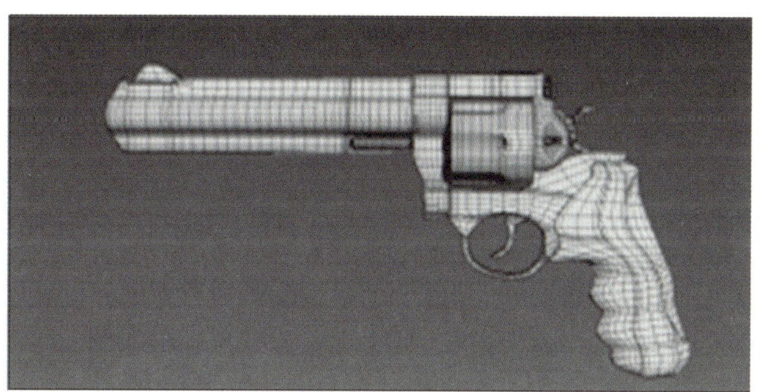

图 3-0-1 枪械道具模型材质及布线参考图

2. 道具原画稿

道具原画稿如图 3-0-2 所示。

图 3-0-2　道具原画稿

3. 道具制作项目规范文件

道具制作项目规范文件如图 3-0-3 所示。

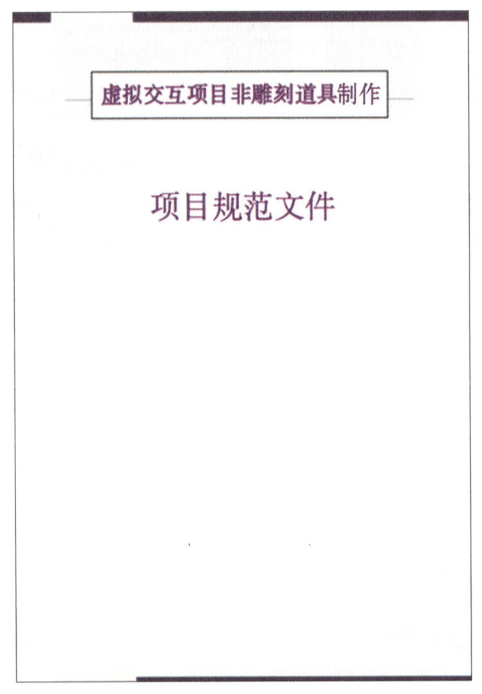

虚拟交互项目非雕刻道具制作

项目规范文件

图 3-0-3　道具制作项目规范文件

学习目标及学时

1. 能通过分析任务资料，沟通并确认工作要求，整理制作要求，完成虚拟交互项目道具制作任务信息表，并具备清晰表达、协作和沟通能力。

2. 能依据道具原画稿、参考资料和任务要求，明确制作规范，梳理制作步骤，制订并优化虚拟交互项目道具分步制作计划表。

3. 能分析枪械道具特点，灵活运用 Maya 多边形建模方法制作完整枪械道具模型，准确把握比例和细节，并根据反馈优化模型。能根据模型结构划分 UV，使用 Unfold3D 工具完成 UV 展开图，并优化、提高 UV 空间利用率。能分析材质属性，使用 Substance 3D Painter 制作 PBR 贴图，准确还原材质质感，并优化整体贴图效果。

4. 能通过设置渲染环境和灯光，完成道具的多角度成果展示图，依据反馈优化模型、UV 和贴图，提交符合项目要求的最终作品。

5. 能以小组形式制作并展示技术要点思维导图，清晰展示项目制作成果和心得，提升团队协作能力和总结反思能力。

72 学时

学习路径

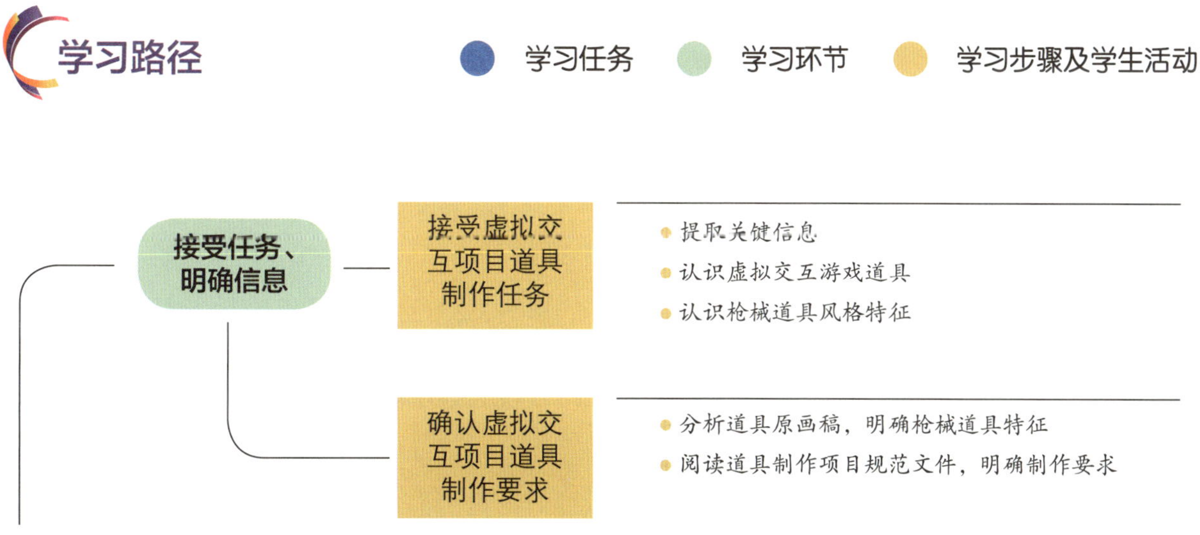

虚拟交互项目非雕刻道具制作

分析任务、制订计划

分析虚拟交互项目道具制作步骤和内容

制订虚拟交互项目道具制作计划

- 预估任务工作量，制订道具分步制作计划
- 各小组展示、汇报和完善虚拟交互项目道具分步制作计划表

实施计划、阶段检查

分析虚拟交互项目道具原画稿

- 分析道具原画稿，判断枪械道具造型特点
- 参考道具原画稿，处理枪械道具结构

制作虚拟交互项目道具模型

- 选取多边形建模方法，完成模型主体结构搭建
- 学习硬表面布线技巧，调整模型重要位置的布线
- 依据道具原画稿及参考图，制作模型细节
- 沿中模轮廓结构，制作枪械道具模型低模

检查和优化虚拟交互项目道具模型

- 自检建模常见问题，修正错误
- 清理大纲视图，导出模型文件，核对文件名称和数量

分析虚拟交互项目道具模型的 UV

- 分析模型 UV 切割位置
- 分析模型需提高 UV 精度部分

制作虚拟交互项目道具模型的 UV

- 枪械道具模型 UV 制作注意事项
- 制作枪械道具模型 UV

检查和修正虚拟交互项目道具模型的 UV

- 分析 UV 制作常见问题，规范操作
- 检查和评价 UV 制作效果

分析虚拟交互项目道具模型材质特点

- 观察和分析材质图层
- 填写道具材质特征分析表

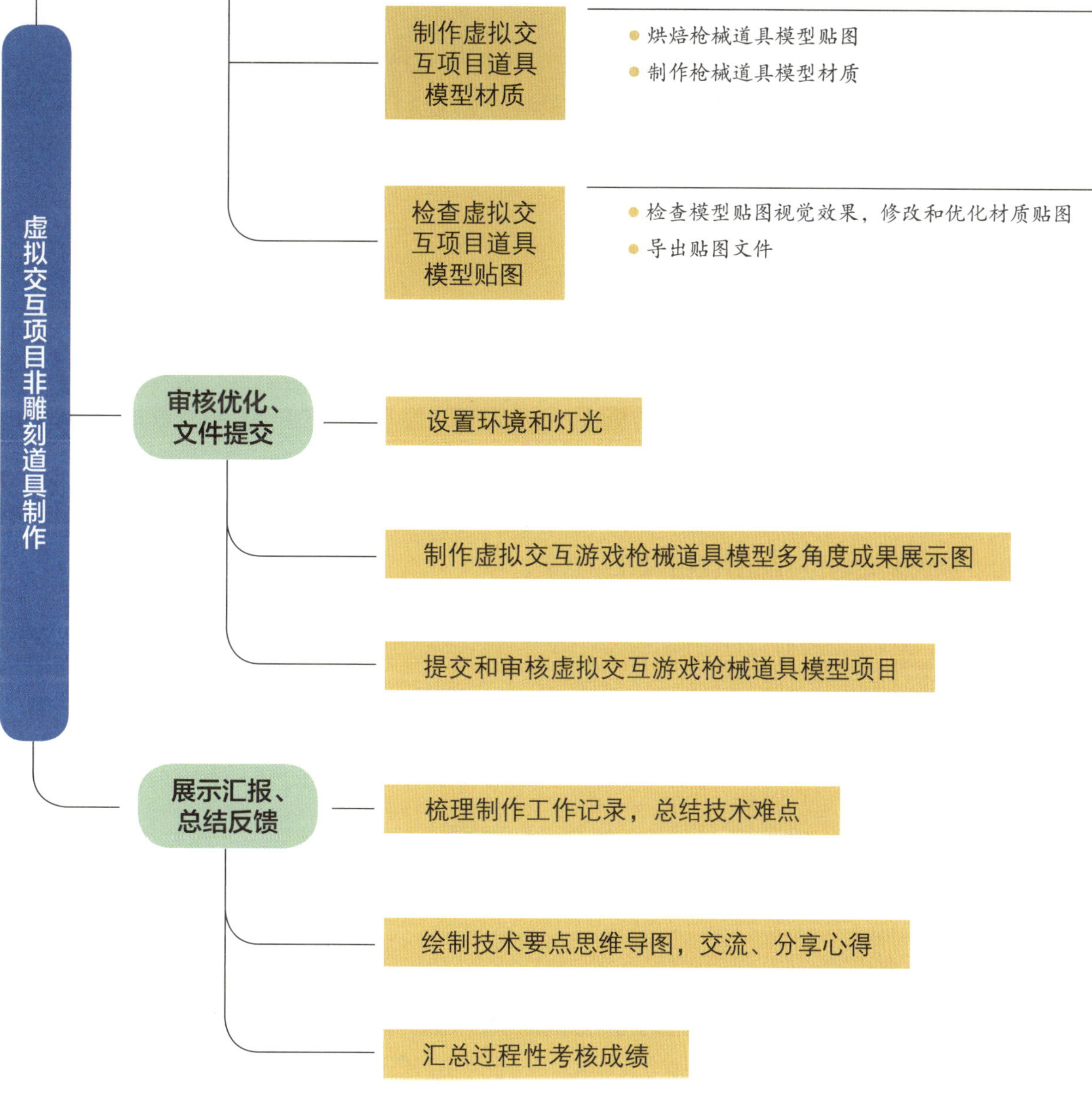
虚拟交互项目非雕刻道具制作
制作虚拟交互项目道具模型材质
烘焙枪械道具模型贴图
制作枪械道具模型材质
检查虚拟交互项目道具模型贴图
检查模型贴图视觉效果，修改和优化材质贴图
导出贴图文件
审核优化、文件提交
设置环境和灯光
制作虚拟交互游戏枪械道具模型多角度成果展示图
提交和审核虚拟交互游戏枪械道具模型项目
展示汇报、总结反馈
梳理制作工作记录，总结技术难点
绘制技术要点思维导图，交流、分享心得
汇总过程性考核成绩

学习环节一 接受任务、明确信息

学习目标

1. 能根据教师派发的任务资料，分析枪械道具模型材质及布线参考图、道具原画稿、道具制作项目规范文件等，并明确虚拟交互类游戏的概念、类型和规则等，完成虚拟交互项目道具制作任务信息表，具备与人有效沟通交流的能力。

2. 能沟通确认工作要求，包括制作周期、道具用途、技术细节要求（如模型精度、UV 重叠、渲染方式等），完成虚拟交互项目道具制作要求信息表。

建议学时

2 学时

学习要求

序号	学习步骤	学习内容	学时	备注
1	接受虚拟交互项目道具制作任务	1. 对任务背景、道具原画稿、参考图片等基本信息的分析 2. 虚拟交互类游戏的概念和类型 3. 规范意识	1	
2	确认虚拟交互项目道具制作要求	与人有效沟通交流的能力	1	

一、接受虚拟交互项目道具制作任务

（一）提取关键信息

阅读道具制作任务单，结合任务情境，完成虚拟交互项目道具制作任务信息表，见表 3-1-1。

表 3-1-1　　虚拟交互项目道具制作任务信息表

模型内容	□任意武器　□枪械道具　□冷兵器
模型个数	□一个　□两个　□多个
模型用途	□背景装饰　□互动道具　□交易道具　□外观装备
使用软件	□ Maya　□ Photoshop　□ Substance 3D Painter　□ 3ds Max
软件版本	Maya：________　Substance 3D Painter：________
风格特征	□写实　□半写实　□卡通
模型面数	□ 50 000 个四边面以内　□ 20 000 个四边面以内　□ 100 000 个四边面以内
输出要求	□实时渲染截图　□渲染导出图
模型拆分	□单独拆分制作可活动部件　□整体建模
制作时间	______年______月______日—______年______月______日， 第______学习周—第______学习周，共______天 /______学时

（二）认识虚拟交互游戏道具

阅读信息页中关于“认识虚拟交互游戏道具”“认识游戏枪械道具”的内容，回答下列问题。

1. 虚拟交互游戏是一种结合了虚拟现实（Virtual Reality，VR）技术和交互设计的游戏形式，下列属于虚拟交互游戏场景的是（　　）。【单选题】

A. 场景一

B. 场景二

C. 场景三

2. 虚拟交互游戏的主要分类包括角色扮演游戏（Role-Playing Game，RPG）、射击游戏、策略战争游戏、休闲益智游戏、体育竞技游戏、模拟经营游戏、社交游戏等，根据任务情境描述，本项目是一款虚拟交互__________游戏。

3. 虚拟交互游戏道具是指在虚拟交互游戏中使用的各种物品或装备，道具的种类和功能丰富多样。观察道具原画稿，本项目制作的道具属于（　　）类。【单选题】

A. 任务道具　　B. 交易品　　C. 消耗品　　D. 装备

E. 装饰品　　F. 特殊技能道具　　G. 宠物或伙伴

（三）认识枪械道具风格特征

任务情境和道具制作任务单中提到，本任务的美术风格具备半写实化风格特征，回答下列问题。

1. 在半写实化风格主要特征及呈现方式表（见表 3–1–2）中选择半写实化主要特征对应的呈现方式，并在对应内容前面的□内打“√”。

表 3–1–2　　　　半写实化风格主要特征及呈现方式表

序号	主要特征	呈现方式
1	真实感强烈	□效果和真实物体一样　□保持自身风格，还原现实世界中道具的细节和质感
2	创意表现	□融入创意元素　□更具视觉冲击力
3	功能实用	□注重外观　□符合游戏实际功能
4	文化融合	□参考真实世界文化设计　□仅展现游戏内部世界观

2. 对比下列图片，按写实、半写实到卡通的顺序将图片序号重新排列并填写在横线上：____________________。

A.

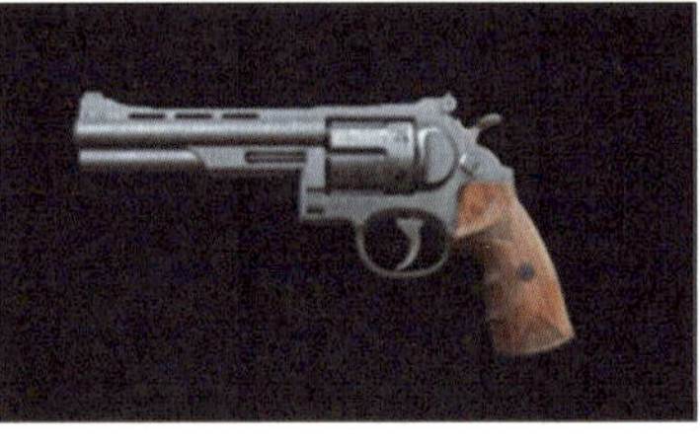

B.

C.

二、确认虚拟交互项目道具制作要求

（一）分析道具原画稿，明确枪械道具特征

1. 在游戏中，枪械道具通常可以被拆分为多个可活动部件，允许玩家自由组装、拆卸或调整，以增强游戏的互动性和真实感。阅读信息页中的“枪械道具基本结构介绍”，并在互联网中查找和观看沙漠之鹰枪械的工作原理相关视频，将手枪常见的拆分部件名称（“套筒”“弹匣”“枪管”“握把”“扳机”“击锤”）分别填写在手枪拆分部件图（图 3–1–1）对应的方框中。

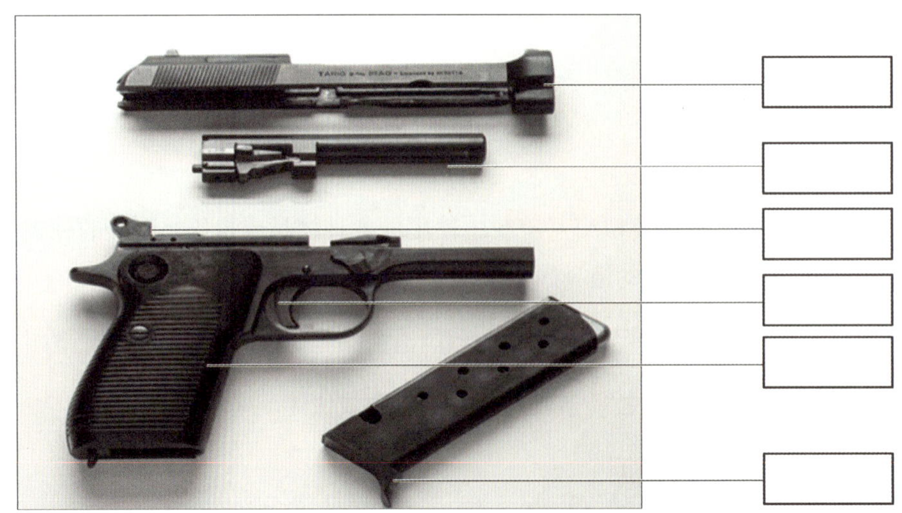

图 3–1–1　手枪拆分部件图

2. 仔细观察道具原画稿，如图 3–1–2 所示，用马克笔标记枪械拆分部件，完成枪械道具拆分部件特征表，见表 3–1–3。

图 3–1–2　道具原画稿

表 3–1–3　　　　枪械道具拆分部件特征表

拆分部件	主要色彩	材质	是否为活动部件
套筒	□ □ □ □ □	□金属　□橡胶　□木头	□是　□否
弹匣		□金属　□橡胶　□木头	□是　□否
击锤		□金属　□橡胶　□木头	□是　□否
枪管		□金属　□橡胶　□木头	□是　□否
握把		□金属　□橡胶　□木头	□是　□否
扳机		□金属　□橡胶　□木头	□是　□否

（二）阅读道具制作项目规范文件，明确制作要求

1. 仔细阅读道具制作项目规范文件，提取制作要求等信息，填写虚拟交互项目道具制作要求信息表（见表 3–1–4），并由小组代表进行汇报。

表 3-1-4　　虚拟交互项目道具制作要求信息表

制作阶段	项目	制作要求	
模型制作	模型类型	□只能有多边形模型　□可以有曲面模型	
	父子关系	□不能有　□主体与其他部件可以有	
	坐标	□所有物体轴心点在坐标原点　□组的轴心点在坐标原点	
	法线方向	□朝向透视摄像机　□方向一致　□不能锁定法线　□必须锁定法线	
	对称	□ *YZ* 平面对称　□ *XZ* 平面对称　□ *XY* 平面对称	
UV 制作	UV 空间	□尽可能紧凑　□应留出部分空间	
	UV 密度	□平均　□可以有不同	
	UV 反转	□不能出现　□可以出现	
贴图制作	命名	□ Maya 材质球名称、Substance 3D Painter 材质名称、贴图名称一致 □ Maya 材质球名称、Substance 3D Painter 材质名称、贴图名称可以不一致	
	所需贴图	□四张 □五张	□颜色贴图　□粗糙度贴图　□金属度贴图 □光照贴图　□法线贴图　□置换贴图
	贴图格式	□ *.png　□ *.jpg　□ *.tiff	
渲染输出	成果展示图角度	□正面　□侧面　□顶面　□ 45°　□ 30°　□自由视角	
	成果展示图画布大小	________×__________像素	
	成果展示图格式	□ *.png　□ *.jpg　□ *.bmp	

2. 阅读信息页中的“与人沟通交流的小技巧”，以小组为单位，讨论在学习中可以采用哪些沟通技巧提升信息处理能力，正确提炼需要的信息，完成下列与人沟通交流的小技巧分析图，如图 3-1-3 所示。

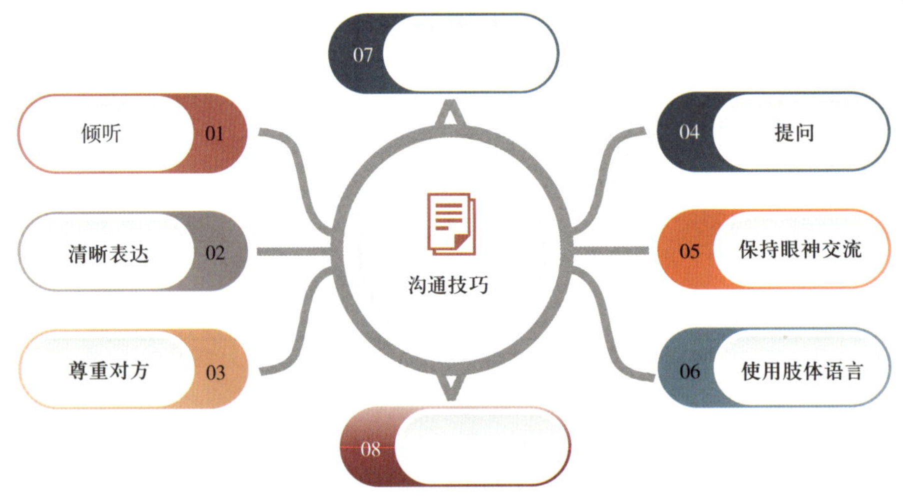

图 3-1-3　与人沟通交流的小技巧分析图

3. 根据过程性考核项目 1：任务信息沟通交流情况评价表（见表 3-1-5）的评价指标进行组内互评，将表 3-1-2、表 3-1-3 和表 3-1-4 的填写情况提交给教师，教师进行教师评价。

表 3-1-5　　过程性考核项目 1：任务信息沟通交流情况评价表

序号	评价项目	配分（共 10 分）	评价细则	组内互评（占比 40%）	教师评价（占比 60%）	得分
1	信息提取	2	包括素材文件和任务信息，缺一项扣 0.5 分，扣完为止		/	
2	任务要求理解	5	任务信息表填写正确，5 分；错一项扣 0.5 分，扣完为止		/	
3	任务要求表达	3	小组分工明确、交流顺畅，与教师沟通及时，术语和单位使用准确，表述清晰，3 分；沟通不顺畅但能完成信息交换，或个别术语单位使用错误，2 分；小组、师生间沟通不充分或不能通过沟通获取信息，0 分	/		
小计得分						
合计						

学习环节二 分析任务、制订计划

学习目标

1. 能根据道具原画稿、参考资料，以及道具制作项目规范文件，明确枪械道具的制作规范要求，明确虚拟交互游戏枪械道具制作的步骤和内容。

2. 能梳理虚拟交互游戏枪械道具的制作思路并预估工作量，填写虚拟交互项目道具分步制作时间分析表，与教师沟通确定制作计划的可执行性，确定虚拟交互项目道具分步制作计划表，具有规范意识。

建议学时

2 学时

学习要求

序号	学习步骤	学习内容	学时	备注
1	分析虚拟交互项目道具制作步骤和内容	虚拟交互项目道具制作步骤和内容	1	
2	制订虚拟交互项目道具制作计划	1. 虚拟交互项目道具分步制作计划 2. 规范意识	1	

一、分析虚拟交互项目道具制作步骤和内容

结合学习任务一、学习任务二中的模型制作经验，查阅信息页中的“次世代建模流程”相关内容，整理和记录虚拟交互游戏枪械道具的制作步骤，将制作步骤与其对应的学习内容进行连线。

制作步骤	学习内容
	UV 制作
分析道具原画稿	UV 检查和修正
	枪械道具造型特点的解读和分析
	厘清模型基础结构
制作模型	建模方法构思
	建模流程规划
	枪械道具主体部分模型的制作
制作 UV	模型分割及配件制作
	中模结构调整、细节修饰
	低模制作
制作材质贴图	模型贴图烘焙
	基本材质制作
	材质质感和细节修饰
渲染输出	材质贴图输出
	环境和灯光设置
	渲染文件输出

二、制订虚拟交互项目道具制作计划

（一）预估任务工作量，制订道具分步制作计划

1. 结合个人学情，回顾学习任务一中各个制作阶段所需的时间，针对项目制作过程中的重点、难点，思考每个制作阶段是否需要增加或减少时间。以小组为单位，讨论增减制作阶段时间的原因，完成虚拟交互项目道具分步制作时间分析表（若制作阶段时间不变，在“增减原因”列填“/”），见表 3-2-1，确定任务工作量。

表 3-2-1　虚拟交互项目道具分步制作时间分析表

序号	制作阶段	阶段内容	时间增加或减少	增减原因	计划用时（学时）
1	模型阶段	分析枪械道具模型	□增加　□减少　□不变		
		制作枪械道具模型	□增加　□减少　□不变		
		检查和优化枪械道具模型	□增加　□减少　□不变		
2	UV 阶段	制作枪械道具模型的 UV	□增加　□减少　□不变		
		检查和修正枪械道具模型的 UV	□增加　□减少　□不变		

续表

序号	制作阶段	阶段内容	时间增加或减少	增减原因	计划用时（学时）
3	贴图阶段	分析枪械道具模型材质特点	□增加 □减少 □不变		
		制作枪械道具模型材质	□增加 □减少 □不变		
		检查枪械道具模型贴图	□增加 □减少 □不变		
4	渲染输出阶段	设置环境和灯光	□增加 □减少 □不变		
		制作枪械道具模型渲染效果图	□增加 □减少 □不变		
		验收枪械道具模型项目	□增加 □减少 □不变		

2. 在计划实施环节，部分步骤可以通过多种方式实现，根据本学习任务中枪械道具模型的特点及对模型制作目标效果的要求，为虚拟交互项目道具制作关键步骤实施方式分析表（见表 3–2–2）中的关键步骤选择合适的实施方式，并简要说明选择该方式的理由。

表 3–2–2　　虚拟交互项目道具制作关键步骤实施方式分析表

关键步骤	实施方式	选择该方式的理由
制作枪械道具模型	□多边形建模 □曲面建模	
制作枪械道具模型材质	□PBR 流程 □手绘流程	
制作枪械道具模型渲染效果图	□Arnold 渲染 □Substance 3D Painter 渲染	

（二）各小组展示、汇报和完善虚拟交互项目道具分步制作计划表

1. 各小组分别展示和汇报自己的虚拟交互项目道具分步制作时间分析表（见表 3–2–1），通过教师讲解点评，互相学习借鉴，开展“虚拟交互项目道具制作计划”的组间互评活动。

（1）点评各小组计划的优缺点，填写组间评价记录表，见表 3–2–3。

表 3–2–3　　组间评价记录表

组别	优点	缺点

续表

组别	优点	缺点

（2）根据组间互评意见，对比各小组计划的优缺点，总结本小组计划的不合理之处，以及有何改进方法，完成计划修改记录表，见表 3-2-4。

表 3-2-4 计划修改记录表

序号	不合理之处	改进方法
1		
2		
3		
4		
5		

2. 结合组间互评情况，组内讨论和确定每个制作阶段的内容、技术要点及计划用时，完成虚拟交互项目道具分步制作计划表，见表 3-2-5。

表 3-2-5　　虚拟交互项目道具分步制作计划表

序号	制作阶段	内容	技术要点（制作重、难点等）	计划用时（学时）
1	模型阶段	分析枪械道具模型结构		
		制作枪械道具模型		
		检查和优化枪械道具模型		
2	UV 阶段	分析枪械道具模型的 UV		
		制作枪械道具模型的 UV		
		检查和修正枪械道具模型的 UV		
3	贴图阶段	分析枪械道具模型材质特点		
		制作枪械道具模型材质		
		检查枪械道具模型贴图		
4	渲染输出阶段	设置环境和灯光		
		制作枪械道具模型渲染效果图		
		验收枪械道具模型项目		

3. 根据之前制订计划的经验，归纳和总结工作计划的制订规范图（图 3-2-1）。思考在计划制订过程中要遵循哪些规范意识，使制订的计划更具科学性、合理性和可操作性，这有助于提高项目或任务的成功率和效率。同时，培养规范意识也有助于提升个人和团队的专业素养和综合职业能力。

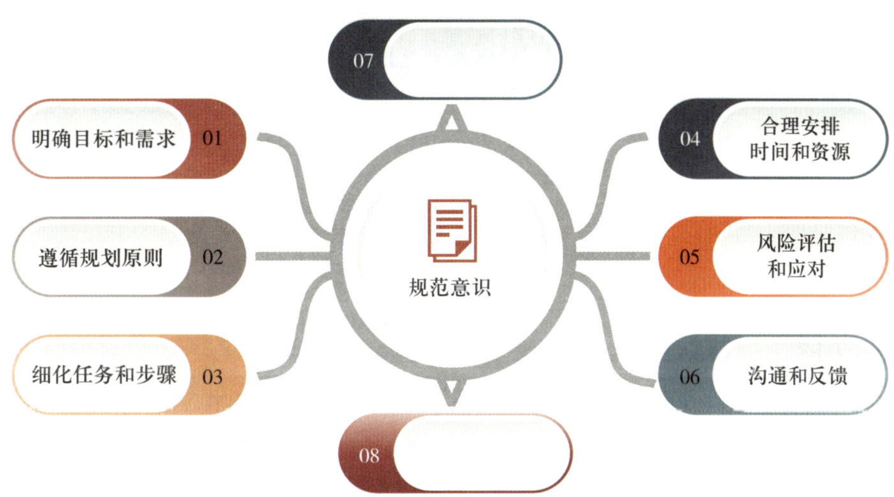

图 3-2-1 工作计划的制订规范图

在其他小组进行展示汇报时，根据过程性考核项目 2：虚拟交互项目道具制作计划评价表（见表 3-2-6），与小组成员一起对其他小组的计划情况进行评分，教师进行教师评价。

表 3-2-6 过程性考核项目 2：虚拟交互项目道具制作计划评价表

序号	评价项目	配分（共 10 分）	评价细则	组间互评（占比 40%）	教师评价（占比 60%）	得分
1	汇报表述	3	表达自信、大方、清晰流畅，逻辑通顺，重点突出，3 分； 基本能完成表述，汇报中包含工作要点信息，1～2 分； 表述不清或表达不当，0 分			
2	流程步骤	4	能清晰表述任务的各项流程和预期结果，名称或步骤有一处错误扣 0.5 分			
3	可执行性	3	时间安排合理，计划可执行，3 分； 计划基本可执行，但仍需优化，1～2 分； 时间安排完全不合理，0 分			
小计得分						
合计						

学习环节三 实施计划、阶段检查

学习目标

（一）建模阶段

1. 能根据任务计划、道具原画稿和参考素材，自主分析枪械道具模型造型特点，确定建模方法，熟练、灵活使用 Maya 多边形建模方法完成虚拟交互项目道具初始模型的制作。

2. 能与教师积极沟通，推断或分析出道具原画稿中不清晰的零部件的结构，合理处理零部件模型与主体模型的比例和位置关系，增加布线以提高模型精度，完成虚拟交互项目道具完整模型制作。

3. 能根据道具制作项目规范文件和制作要点进行模型的自检，并根据自检结果和教师现场检查的修改意见对模型进行修改，多边形部件结构和造型表现应与道具原画稿相符，完成虚拟交互项目道具模型修改。

（二）UV 阶段

1. 能根据枪械道具模型的结构组成，确定 UV 优先级和共用 UV。

2. 能使用 Unfold3D 完成 UV 的正确拆分、展开和排布，完成虚拟交互项目道具模型 UV 展开图。

3. 能根据展开 UV 的规范和要求进行 UV 自检，与教师积极沟通，优化改进，达到最优利用 UV 空间的效果。

（三）材质贴图阶段

1. 能以小组形式开展讨论，分析枪械道具各部分的材质属性、配色、纹理、新旧程度等，完成虚拟交互项目道具材质特征分析表。

2. 能与教师沟通并确定贴图制作的流程和方法，使用 Substance 3D Painter 制作 PBR 材质贴图，准确还原道具原画稿质感，正确表现金属材质。

3. 能明确枪械道具模型材质贴图的检查要点，进行材质贴图的自检和教师检查，优化改进，完成虚拟交互项目道具贴图检查表，具有把控和评估贴图整体效果的审美素养。

建议学时

60 学时

学习要求

序号	学习步骤		学习内容	学时	备注
1	建模阶段	分析虚拟交互项目道具原画稿	枪械道具的造型特点判断	2	
2		制作虚拟交互项目道具模型	1. 枪械道具模型建模技术方法的确定 2. 枪械道具模型布线规划 3. 硬表面布线技巧 4. 为模型增加细节的方法	12	
3		检查和优化虚拟交互项目道具模型	1. 检查模型部件坐标和中心轴的方法 2. 在大纲视图下枪械道具模型的整理方法 3. 审美素养	4	
4	UV 阶段	分析虚拟交互项目道具模型的 UV	枪械道具模型 UV 的分析要点（UV 优先级和共用 UV）	2	
5		制作虚拟交互项目道具模型的 UV	1. UV 展开和分割道具模型接缝的方法 2. UV 镜像功能的应用	14	
6		检查和修正虚拟交互项目道具模型的 UV	1. UV 展开和分割模型接缝的规范 2. 审美素养	8	
7	贴图阶段	分析虚拟交互项目道具模型材质特点	1. 材质图层属性的使用和调整 2. 材质的创建和不同材质的区分方法	2	
8		制作虚拟交互项目道具模型材质	1. 烘焙枪械道具模型贴图 2. 金属材质表现的细节调整 3. 生成器的作用及其使用方法	14	
9		检查虚拟交互项目道具模型贴图	1. 贴图导出设置规范 2. 贴图检查的要点 3. 审美素养	2	

一、分析虚拟交互项目道具原画稿

（一）分析道具原画稿，判断枪械道具造型特点

1. 仔细观察道具原画稿，搜集资料，手绘需要拆分制作的枪械道具零部件示意图，填入枪械道

具零部件拆分制作计划表（见表 3-3-1）中的对应位置，并选择拆分原因（可多选）。道具原画稿中结构表现不清晰的地方，可以在互联网搜索参考图后再进行绘制。在绘制的零部件示意图中，用彩色马克笔分别标注出可以使用对称或复制操作制作的部件。

表 3-3-1　　　　枪械道具零部件拆分制作计划表

序号	部件名称	零部件示意图	拆分原因
1			□材质不同 □是主体部件 □是可活动部件 □是主体以外的零部件
2			□材质不同 □是主体部件 □是可活动部件 □是主体以外的零部件
3			□材质不同 □是主体部件 □是可活动部件 □是主体以外的零部件
4			□材质不同 □是主体部件 □是可活动部件 □是主体以外的零部件
5			□材质不同 □是主体部件 □是可活动部件 □是主体以外的零部件
6			□材质不同 □是主体部件 □是可活动部件 □是主体以外的零部件
7			□材质不同 □是主体部件 □是可活动部件 □是主体以外的零部件

2. 观察下列枪械道具模型各建模步骤示例，正确的建模步骤顺序是：（　　）→（　　）→（　　）→（　　）→（　　）。

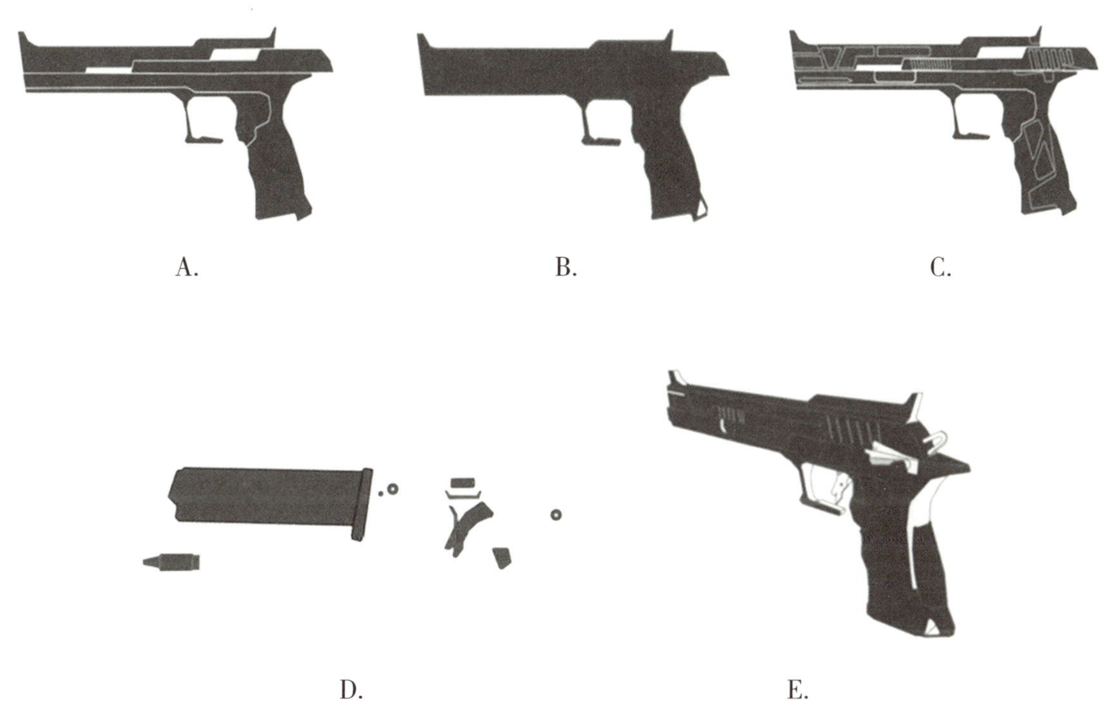

A.　　B.　　C.

D.　　E.

（二）参考道具原画稿，处理枪械道具结构

1. 在 Maya 中导入道具原画稿作为参考图，使用距离工具测量道具原画稿中道具的长度，查阅资料，调整道具原画稿大小直至其符合现实比例。

（1）在 Maya 中，栅格默认值为________cm。若想修改 Maya 软件的默认长度单位，可以在“首选项”窗口的________________选项卡中进行相应调整。

（2）枪械道具模型长度应设置为________cm。

2. 在本学习任务中，道具原画稿仅提供了枪械道具的侧视图，在建模过程中，对于道具原画稿中侧面表现不清晰的立体结构，你打算如何处理？

答：____

____

____

____

3. 本任务资料中提供了部分枪械道具模型材质及布线参考图（图 3-0-1）作为枪械道具模型制作效果的参考。除了以上资料，建模师应及时检索、查阅与本任务相关的资料以补充背景知识，观看优秀建模案例以提升审美素养。阅读信息页中的“收集参考资料的方法”，学习收集参考资料的常见途径。

（1）写出在三维建模过程中常用的参考素材网站或 App 的名称，并与同学交流分享。

答：____

____

____

____

（2）我们应该学习优秀建模案例的哪些方面？如何将他人作品的优秀之处转化、吸收，化为己用？

答：____

____

____

____

二、制作虚拟交互项目道具模型

（一）选取多边形建模方法，完成模型主体结构搭建

1. 根据道具制作项目规范文件，正确设置本项目名称及项目文件夹的位置，将模型文件保存至项目文件夹。

（1）项目文件的保存路径中（□可以 □不可以）有中文，你设置的保存路径是什么？

答：____

（2）模型文件的名称为____________________，保存格式为__________。

2. 根据你对搭建模型主体要求的理解，从下列括号中选择正确的词语补充句子，在正确词语前的□内打“√”。

（1）建模时应遵循从（□局部到整体 □整体到细节）的顺序。

（2）模型的主体结构主要表现模型的（□外部剪影 □内部结构）。

（3）模型在静止状态下无法被观察到的面（□没有必要搭建 □应视交互运动需要搭建）。

（4）在搭建模型主体结构时，对布线的要求是应（□精简 □细致）。

（5）在搭建模型主体结构时，对布线方向的要求是（□只要外轮廓正确，内部线条可以随意连接 □线条要尽量横平竖直、间距适中）。

（6）在搭建模型主体结构的过程中，加线需要卡在模型的（□外轮廓转折 □细节密集）处，这是为了（□表现物体的整体结构 □保护细节不变形）。

3. 选取正确的基本几何体进行建模，不仅能保证模型结构的准确性，也能提高建模的效率。使用合适的基本几何体进行枪械道具模型主体结构的搭建，完成下列任务。

（1）观察下列不同道具模型示例图（图 3–3–1）中模型的形状特点，分析应该选用哪种基本几何体进行建模，并在图 3–3–1 上画出建模中应该加线的位置。

a）

b）

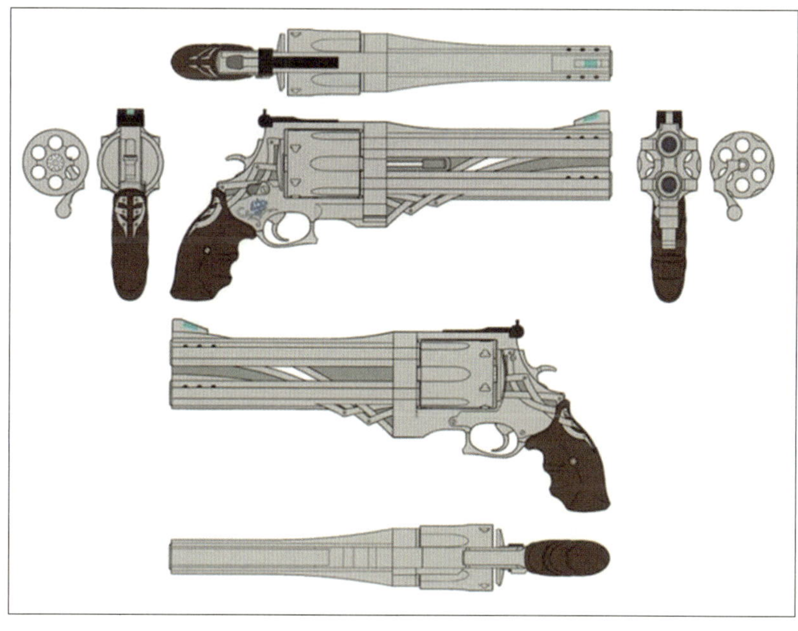

c）

图 3–3–1 不同道具模型示例图

a）模型 1 b）模型 2 c）模型 3

（2）观察本学习任务中枪械道具模型的道具原画稿，“沙漠之鹰”枪械道具模型的轮廓造型以（□平直光滑造型 □弯曲不规则造型）为主，呈现（□中心对称 □轴对称）形态，以______轴为对称轴。

4. 观察模型剪影示例图，如图 3–3–2 所示，找出哪些线段在被删除后不影响模型的剪影形状，在图 3–3–2 中对应线段上打“×”。

5. 跟随教师的示范，采用合适的多边形建模方法制作模型主体结构，将建模过程中遇到的问题及解决方法记录在虚拟交互项目道具建模问题和解决方法记录表（见表 3–3–2）中。

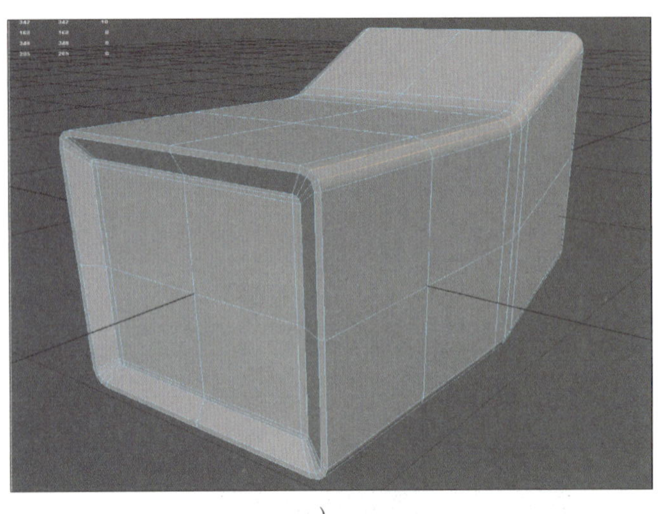

a）

b）

图 3-3-2 模型剪影示例图

a）模型 1 b）模型 2

表 3-3-2 虚拟交互项目道具建模问题和解决方法记录表

序号	具体问题描述	示意图（可手绘简图或粘贴图片）	解决方法
1			
2			

（二）学习硬表面布线技巧，调整模型重要位置的布线

1. 枪械道具是一种典型的硬表面物体，在进行硬表面物体建模时需要注意布线的规范性，以便获得规范整齐的外轮廓和光滑的平面，阅读信息页中的“硬表面建模的概念”和“硬表面布线规范”，回答下列问题。

（1）简述硬表面的概念。

答：______________________________

（2）下列选项中，属于硬表面模型的有（　　）。【多选题】

A.

B.

C.

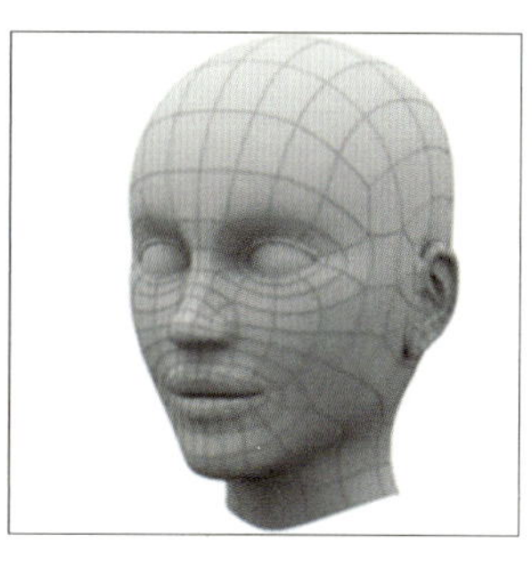
D.

（3）在建模时需要关注布线规整性的原因包括（　　）。【多选题】

A. 为了保证模型表面平滑且没有多余的拉伸和阴影

B. 为了保证模型的细节充足和逼真

C. 为了保证模型的结构准确，平滑操作后模型边缘明确不变形

D. 为了在制作过程中便于修改模型

2. 学习硬表面建模的布线技巧，在 Maya 中完成下列操作。

（1）修改下列 N 边面中的布线，将它们分别转化为四边面。

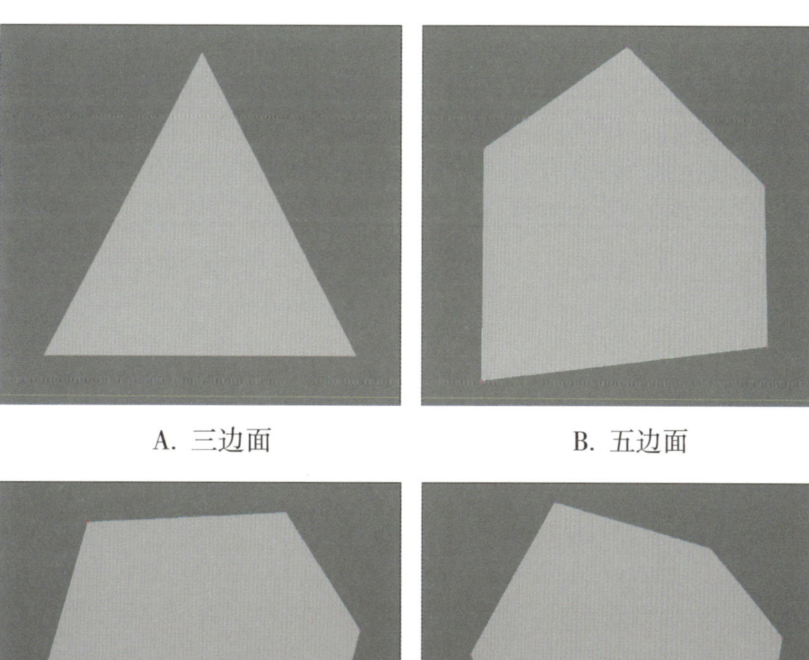

A. 三边面　　B. 五边面

C. 六边面　　D. 七边面

（2）修改下列模型的布线，使其边缘可以产生合理的循环边。

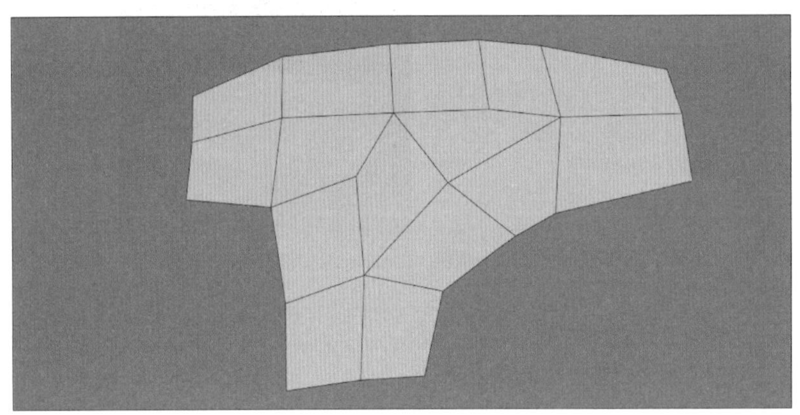

（3）修改下列模型的布线，使其在进行平滑预览时能够不变形。

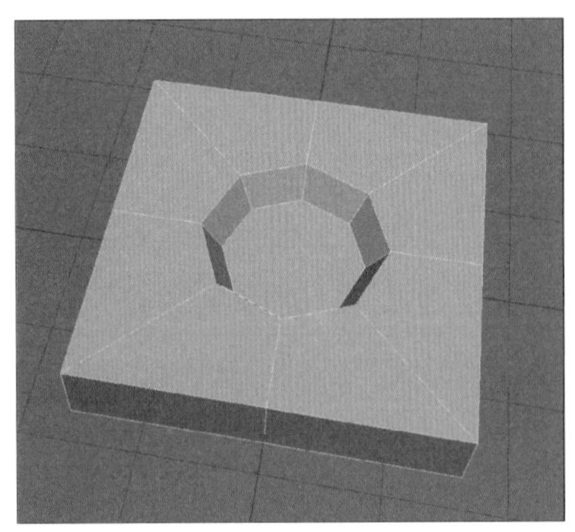

A. 布线 1

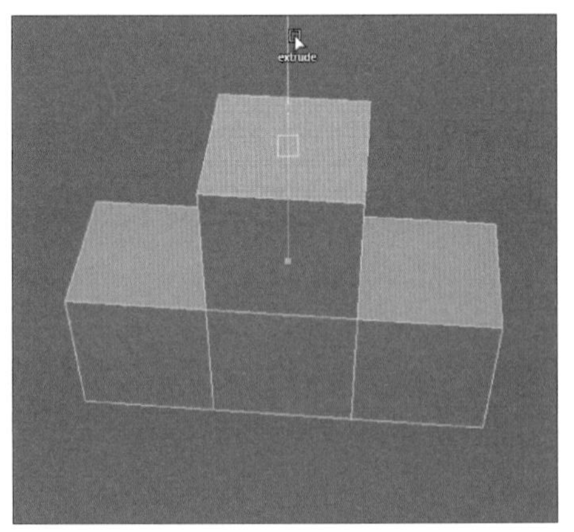

B. 布线 2

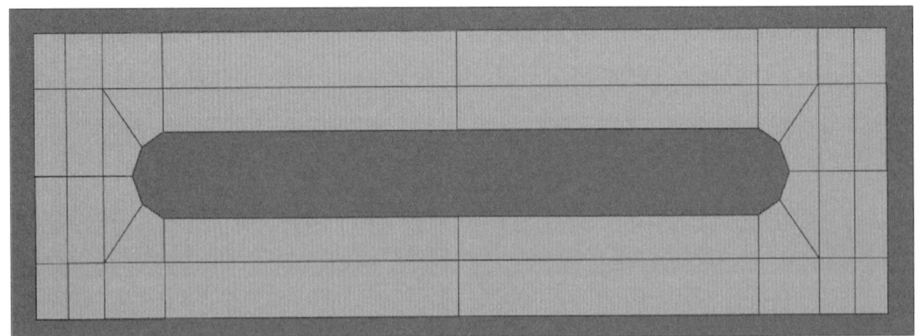

C. 布线 3

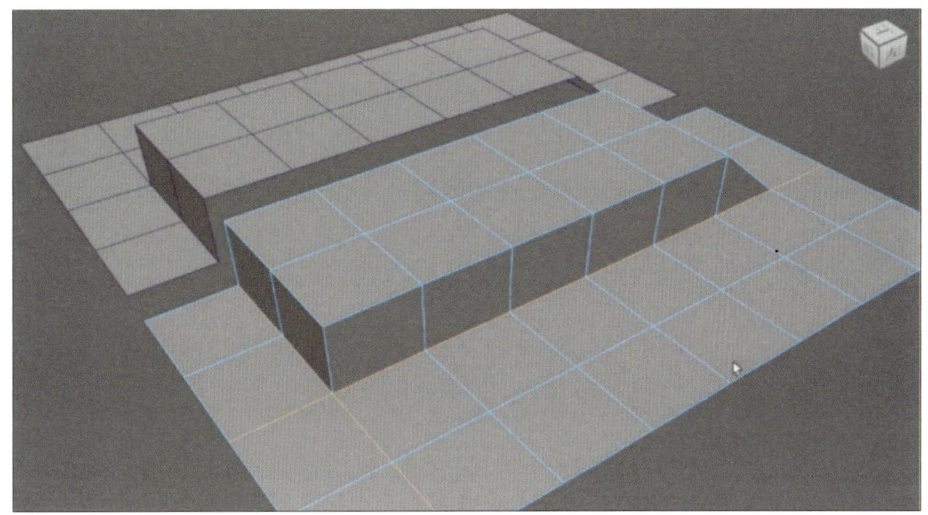

D. 布线 4

3. 阅读信息页中的“硬表面建模过程中常见问题及解决方法”，回答下列问题。

（1）关于极点，下列说法中错误的是（　　）。【单选题】

A. 极点是连接了 5 条边以上的点

B. 硬表面建模中不能出现极点

C. 模型中的极点可能会带来模型表面扭曲、不平整等问题

D. 较为平坦的表面上出现极点对模型表面平整度的影响较小

（2）为了减轻极点对模型表面平整度的影响，可以采取的措施是（　　）。【单选题】

A. 忽略极点的存在

B. 在模型中增加更多的极点

C. 使用三角面代替四边面

D. 将极点移动到平面或对模型整体形状、细节影响较小的区域

（3）关于多边面，下列说法中正确是（　　）。【单选题】

A. 模型不可以出现多边面

B. 模型中除了四边面之外的面都叫多边面

C. 模型存在多边面不会造成错误的光影效果

D. 如果不需要用模型制作变形动画，模型就可以存在多边面

（4）在建模过程中，方便、快捷地查找多边面的方法是（　　）。【单选题】

A. 多角度逐面检查模型

B. 在“首选项”窗口中设置选择面的方式为“中心”

C. 使用“多边形计数”工具查看多边面数量

D. 执行“网格”→“清理”命令，标识和匹配指定标准的多边形

（5）在检查和调整模型布线时，应着重注意的问题是（　　）。【多选题】

A. 模型边流的顺畅性

B. 模型布线疏密是否均匀

C. 模型在界面中是否居中

D. 模型有无四边以上的面

4. 根据上述布线知识，为枪械道具主体结构模型添加保护线段，调整模型布线，使其精简合理、疏密均匀后，提交模型工程文件。枪械道具主体结构模型参考效果图如图 3–3–3 所示。

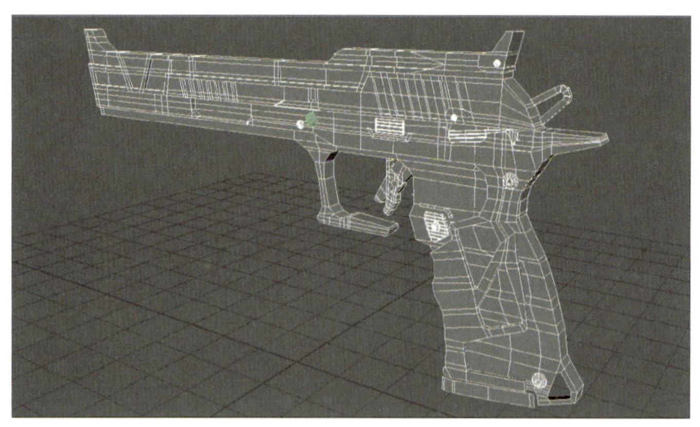

图 3–3–3　枪械道具主体结构模型参考效果图

（三）依据道具原画稿及参考图，制作模型细节

1. 跟随教师的示范，依据道具原画稿，完成枪械道具模型零部件的拆分和制作。从模型主体上拆分部件可以使用__________或复制多边形面功能。

两者的区别是：____

________________________。

2. 观察枪械道具模型简模与中模对比图，如图 3–3–4 所示，它们有哪些不同之处？小组讨论，简述可以通过哪些方式为模型添加细节，写出为模型添加细节的方法。

答：____

____

____

a）

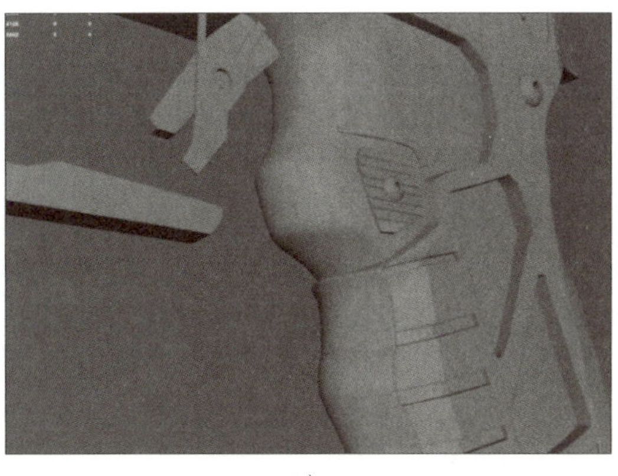
b）

图 3-3-4　枪械道具模型简模与中模对比图

a）简模　b）中模

3. 跟随教师的示范，运用上述布线知识，对枪械道具模型进行卡线和改线操作。

（1）找出图 3-3-5 所示的部分结构中需要通过增加线段来保护其形状的部分，为其画出卡线位置。

a）

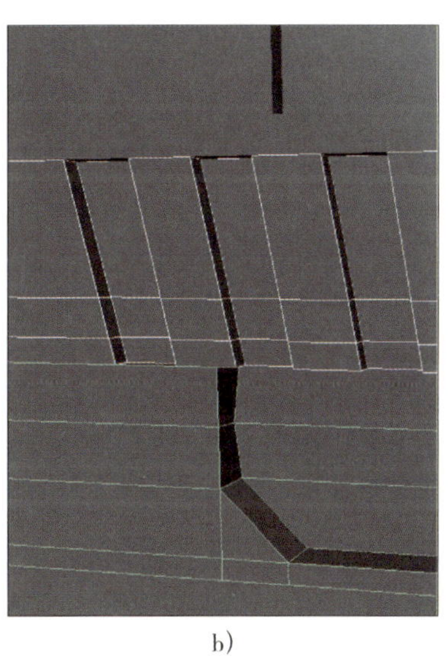
b）

图 3-3-5　部分结构

a）结构 1　b）结构 2

（2）结合枪械道具模型材质及布线参考图和道具原画稿，观察枪械道具模型中存在哪些立体结构。观摩教师的操作，在制作立体结构所需的工具和操作命令表（见表 3-3-3）中写出制作立体结构所需的工具和操作命令。

（3）思考下列卡线案例分别存在哪些问题，如何解决这些问题？填写卡线案例问题和解决方法记录表，见表 3-3-4。

4. 完成枪械道具模型中模的制作，将建模过程中遇到的问题、原因及解决方法记录在虚拟交互项目道具中模制作问题和解决方法记录表（见表 3-3-5）中。

表 3-3-3　　制作立体结构所需的工具和操作命令表

立体结构	工具 / 操作命令
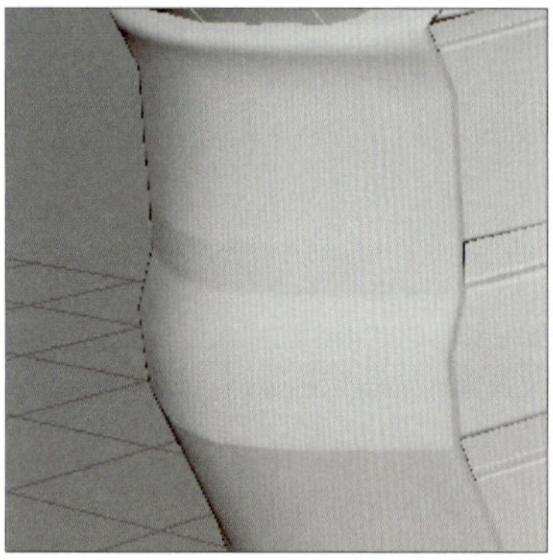	
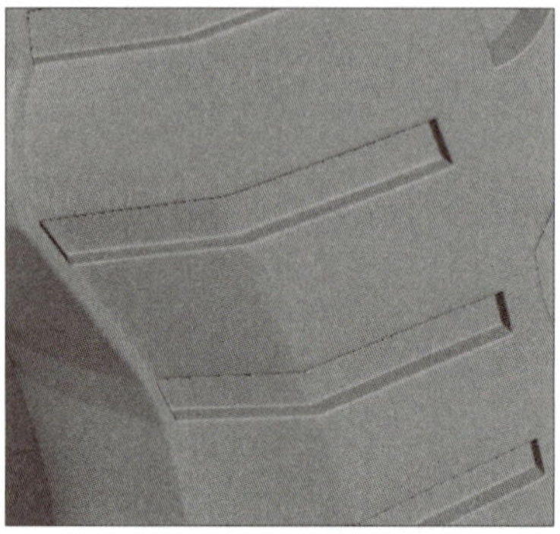	

表 3-3-4　　卡线案例问题和解决方法记录表

案例	问题和解决方法
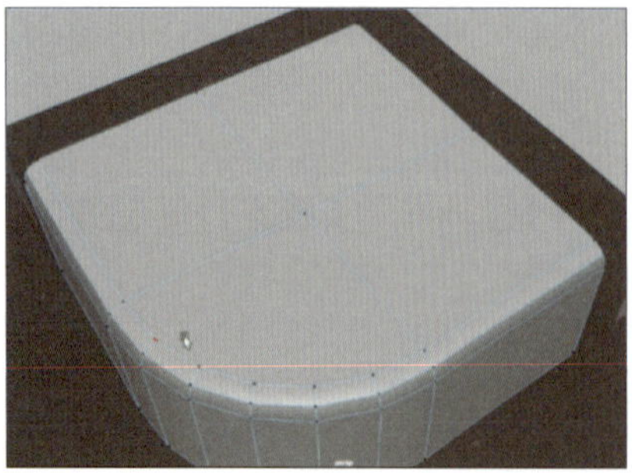	

续表

案例	问题和解决方法
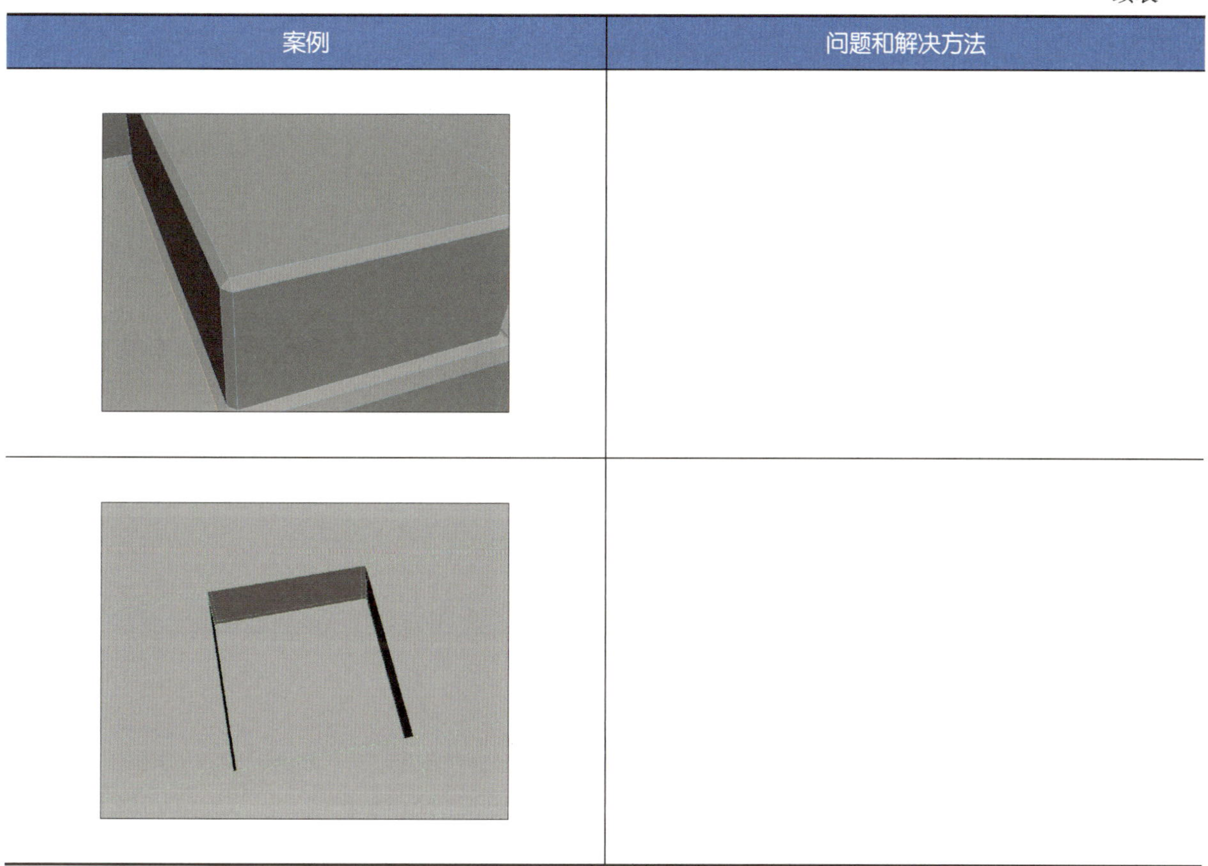	

表 3-3-5　虚拟交互项目道具中模制作问题和解决方法记录表

序号	具体问题描述 （可手绘简图或粘贴图片）	原因	解决方法
1			
2			

（四）沿中模轮廓结构，制作枪械道具模型低模

1. 在 Maya 中导入细化后的中模及模型主体简模，调整中、低模位置至相互重合，对低模文件进行优化，使中、低模在外形轮廓上匹配。

（1）下列关于中、低模匹配的说法中，错误的有（　　）。【多选题】

A. 低模必须能完全包裹住中模

B. 中、低模匹配中的中模指的是相对而言高精度、细节丰富的模型

C. 低模的面数越少越好，因此，需要删除低模上的所有起伏结构

D. 在中、低模烘焙时可以直接使用最初制作的模型主体简模文件

E. 低模就是处于草稿阶段的模型

纠正错误选项：

____

____

____

（2）为了使中模和低模的位置完全重合，需要将两个模型放置在坐标的________。可以通过调整模型的____________________来精确移动模型的位置。

（3）对导入的 OBJ、FBX 等文件进行修改时，若发现无法设置软、硬边，或修改模型边线时无法影响面的形态，可以对模型进行______________操作。

（4）在开始制作低模时，将模型另存为一个新的文件，是为了____________________。

（5）除了在模型主体简模文件上进行修改和优化，还有哪些制作低模的方法？小组讨论，分析下列不同高模造型分别适用于哪种低模制作方法，完成低模制作方法表，见表 3–3–6。

表 3–3–6　　低模制作方法表

高模造型	低模制作方法

续表

高模造型	低模制作方法
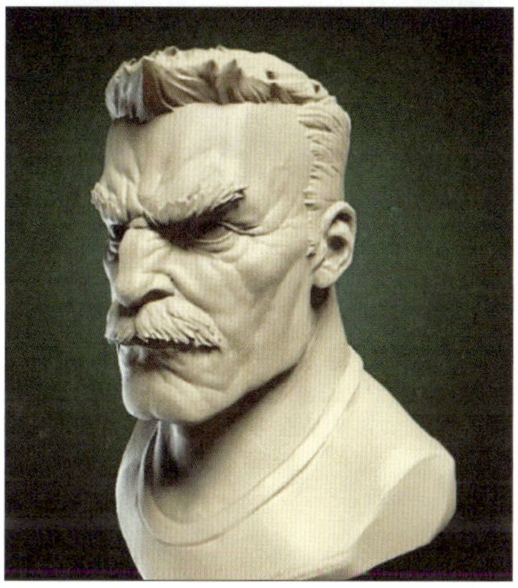	

2. 打开 Maya 的多边面数量显示功能，调整低模布线至面数符合要求。

（1）本学习任务中，低模的面数应不超过＿＿＿＿＿面，该面数指的是（□三角面　□四边面）的数量，三角面和四边面数量之间的关系为＿＿＿＿＿＿＿＿＿＿＿＿＿＿。

（2）在制作低模时，可以根据模型各部件的重要程度来分配面数，其中，你认为面数预算较高的部件有＿＿＿＿＿＿＿＿＿＿，面数预算较低的部件有＿＿＿＿＿＿＿＿＿＿。

3. 根据模型边缘的形状和角度，调整模型的软、硬边，使低模的面与面之间过渡自然。

（1）为防止在法线烘焙过程中出现异常阴影或边缘接缝等情况，需要将模型中小于或等于＿＿＿＿的边设置为硬边。

（2）为便于分辨模型的软、硬边，可在 Maya 中设置“多边形显示”方式，选择“软 / 硬”，在该模式下，以虚线形式显示的是＿＿＿＿边，以实线形式显示的是＿＿＿＿边。

4. 完成枪械道具模型低模的制作，将建模过程中遇到的问题及解决方法记录在低模制作问题和解决方法表（见表 3-3-7）中。

表 3-3-7　　　　低模制作问题和解决方法表

序号	具体问题描述 （可手绘简图或粘贴图片）	原因	解决方法
1			
2			

5. 分别导出模型中模及低模文件，将文件规范命名并提交。

（1）在导出模型前，为了保证烘焙时模型各部件间不会相互干扰，产生异常阴影，可以采取的操作包括（　　）。【多选题】

A. 将每个零部件单独导出成一个独立的文件

B. 将中模和低模的相同部件改为同一名称，以后缀“_low”和“_high”进行区分

C. 将模型各部件拆开，对齐中、低模位置并使各部件间保持一定间距

D. 移动中模和低模的位置，使两者不重合

（2）导出的中模文件名为________________，格式为________________。导出的低模文件名为________________，格式为________________。枪械道具中、低模示例图如图 3-3-6 所示。

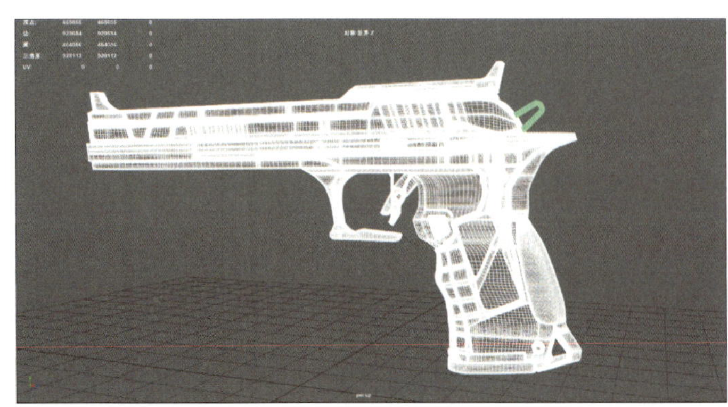

a)

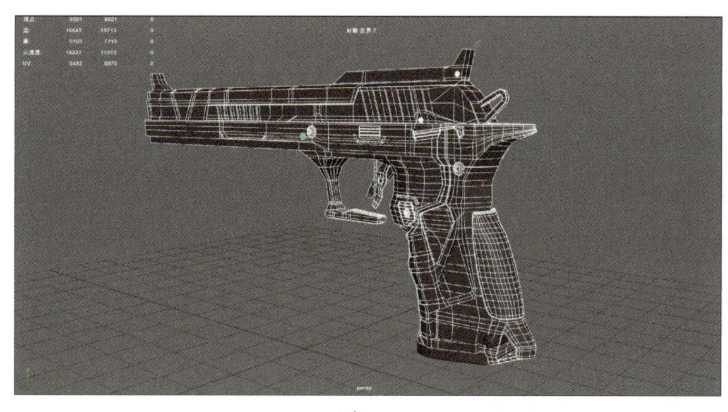

b）

图 3-3-6 枪械道具中、低模示例图

a）枪械道具中模 b）枪械道具低模

三、检查和优化虚拟交互项目道具模型

（一）自检建模常见问题，修正错误

1. 按照道具制作项目规范文件的要求，以小组为单位，互查模型形状、比例、布线的正确性，修正不达标的部分，回答下列问题，完成枪械道具模型制作互查表，见表 3-3-8。

（1）通过什么方法可以检查模型形状是否符合道具原画稿，需要进行哪些操作？

答：____

____

____

（2）如何判断模型立体结构比例是否合理，可以使用哪些工具来测量模型的尺寸？

答：____

____

____

表 3-3-8 枪械道具模型制作互查表

项目	是否达标	问题描述	是否修正
模型平面形状	是否符合道具原画稿？ □是 □否		□是 □否
模型立体结构比例	是否合理？ □是 □否		□是 □否
		检查人签名：	

2. 填写建模过程中常见错误原因表，见表 3-3-9。

表 3-3-9　　建模过程中常见错误原因表

案例	常见错误原因

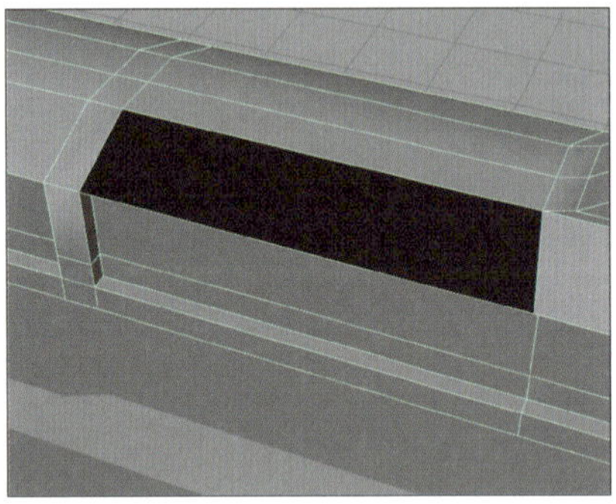	

（二）清理大纲视图，导出模型文件，核对文件名称和数量

1. 跟随教师的示范，清除模型历史记录，冻结变换，正确设置模型中心轴，移除枪械道具模型大纲视图中未被使用的节点。

（1）对于可交互道具，道具可活动部件模型的中心轴应该单独设置在________________。

（2）在对大纲视图进行整理时，需要进行的操作包括（　　）。【多选题】

A. 更改模型名称　　B. 清理无用节点　　C. 使用大纲视图过滤器　　D. 给模型分组

（3）将模型的零部件进行分组整理，可简化层级结构，优化变换操作，便于模型的导出和引用，提高工作效率。在本项目中，可以将哪些部件合并在同一组中？为什么？

答：____

____

2. 跟随教师的示范，根据道具制作项目规范文件，导出模型文件并提交给教师审核，填写导出文件信息表，见表 3–3–10。

表 3–3–10　　导出文件信息表

序号	文件名称	文件内容	格式

3. 根据教师反馈意见，对模型进行进一步修改和优化，填写枪械道具模型优化改进记录表，见表 3–3–11，提交文件存档。

表 3–3–11　　枪械道具模型优化改进记录表

序号	反馈意见描述	是否解决
1	示例：模型倒角过大	□是　□否
2		□是　□否
3		□是　□否
4		□是　□否
		检查人签名：

4. 自检模型无误后，将枪械道具模型工程文件、效果预览截图文件提交给教师进行检查和评价。各小组按过程性考核项目 3：虚拟交互项目道具模型制作评价表（见表 3–3–12）的评价指标进行互评，教师进行教师评价。

表 3-3-12　　过程性考核项目 3：虚拟交互项目道具模型制作评价表

序号	评价项目	配分（共 20 分）	评价细则	组内互评（占比 50%）	教师评价（占比 50%）	得分
1	模型体块搭建	8	完成模型的制作，使其符合道具原画稿，完成低模制作，4 分； 完成中模制作，4 分； 模型未制作完成，0 分； 模型主体比例、大小与道具原画稿不符，扣 2 分； 细节与道具原画稿不符或不合理的，错一项扣 1 分	/		
2	模型布线	3	模型的布线精简、合理，低模面数符合要求，3 分； 有一处不合理扣 0.5 分，扣完为止； 面数不符合要求，0 分		/	
3	中、低模匹配	3	有一处不匹配扣 1 分		/	
4	规范意识	3	模型存在重面、破面、未缝合点、游离点、法线方向错误，0 分； 无上述情况，3 分； 模型合并成整体、命名清晰、变换已冻结、历史已清除、观察层已清除，上述要求有一项没做到，扣 0.5 分		/	
5	与人有效沟通交流	3	与教师、组内成员沟通流畅，及时完成模型优化，3 分； 未按要求沟通修改，0 分	/		
小计得分						
合计						

四、分析虚拟交互项目道具模型的 UV

（一）分析模型 UV 切割位置

在枪械道具模型各部件（图 3-3-7）上用彩色马克笔描出适合进行 UV 切割的位置。

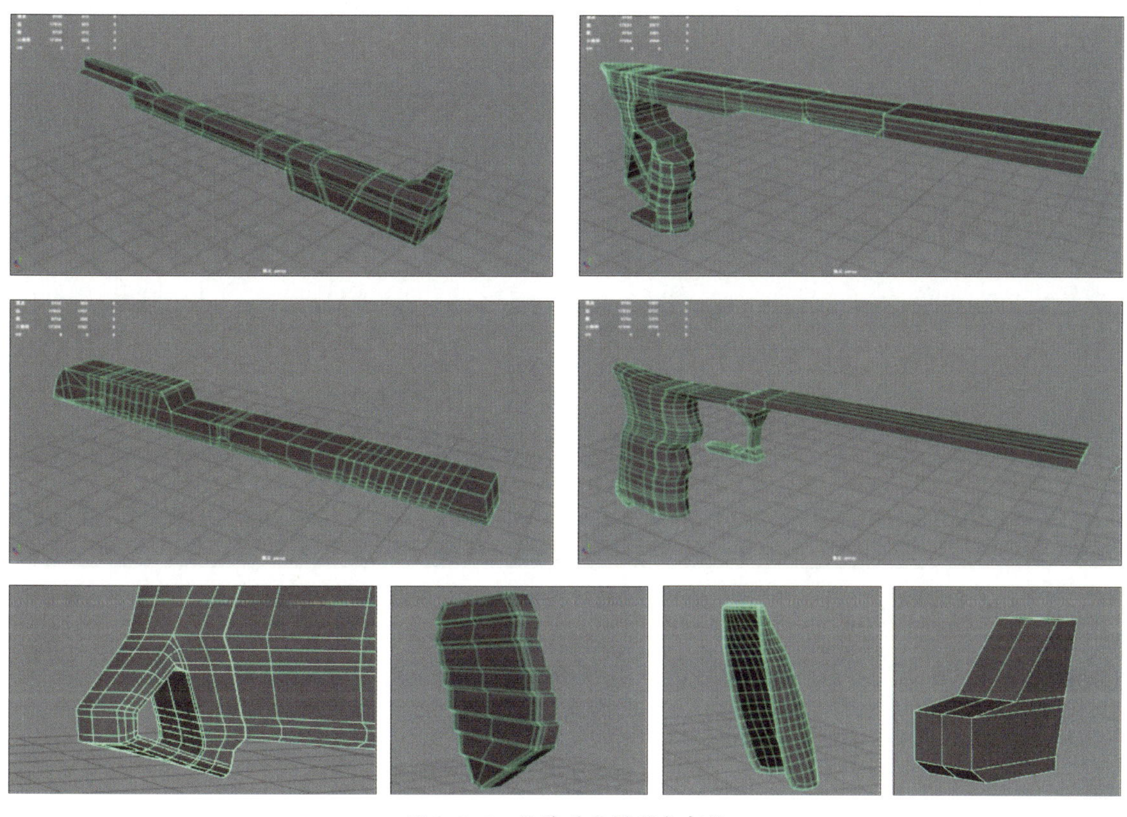

图 3-3-7　枪械道具模型各部件

1. 在 UV 拆分步骤中拆分的是（□低模　□中模　□平滑操作后的中模）。

2. UV 壳要拆分得（□越细越好　□有整体性　□越少越好）。

3. UV 的分割线位置要尽量（□隐蔽　□明显）。

4. UV 中（□软边　□硬边）要全部断开。

（二）分析模型需提高 UV 精度部分

在枪械道具模型部件拆分示例图（图 3-3-8）上圈出可共用 UV 的部分，用“★”标出模型中需要提高 UV 精度的部分，并说明理由。

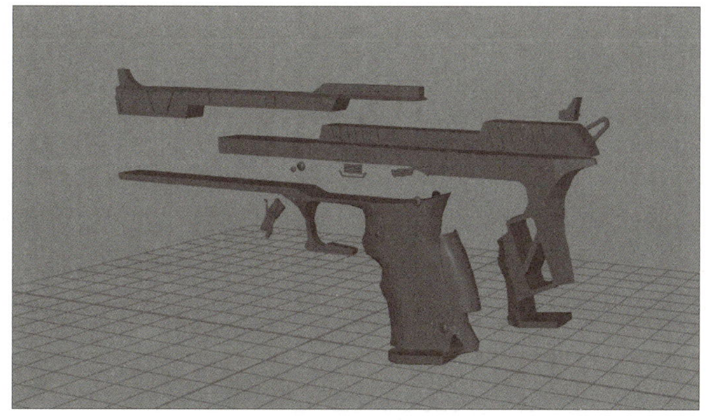

图 3-3-8　枪械道具模型部件拆分示例图

五、制作虚拟交互项目道具模型的 UV

（一）枪械道具模型 UV 制作注意事项

判断下列句子正误，正确的在括号中打“√”，错误的在括号中打“×”，并纠正错误语句。

1. 每个部件的 UV 壳都要调整得一样大。（　　）

改错：____

2. 每个部件的 UV 壳密度都要一致。（　　）

改错：____

3. 根据各部件重要程度的不同，部件间的 UV 壳密度可以相差 3 倍以下。（　　）

改错：____

4. UV 壳可以不全部打直。（　　）

改错：____

5. UV 可以沿边缘线或结构线切割。（　　）

改错：____

6. UV 摆放时必须统一方向。（　　）

改错：____

（二）制作枪械道具模型 UV

制作枪械道具模型 UV，枪械道具模型 UV 展开效果示意图如图 3-3-9 所示，回答下列问题。

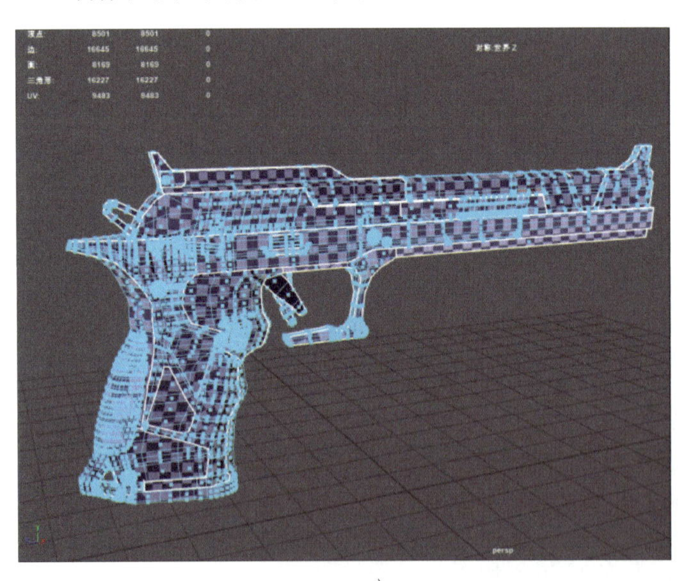

a）

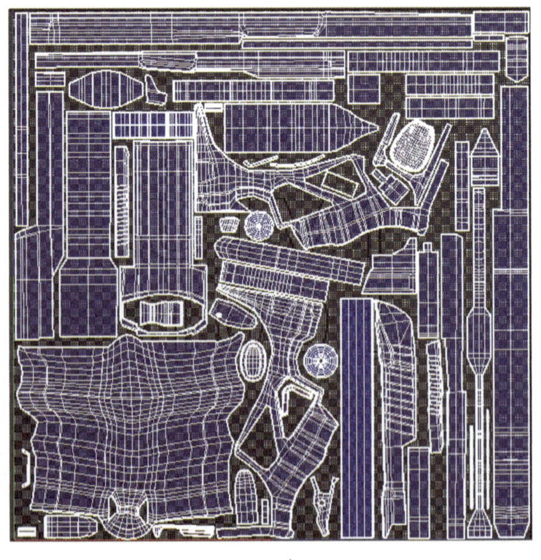

b）

图 3-3-9　枪械道具模型 UV 展开效果示意图

a）模型 UV　b）模型 UV 展开

1. 可以使用＿＿＿＿＿＿、＿＿＿＿＿＿等软件进行 UV 拆分和摆放，需要制作的贴图大小为＿＿＿＿＿＿像素。因此，每个 UV 壳的间距应为＿＿＿＿＿像素，UV 与象限边框间的距离应为＿＿＿＿像素。为了准确设置 UV 间距，可以在 UV 窗口的＿＿＿＿菜单栏中使用＿＿＿＿＿＿进行设置。

2. 摆放镜像或重复 UV 时，需要进行＿＿＿＿＿＿操作以提高空间利用率。

3. 制作枪械道具等外形规整、对称模型的 UV 时，为了提高拆分 UV 的效率，可以沿对称轴先将模型＿＿＿＿＿＿，在拆分和摆放好 UV 后，再复制出模型的另一半。

4. 在展开 UV 的过程中，常常需要对 UV 壳边缘进行打直操作，从而提高 UV 摆放的空间利用率，可以打直 UV 壳边缘的情况有（　　）。【多选题】

A. 硬表面模型本身形状较为规整时　　B. 曲面模型需要绘制精细纹理时

C. 制作植物、人体等有机体模型时　　D. 模型仅需设置纯色材质时

5. 在摆放 UV 时，需要按照（□先小后大　□先大后小）的顺序进行摆放，从而达到最大化利用空间的效果。

6. 模型的 UV 摆放在第＿＿＿象限，为防止烘焙操作中出现错误，需要将堆叠或共用的 UV 壳移至＿＿＿＿＿＿＿＿＿＿。

六、检查和修正虚拟交互项目道具模型的 UV

（一）分析 UV 制作常见问题，规范操作

UV 拆分的正确与否将会对后续模型的烘焙、材质贴图制作产生一系列影响，根据在前两个学习任务中获取的经验，判断 UV 制作常见问题表（见表 3-3-13）中的 UV 存在何种问题，指出该问题可能造成的后果。

表 3-3-13　　UV 制作常见问题表

案例	问题	可能造成的后果

续表

案例	问题	可能造成的后果
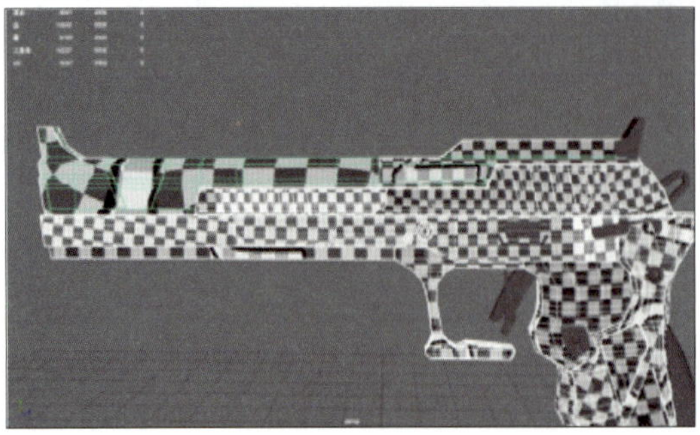		
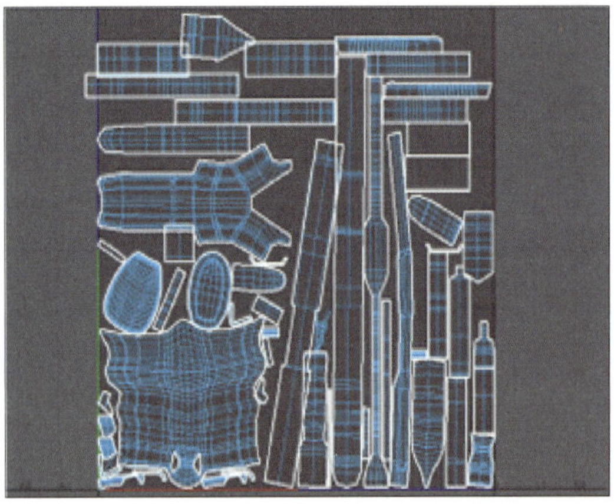		
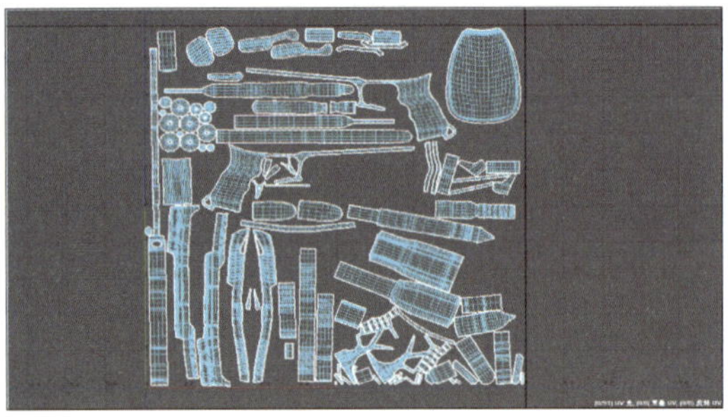		

（二）检查和评价 UV 制作效果

1. 对照本学习任务的任务要求和道具制作项目规范文件，对枪械道具模型的 UV 制作效果进行组内互检，修改 UV，完成 UV 制作效果检查表，见表 3-3-14。

表 3-3-14　　UV 制作效果检查表

制作环节	检查事项	是否修改
拆分 UV	所有部件 UV 全部拆开	□是　□否
	UV 分块较为规整	□是　□否
	UV 接缝较为隐蔽	□是　□否
	硬边 UV 断开	□是　□否

续表

制作环节	检查事项	是否修改
展开UV	UV全部展开	□是　□否
	UV边缘打直	□是　□否
	UV无明显挤压、拉伸	□是　□否
摆放UV	UV摆放整齐	□是　□否
	UV间距、边距正确	□是　□否
	UV无反向	□是　□否

2. 将UV制作、检查过程中遇到的问题及解决方法记录在UV制作及检查问题和解决方法表（见表3-3-15）中。

表3-3-15　　UV制作及检查问题和解决方法表

序号	具体问题描述（可附示意图）	原因	解决方法
1			
2			

3. 根据过程性考核项目4：虚拟交互项目道具模型UV展开评价表（见表3-3-16）的评价指标对UV的制作效果进行自检和优化，将UV展开的工程文件提交给教师，教师进行教师评价。

表3-3-16　　过程性考核项目4：虚拟交互项目道具模型UV展开评价表

序号	评价项目	配分（共10分）	评价细则	自评（占比50%）	教师评价（占比50%）	得分
1	UV展开	3	有一处UV未展开扣0.5分，扣完为止		/	
2	UV拉伸、接缝位置、间距	4	有一处明显不合理拉伸扣0.5分； 有一处接缝位置不合理扣0.5分； UV间距设置不合理扣1分，扣完为止		/	
3	UV精度	2	根据重要程度设置UV精度，2分； 无精度对比，扣1分； 精度对比过大，0分	/		

续表

序号	评价项目	配分（共 10 分）	评价细则	自评（占比 50%）	教师评价（占比 50%）	得分
4	UV 面积利用率	1	UV 面积利用充分，1 分； 不充分，0 分	/		
小计得分						
合计						

七、分析虚拟交互项目道具模型材质特点

（一）观察和分析材质图层

1. 观察武器道具模型示例图（图 3-3-10）及武器道具模型示例材质文件（图 3-3-11），回答下列问题。

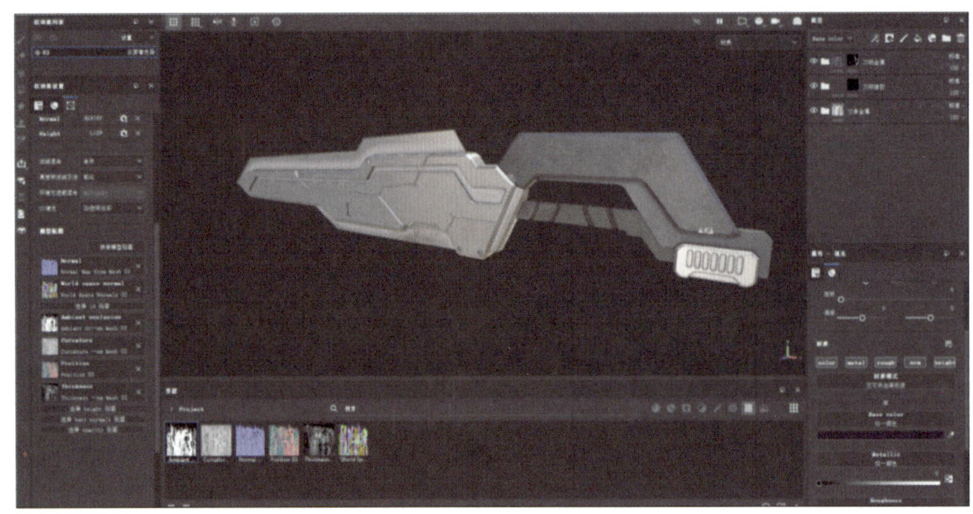

图 3-3-10　武器道具模型示例图

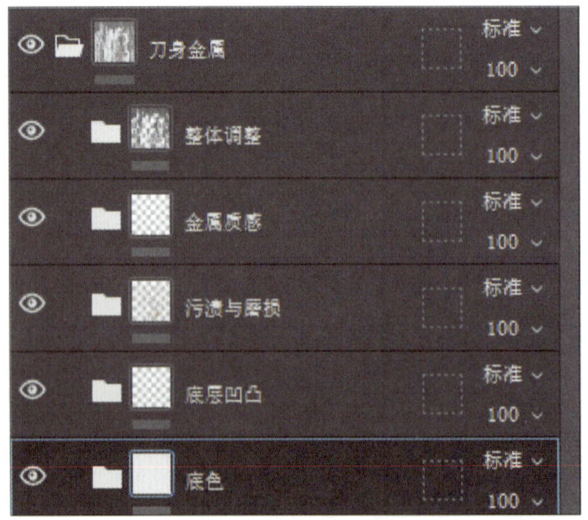

图 3-3-11　武器道具模型示例材质文件

（1）该武器道具主要由哪几种材质组成？

答：

（2）在武器道具模型示例材质文件中，每种材质的相关属性图层都通过“图层组”进行分类整理，这体现出模型师很好地遵守了规范性。试归纳每种材质内主要包含几种图层组，每个图层组中有哪些图层，它们分别起什么作用。完成材质内图层组、图层及其作用表，见表 3–3–17。

表 3–3–17　　材质内图层组、图层及其作用表

序号	图层组名	子图层名	作用
1	示例：整体调整	压暗、锐化	整体提升材质的立体度，使材质细节更加锐利
2			
3			
4			
5			

2. 在模型、UV、材质的制作过程中，都需要对文件进行规范的命名，将文件中的部件、图层按照层级摆放。结合自身实践经验，简述规范操作有哪些好处，它给模型制作过程带来了哪些便利。

答：

（二）填写道具材质特征分析表

对照道具原画稿、枪械道具模型材质及布线参考图，以小组为单位，分析本学习任务中枪械道具各部分组件的材质特点，填写虚拟交互项目道具材质特征分析表，见表 3-3-18。对于材质效果中不确定的部分，可以在与教师或同学沟通后再填写。

表 3-3-18　　虚拟交互项目道具材质特征分析表

整体新旧程度	□崭新　□有使用痕迹　□破损严重					
色彩风格	□鲜艳明快　□写实朴素　□柔和轻盈　□浓郁深沉					
磨损位置						
污渍位置						
部件名称	套筒	弹夹	击锤	枪管	握把	扳机
材质						
固有色						
凹凸纹理	□强　□弱	□强　□弱	□强　□弱	□强　□弱	□强　□弱	□强　□弱
图案文字	□有　□无	□有　□无	□有　□无	□有　□无	□有　□无	□有　□无
高光亮度	□强　□弱	□强　□弱	□强　□弱	□强　□弱	□强　□弱	□强　□弱

八、制作虚拟交互项目道具模型材质

（一）烘焙枪械道具模型贴图

1. 跟随教师的示范，将拆分好的低模和中模导入 Substance 3D Painter，烘焙模型贴图。

（1）在导入文件时，将模型贴图的大小设置为______________像素，将法线贴图的格式设置为（□ OpenGL □ DirectX），（□打开 □关闭）自动展开功能。

（2）在本学习任务中，共需要烘焙______张模型贴图。

（3）设置膨胀宽度的作用是（　　）。【单选题】

A. 使模型的凹凸结构更加明显

B. 使烘焙的贴图边缘向外溢出几像素，以消除贴图接缝

C. 降低高模与低模之间的形状差异，以消除贴图的黑边或波浪纹

D. 调整导入模型精度的高低

2. 阅读信息页中的“烘焙常见问题”相关内容，结合以往的操作经验，分析下列烘焙常见问题的产生原因，并指出解决方法，完成烘焙常见问题产生原因和解决方法记录表，见表 3-3-19。

表 3-3-19　　烘焙常见问题产生原因和解决方法记录表

常见问题示例图	产生原因	解决方法

3. 跟随教师的示范，导出烘焙好的模型贴图，并将其保存至指定路径，回答下列问题。

（1）导出贴图的名称格式为____________，文件格式为________。

（2）本任务共导出了____________________________等多张贴图。

（3）模型贴图和材质贴图的区别是什么？

答：____

____

4. 跟随教师的示范，在 Substance 3D Painter 中新建项目，导入枪械道具低模文件并为其添加烘焙好的贴图。

（二）制作枪械道具模型材质

1. 根据虚拟交互项目道具材质特征分析表（见表 3-3-18）为枪械道具模型各部件添加固有色，调整光照角度，观察模型颜色，调整固有色至与道具原画稿相符，回答下列问题。

（1）白色遮罩代表（□不可见　□可见）的部分。

（2）在为枪械道具模型的某一部件添加固有色时，为了保证道具在交互动作中可见的部分全部着色，无穿帮现象，需要使用的几何体填充模式的对应图标是（　　）。【单选题】

A.　　B.　　C.　　D.

（3）枪械道具的金属部分由精钢制作，颜色偏（□冷 □暖），握把部分由橡胶制作，颜色偏（□冷 □暖）。

（4）为高效、快捷地为模型材质相同的各个部件制作贴图，避免在每个图层上重复添加遮罩，可采用的方法是（　　）。【单选题】

A. 将已添加好的遮罩复制、粘贴至新图层

B. 对图层组整体进行遮罩设置

C. 将“智能遮罩”拖拽至图层上

D. 使用“ID 遮罩”快速选择与遮罩不同的部分

2. 跟随教师的示范，制作枪械道具材质的基本质感，完成下列题目。

（1）填充图层中的（　　）通道可以制作模型的凹凸纹理效果。【单选题】

A. Color　　B. Metal　　C. Rough　　D. Hight

（2）要想在模型上制作图案或纹样（如划痕、污渍、花纹等），较为高效的方法包括（　　）。【多选题】

A. 直接新建图层，使用笔刷绘制

B. 添加填充图层，在蒙版上绘制或添加纹理

C. 拖动具有合适图案的材质球或智能材质到模型上

D. 使用绘图软件直接在 UV 图上绘制

（3）要想使模型的金属质感更强，可以将“金属度”滑块向（□左 □右）滑动。

（4）要想制作橡胶质感，应如何调整材质属性？在下列选项中圈出需要调整的属性滑块，用箭头标出滑块的移动方向。

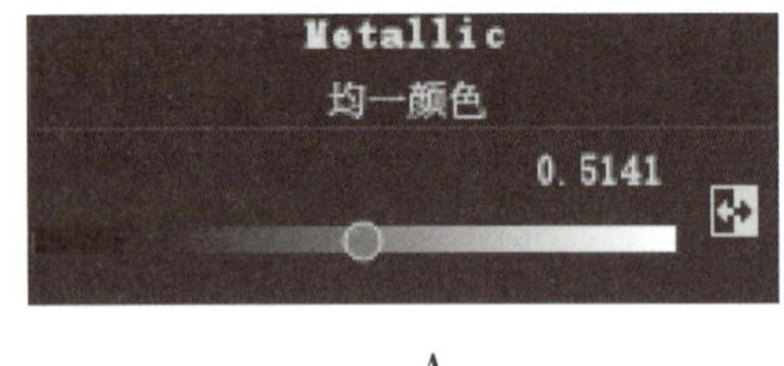

A.

B.

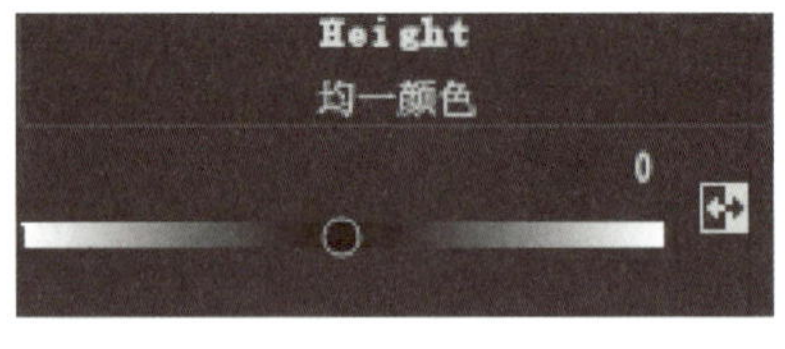

C.

（5）对照剪裁好的 UV 壳将图案映射到模型上，这种映射方式叫作________。不考虑 UV 壳坐标和剪裁方式，直接从空间中的三个方向将图案映射到模型上的映射方式叫作________。从空间中的单个方向将图案映射到模型上的映射方式叫作________。若在给模型添加材质时，裁切线处出现明显接缝，可以考虑使用________的映射方式。

3. 阅读信息页中的“常用材质生成器及其作用”，新建图层，尝试为模型添加各种不同的材质生成器，了解其作用。将下列材质生成器及其基本作用连线。

材质生成器	基本作用
	增加模型的深度和立体感
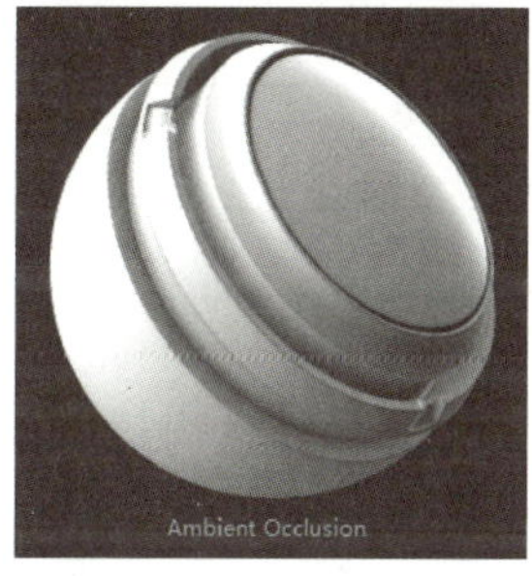	模拟污垢和尘土的积累
	生成边缘磨损效果
	模拟锈迹效果
	实现渐变效果

4. 使用材质生成器为枪械道具模型制作边缘磨损和枪身污渍效果。

可以使用______________________生成器制作模型材质的边缘磨损效果。若想使磨损显示得更明显，可以调节______________参数；可以使用____________生成器制作枪身污渍效果，若想使污渍的数量增加或减少，可以调节____________参数。

5. 给模型的闭塞区域加上阴影，可以增强模型的视觉立体效果，在互联网上搜索“增加模型立体度”“闭塞阴影”等关键词，试回答哪些方法可以为模型添加闭塞阴影？你打算采用哪种方法？

答：____

____

____

6. 为模型的闭塞阴影图层添加色阶，调整色阶滑块，使阴影的视觉效果更加自然。

（1）要想增加阴影图层的整体深度，可以调整（□黑色 □白色 □灰色）滑块向（□左 □右）移动。

（2）要想调整图层最暗部分的深度，可以调整（□黑色 □白色）滑块。

7. 跟随教师的示范，学习滤镜的作用及其使用方法，尝试为模型添加多个不同的滤镜。

（1）在同一图层中添加多个滤镜（□会 □不会）相互影响。

（2）在同一图层中，上层滤镜对（□下面一层 □下面所有层）滤镜会产生影响。

（3）若想使模型材质的细节显示效果更加清晰，可以添加__________滤镜。

8. 将材质贴图制作过程中遇到的问题和解决方法记录在材质贴图制作问题和解决方法表（见表 3–3–20）中。

表 3–3–20　　材质贴图制作问题和解决方法表

序号	具体问题描述（可附示意图）	原因	解决方法
1			
2			

九、检查虚拟交互项目道具模型贴图

（一）检查模型贴图视觉效果，修改和优化材质贴图

以小组为单位，多角度查看材质制作效果，找出模型材质中存在的问题和不足，修改和优化模型材质贴图，填写虚拟交互项目道具模型材质互检表，见表 3–3–21。

表 3–3–21　　虚拟交互项目道具模型材质互检表

序号	检查项目	是否修改	说明
1	固有色与道具原画稿对应	□是　□否	
2	各部件对应材质表现正确	□是　□否	
3	模型贴图无异常阴影、拉伸或接缝	□是　□否	
4	材质图层命名规范，整理有序	□是　□否	
		检查人签名：	

（二）导出贴图文件

1. 阅读任务要求和道具制作项目规范文件，导出枪械道具材质贴图文件，如图 3–3–12 所示，规范命名并提交文件。

（1）需要导出的贴图分辨率为________________，导出格式为__________。

（2）在导出的贴图类型表（见表 3–3–22）中勾选需要导出的贴图类型。

表 3–3–22　　导出的贴图类型表

导出类型	□颜色	□高光	□粗糙度	□金属度	□法线	□凹凸	□置换
英文名称	BaseColor	Specular	Roughness	Metalness	Normal	Bumb	Dis

（3）贴图命名格式如枪械道具材质贴图文件（图 3–3–12）所示。

ZuoLun_ZuoLun_Color.1001.png

ZuoLun_ZuoLun_Metalness.1001.png

ZuoLun_ZuoLun_Normal.1001.png

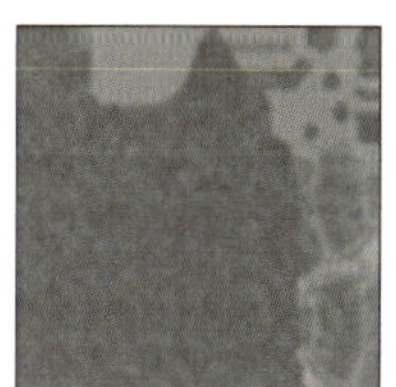
ZuoLun_ZuoLun_Roughness.1001.png

图 3–3–12　枪械道具材质贴图文件

2. 根据过程性考核项目 5：虚拟交互项目道具模型材质贴图制作评价表（见表 3–3–23）的评价指标进行自评，将材质贴图文件、Substance 3D Painter 工程文件、贴图效果截图文件提交给教师，教师进行教师评价。

表 3-3-23　过程性考核项目 5：虚拟交互项目道具模型材质贴图制作评价表

序号	评价项目	配分（共 20 分）	评价细则	自评（占比 20%）	教师评价（占比 80%）	得分
1	材质贴图输出文件格式、数量	3	材质贴图输出文件格式、分辨率、数量正确，3 分； 不正确，0 分			
2	材质固有色	3	基本接近道具原画稿，3 分； 明显错误，0 分			
3	材质质感	4	材质贴图表现真实，新旧程度合理，有一处不合理扣 1 分，扣完为止			
4	材质细节	8	细节非常精致，3 分； 部分细节精致，1 分； 细节不精致，0 分； 贴图无错位、无接缝、无阴影，得 5 分； 有一处明显瑕疵未修复扣 1 分，扣完为止			
5	规范存档	2	图层命名清晰、有含义，内容清楚、有条理，2 分； 图层未命名，内容混乱，0 分			
小计得分						
合计						

学习环节四 审核优化、文件提交

学习目标

1. 能根据项目制作规范，熟练设置 Substance 3D Painter 的环境和灯光，辨别其对材质视觉效果的影响，完成枪械道具模型展示虚拟场景示意图。

2. 能独立设置输出效果和摄像机参数，对枪械道具模型的多个视图进行渲染，完成虚拟交互游戏枪械道具模型多角度成果展示图，把渲染结果提交给教师审核。

3. 能根据教师的修改意见对模型、UV、材质贴图等进行优化调整，并根据企业文件管理标准和规范，输出三维道具模型、贴图及渲染图文件，根据项目规范文件要求对文件进行命名、存储和归档。

建议学时

6 学时

学习要求

序号	学习步骤	学习内容	学时	备注
1	设置环境和灯光	高动态范围图像的设置	2	
2	制作虚拟交互游戏枪械道具模型多角度成果展示图	渲染器导出设置	2	
3	提交和审核虚拟交互游戏枪械道具模型项目	1. 画面效果的判断 2. 项目文件的交付 3. 审美素养	2	

一、设置环境和灯光

辨别高动态范围图像（High Dynamic Range Image，HDR Image）对材质效果的影响，选择合适的环境和灯光。

1. 阅读信息页中的“高动态范围图像（HDR Image）的基本概念”，回答下列问题。

（1）观察下列枪械道具模型的不同显示效果，如图 3-4-1 所示，思考图片中枪械道具模型的显示效果有哪些不同，这些不同是由（　　）决定的。**【单选题】**

A. 材质固有颜色　　B. 环境灯光　　C. 材质纹理贴图　　D. 后期特效白平衡

a)

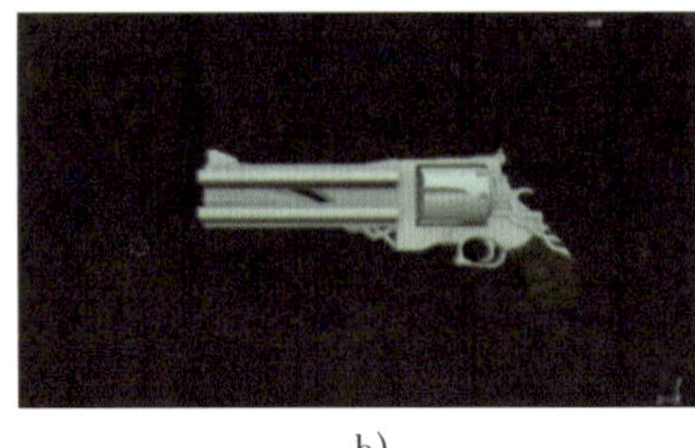
b)

c)

图 3-4-1　枪械道具模型的不同显示效果

a）效果 1　b）效果 2　c）效果 3

（2）简述 HDR Image 的基本概念。

答：____

____

____

____

（3）常见的 HDR Image 格式有__________；常见的低动态范围图像（Low Dynamic Range Image，LDR Image）格式有____________。

2. 跟随教师的示范，尝试设置不同类型的 HDR Image，探索虚拟交互游戏枪械道具模型制作中 HDR Image 的作用。

（1）选择不同的 HDR Image 或调整相关参数，观察材质的色彩、亮度等视觉效果，思考是哪些因素造成了这些视觉效果的变化，参考下面列出的因素，将它们填入 HDR Image 视觉效果分析表（见表 3-4-1）中。

可能造成视觉效果变化的因素：

光源颜色、光源角度、背景旋转角度、光源亮度、背景固有色、背景与模型的距离、镜头角度、镜头焦距、后期特效、阴影设置。

表 3-4-1 HDR Image 视觉效果分析表

序号	视觉效果	可能造成视觉效果变化的因素
1	色彩	
2	亮度	
3	光照角度	
4	阴影	

（2）在 Substance 3D Painter 中分别导入 HDR Image 和 LDR Image 作为环境灯光。观察两者对模型材质视觉效果的影响有何不同，结合信息页中对两者的介绍，填写 HDR Image 与 LDR Image 区别表，见表 3-4-2。

表 3-4-2 HDR Image 与 LDR Image 区别表

包含信息	HDR Image	LDR Image
颜色信息		
光照信息		
天空细节		
光源角度		

3. 参考道具原画稿，尝试选择并导入你认为合适的 HDR Image 文件，以表现模型结构和材质。记录操作步骤和参数设置。

（1）HDR Image 的清晰度由下列（　　）参数决定。【单选题】

A. 背景透明度　　B. 背景曝光　　C. 背景旋转　　D. 背景模糊

（2）在操作过程中，＿＿＿＿＿＿参数决定了模型的光照角度。

（3）思考枪械道具模型不同效果的解决措施表（见表 3-4-3）中的示例图效果是什么原因导致的，在表 3-4-3 中填写对应的解决措施，使模型的结构和材质能够被清晰地呈现。

表 3-4-3　　　　枪械道具模型不同效果的解决措施表

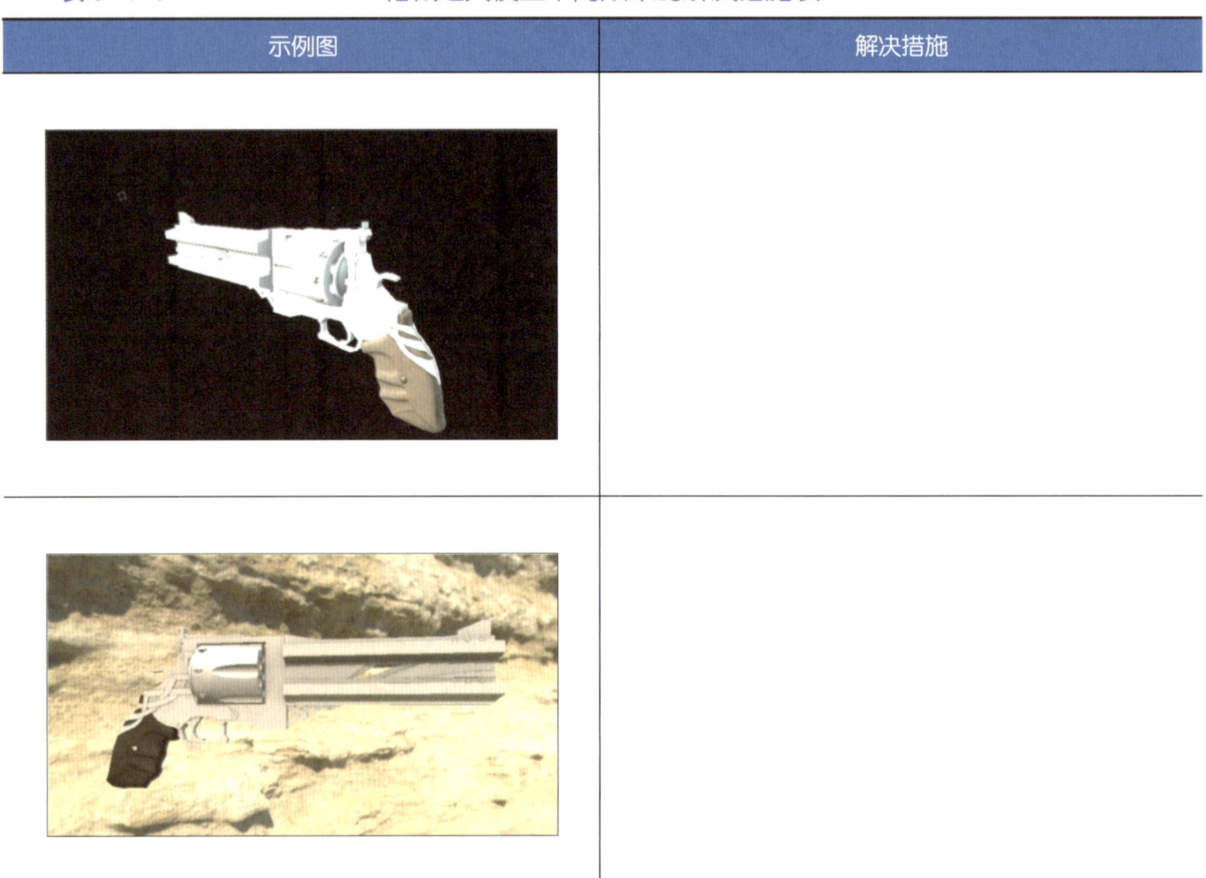

示例图	解决措施

4. 多角度旋转枪械道具模型，观察模型材质在环境灯光下的细节表现是否真实自然，微调材质属性，直至达到最佳效果，截取枪械道具模型展示虚拟场景示意图，完成枪械道具模型展示虚拟场景示意图检查表，见表 3-4-4。

表 3-4-4　　　　枪械道具模型展示虚拟场景示意图检查表

序号	检查项目	检查结果
1	高光表现明显	□是　□否
2	金属、塑料、皮革材质区分明显	□是　□否
3	枪械道具模型凹凸质感表现强烈	□是　□否

二、制作虚拟交互游戏枪械道具模型多角度成果展示图

1. 观看教师的示范和讲解，学习渲染器输出参数的设置方法。

（1）对照图 3-4-2 所示的渲染示例图，找出渲染参数选择表（见表 3-4-5）中的示例图存在哪些问题，在参数栏中勾选需要调整的参数名称。

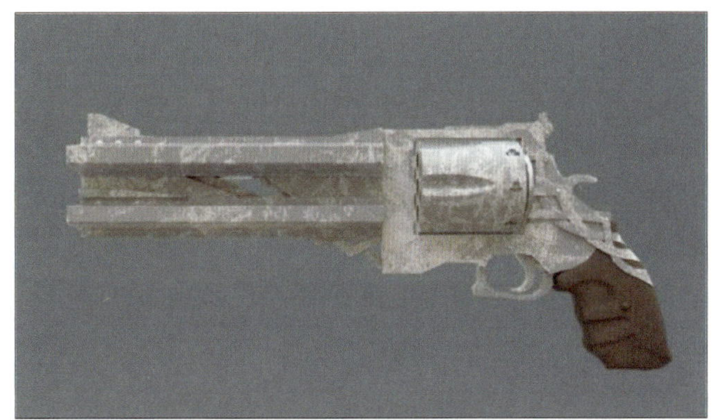

图 3-4-2　渲染示例图

表 3-4-5　渲染参数选择表

序号	示例图	参数栏
1		□背景透明度 □背景曝光 □清除颜色 □镜头视角 □镜头焦距 □焦点距离 □光圈 □覆盖视图分辨率
2		□背景贴图 □背景透明度 □背景旋转 □清除颜色 □镜头视角 □镜头焦距 □焦点距离 □光圈
3		□背景透明度 □背景曝光 □背景旋转 □激活后期特效 □镜头视角 □镜头焦距 □焦点距离 □光圈 □覆盖视图分辨率

（2）调整渲染器输出参数并导出正面、侧面、45°等指定角度的渲染图。

2. 根据项目要求，将多角度渲染图合并到同一张画布中，规范命名、导出和提交。虚拟交互游戏枪械道具模型多角度成果展示图如图 3-4-3 所示，画布大小为＿＿＿＿＿＿像素，图片格式为＿＿＿＿＿。

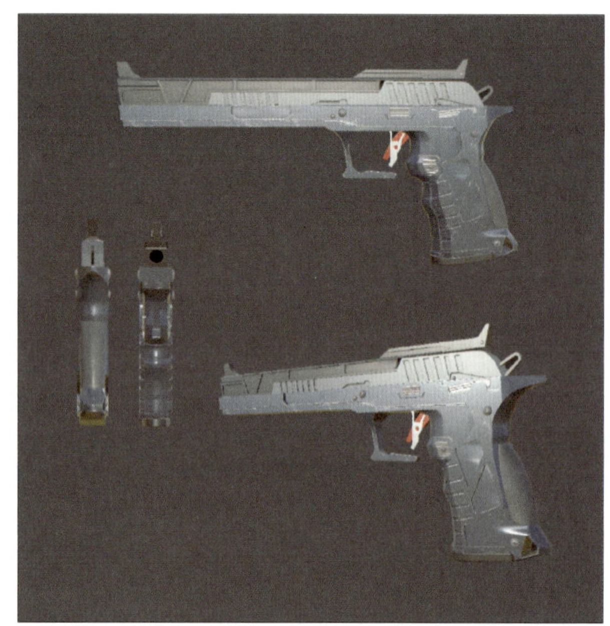

图 3-4-3 虚拟交互游戏枪械道具模型多角度成果展示图

3. 对提交的成果展示图进行评价，根据过程性考核项目 6：虚拟交互项目道具模型展示效果和材质表现评价表（见表 3-4-6）的评价指标进行自评，教师进行教师评价。

表 3-4-6 过程性考核项目 6：虚拟交互项目道具模型展示效果和材质表现评价表

序号	评价项目	配分（共 10 分）	评价细则	自评（占比 50%）	教师评价（占比 50%）	得分
1	灯光效果	2	环境灯光效果参数设置合理，光影真实，2 分； 设置不合理，0 分	/		
2	规范作图	5	视图数量正确，3 分，缺少一个视图扣 1 分，扣完为止； 画布大小正确，2 分，错误 0 分		/	
3	模型还原度	3	模型色彩、风格、材质表现与原画稿一致，3 分； 有一处不符扣 0.5 分，扣完为止	/		
小计得分						
合计						

三、提交和审核虚拟交互游戏枪械道具模型项目

听取教师的审核意见，判断画面效果优劣，优化工程文件。

1. 认真听取教师对画面效果的分析和讲解，总结你认为影响画面效果优劣的因素，完成影响画面效果优劣因素表，见表 3–4–7。

表 3–4–7　　影响画面效果优劣因素表

序号	影响画面效果优劣因素（如比例关系、色调等）
1	
2	
3	
4	
5	

2. 依据教师提供的反馈意见，以及你对画面效果表现的理解，对模型、UV、贴图和成果展示图进行优化，将反馈意见描述、关联环节和解决方案填入枪械道具制作项目验收、优化和改进记录表（见表 3–4–8）中。

表 3–4–8　　枪械道具制作项目验收、优化和改进记录表

序号	反馈意见描述	关联环节	解决方案
1	示例：枪械道具污渍范围太大（质感问题）	贴图阶段	修改遮罩形状
2			
3			
4			

3. 整理和提交项目源文件。

（1）对照提交项目文件信息表，见表 3–4–9，查看导出的文件内容、文件格式等是否符合要求。

表 3-4-9　　提交项目文件信息表

文件夹名称	文件内容	文件格式	是否符合要求
Maya 源文件	模型源文件	*.mb	□是　□否
贴图文件	颜色贴图、粗糙度贴图、金属度贴图、法线贴图	*.png	□是　□否
成果展示图	模型正面、侧面及自由视角渲染效果成果展示图（合并为一张）	*.jpg	□是　□否

（2）依据交付要求和标准，将修改后的项目文件打包并提交给教师。

4. 核对交付文件的内容、格式，以小组为单位，根据过程性考核项目 7：虚拟交互项目道具制作任务计划完成情况评价表（见表 3-4-10）中的评价指标进行互评，教师进行教师评价。

表 3-4-10　过程性考核项目 7：虚拟交互项目道具制作任务计划完成情况评价表

序号	评价项目	配分（共 10 分）	评价细则	组内互评（占比 50%）	教师评价（占比 50%）	得分
1	文件交付	5	缺少一个文件，扣 0.2 分； 多余一个不必要文件，扣 0.2 分； 一个文件格式不正确，扣 0.2 分； 扣完为止		/	
2	效率意识	3	按时完成任务，3 分； 未按时完成任务，0 分	/		
3	工作规范	2	规范填写工作记录，2 分； 未填写工作记录或填写不规范，0 分	/		
小计得分						
合计						

学习环节五 展示汇报、总结反馈

学习目标

能以小组为单位，梳理、制作、展示和汇报虚拟交互项目非雕刻道具制作技术要点思维导图，善于表达与展示。

建议学时

2 学时

学习要求

序号	学习步骤	学习内容	学时	备注
1	梳理制作工作记录，总结技术难点	总结技术难点的方法	1	
2	绘制技术要点思维导图，交流、分享心得	1. 思维导图的概念及构成 2. 思维导图的绘制方法	1	

一、梳理制作工作记录，总结技术难点

1. 以小组为单位，讨论、梳理本组组员在项目各个环节中遇到的问题，填写虚拟交互项目非雕刻道具制作问题表，见表 3-5-1。

表 3-5-1 虚拟交互项目非雕刻道具制作问题表

环节	问题概述	出现此问题的人数	解决问题所用时长
模型制作			□长 □短
			□长 □短
			□长 □短
			□长 □短
			□长 □短
UV 制作			□长 □短
			□长 □短
			□长 □短
			□长 □短
			□长 □短
材质制作			□长 □短
			□长 □短
			□长 □短
			□长 □短
			□长 □短

2. 根据组员遇到某一问题的频率、解决问题的难度等，总结本项目各环节的技术难点。

（1）在模型制作环节，较为常见的问题有：

____

____

较难处理的问题有：

____

____

（2）在 UV 制作环节，较为常见的问题有：

____

____

较难处理的问题有：

____

____

（3）在材质制作环节，较为常见的问题有：

____

____

较难处理的问题有：

____

____

二、绘制技术要点思维导图，交流、分享心得

1. 听取教师对思维导图概念的讲解，阅读信息页中对思维导图的介绍，回答下列问题。

（1）常用的思维导图有__________、__________、__________、时间线思维导图、鱼骨图等。

（2）常用的思维导图软件有__________、__________等。

（3）被称作“头脑风暴图”的思维导图是（　　）。【单选题】

A. 鱼骨图　　B. 流程图

C. 时间线思维导图　　D. 辐射型思维导图

（4）要想评估不同事项的优先级，可以使用（　　）。【单选题】

A. 圆环图　　B. 流程图　　C. 象限图　　D. 时间线思维导图

2. 选择一种合适的思维导图，对本学习任务每个制作环节中存在的技术难点及解决方案进行梳理，绘制在下列方框中，要求层级结构表现清晰，在每个制作环节中至少记录3个技术难点及其解决方案。

3. 思维导图可以在我们的学习、工作或日常生活中发挥重要的作用，如在本项目中，可以借助思维导图梳理工作的步骤，以及枪械道具模型制作中所需的知识点和技能点。你认为思维导图可以在学习过程中给你带来哪些具体的帮助？小组讨论，结合实际，举例说明如何使用思维导图来增强记忆和理解。

答：________________

____

____

____

4. 各小组选择代表简要分享项目制作成果、心得，以及技术要点思维导图，教师根据思维导图的形式、内容及实用性等方面进行评价，填写过程性考核项目 8：虚拟交互项目非雕刻道具制作任务总结和展示评价表，见表 3-5-2。

表 3-5-2 过程性考核项目 8：虚拟交互项目非雕刻道具制作任务总结和展示评价表

序号	评价项目	配分（共 10 分）	评价细则	教师评价（占比 100%）	得分
1	逻辑梳理	2	重、难点反映全面，3 分； 重、难点存在一处错误，扣 1 分		
2	技术难点总结	3	有一处缺失，扣 1 分		
3	解决方案制定	3	有可行性且表述正确，3 分； 有可行性但表述有错误，2 分； 有可行性但无参考价值，1 分； 无可行性，0 分		
4	沟通表达	2	能完整表述且语言组织到位，2 分； 能完整表述但语言组织不到位，1 分； 不能完成表述，0 分		
小计得分					
合计					

三、汇总过程性考核成绩

将本任务所有过程性考核项目的得分汇总在“虚拟交互项目非雕刻道具制作”学习任务过程性考核成绩汇总表（见表 3-5-3）中。

表 3-5-3 “虚拟交互项目非雕刻道具制作”学习任务过程性考核成绩汇总表

考核项目	配分 / 分	考核成绩
1. 任务信息沟通交流情况（能力素养）	10	
2. 虚拟交互项目道具制作计划（学习成果）	10	
3. 虚拟交互项目道具模型制作（技能考核）	20	
4. 虚拟交互项目道具模型 UV 展开（技能考核）	10	
5. 虚拟交互项目道具模型材质贴图制作（技能考核）	20	
6. 虚拟交互项目道具模型展示效果和材质表现（能力素养）	10	
7. 虚拟交互项目道具制作任务计划完成情况（学习成果）	10	
8. 虚拟交互项目非雕刻道具制作任务总结和展示（学习成果）	10	
合计	100	

技工院校工学一体化课程教学资源

技工院校计算机动画制作专业工学一体化教材

三维非雕刻道具与场景制作工作页

主编　宋　雄

学习任务一
网络游戏非雕刻道具制作

中国劳动社会保障出版社

简介

本书为技工院校计算机动画制作专业“三维非雕刻道具与场景制作”工学一体化课程的工作页，依据《计算机动画制作专业国家技能人才培养工学一体化课程标准》编写，供各地技工院校开展工学一体化教学使用。

本书主要包括网络游戏非雕刻道具制作、网络游戏非雕刻场景制作、虚拟交互项目非雕刻道具制作、虚拟交互项目非雕刻场景制作四个学习任务，每个学习任务包含接受任务、明确信息，分析任务、制订计划，实施计划、阶段检查，审核优化、文件提交，展示汇报、总结反馈五个学习环节。

完成本书中学习任务所需的相关素材可通过技工教育网（https://jg.class.com.cn）下载并使用。

图书在版编目（CIP）数据

三维非雕刻道具与场景制作工作页 / 宋雄主编 . 北京 : 中国劳动社会保障出版社，2025. --（技工院校工学一体化课程教学资源）（技工院校计算机动画制作专业工学一体化教材）. -- ISBN 978-7-5167-7107-5

Ⅰ. TP391.41

中国国家版本馆 CIP 数据核字第 20253FL758 号

三维非雕刻道具与场景制作工作页

SANWEI FEIDIAOKE DAOJU YU CHANGJING ZHIZUO GONGZUOYE

中国劳动社会保障出版社出版发行

（北京市惠新东街 1 号　邮政编码：100029）

*

北京市艺辉印刷有限公司印刷装订　　新华书店经销

880 毫米 ×1230 毫米　16 开本　22.25 印张　496 千字

2025 年 7 月第 1 版　　2025 年 7 月第 1 次印刷

定价：58.00 元

营销中心电话：400-606-6496

出版社网址：https://www.class.com.cn

https://jg.class.com.cn

技工院校工学一体化课程教学资源

技工院校计算机动画制作专业工学一体化教材

开发院校

牵头院校：广州市工贸技师学院

参与院校：广西机电技师学院　北京市新媒体技师学院

江苏省盐城技师学院

指导专家

张利芳　陈海娜　马　琳

本书编审人员

主　　编：宋　雄

副 主 编：陈　矗

参　　编：韦文颖　朱素莲　刘学谦　刘雯方　杨晓玲　吴云兰　张良锋

姜　欢　徐　杰　谢奇肯　蔡丽娟

审　　稿：曹　莹

指　　导：马　琳

序

技工教育的本质是就业教育，其最显著的特征是职业性，其最好的培养模式就是“在工作中学习、在学习中工作”。培育大批高技能人才，既要适应新一轮科技革命和产业变革的需要，也要遵循技能人才成长发展规律，创新技能人才培养方式。推进工学一体化技能人才培养模式改革是推进校企融合、提质培优的重要途径，是技工院校服务制造业和实体经济发展的务实举措。

2009 年，人力资源社会保障部办公厅印发了《技工院校一体化课程教学改革试点工作方案》，分三批在部分技工院校试点开展工学一体化课程教学改革工作，到 2021 年已经覆盖 31 个专业 191 所部级试点院校。经过十多年的发展，理念得到认同、试点不断扩大、学生学习兴趣明显提高，取得了显著成效。2022 年 3 月，人力资源社会保障部印发了《推进技工院校工学一体化技能人才培养模式实施方案》，提出在全国技工院校大力推进工学一体化技能人才培养模式，实现百个专业、千所院校、万名教师的“百千万”工作目标，以促进技工院校人才培养模式变革、提升技能人才培养质量、带动形成技工院校改革创新新局面。

新一轮工学一体化课程教学改革开展聚焦“课程标准”“课程资源”“教师培养”三项重点工作，为持续推进技工院校工学一体化技能人才培养模式实施奠定了坚实基础。印发《〈国家技能人才培养工学一体化课程标准〉开发技术规程》，出版《工学一体化课程开发指导手册》，分三阶段指引完成 103 个专业国家技能人才培养工学一体化课程标准与课程设置方案开发；编制《工学一体化课程教学资源开发指

南》，开发第一批 14 个专业 37 门课程工学一体化课程教学资源；印发《技工院校工学一体化教师培训标准》，出版《工学一体化教师培训指导手册》，依托工学一体化教师培训基地培育师资队伍；印发《技工院校工学一体化课堂、课程、专业、院校建设标准》，出版《工学一体化课程教学实施指导手册》，指引 1 000 所技工院校对标开展工学一体化优质课堂、精品课程、示范专业、骨干院校的建设工作，实现以评促建的目标。

教材建设是教学改革成果固化的重要载体。本次工学一体化课程教学资源按照工作逻辑呈现实践、理论知识和素养，遵循工作过程六步法，从工作向“工作 + 学习”融合，通过引导问题层层递进，实现“输入—内化—输出—考核”的学习闭环，突出学生心智技能和思维的培养，强调学生个人成长的积累。近年来，通过指导专家、几百位试点院校的骨干教师以及编辑团队共同努力，产出了教学指导用书、工作页及答案、信息页及数字资源等形式的系列教材学材，以满足技工院校的教学使用需求。

本系列教材及配套资源的出版，不仅是对本轮技工院校工学一体化技能人才培养模式改革工作的阶段性总结，也是打通从课程标准到课堂实施最后一公里的全新尝试，意义深远。希望全国技工院校将推行工学一体化技能人才培养模式作为创新人才培养模式、提高人才培养质量的重要抓手，为加快培养具有良好工作思维与习惯、自主学习意识与能力、精湛专业技艺与技能的复合型技能人才作出新的更大贡献！

技工教育和职业培训教学指导委员会

2025 年 4 月

目录

学习任务一
网络游戏非雕刻道具制作

任务描述

任务情境

某游戏公司计划开发一款古代仙侠风格三维网络游戏，现已完成该游戏的基本策划，需要制作三维美术资产。由于该游戏公司制作人员紧缺及工期问题，该游戏公司将道具制作任务外包。某网络科技公司承接了该项目的部分游戏道具美术资产制作任务，项目组长与甲方（该游戏公司）交接了道具制作任务单、道具原画稿和道具制作项目规范文件，商定了制作内容、制作规范、制作周期、制作标准等，确定了项目进度和人员分配情况。你作为模型师，领取了部分游戏道具美术资产制作任务，具体制作内容为“笛子”，该任务要求在 4 个工作日内完成制作并提交。

接到“笛子”道具制作任务后，你需要与教师充分沟通，解读道具原画稿和道具制作项目规范文件，分析任务量和技术要点，梳理工作流程，根据道具原画稿进行“笛子”道具模型制作，包括中模和低模制作、UV 拆分、材质贴图制作，在每个阶段进行自检、教师检查并优化改进，最后将道具整体渲染效果提交给教师审核，按照项目制作规范和标准进行工程文件命名、输出和整理，提交并完成验收。在本任务制作过程中应遵守保密协议，不泄露项目机密信息。

任务要求

1. 任务制作周期

任务制作周期为 4 个工作日。

2. 任务制作要求

（1）模型制作要求

1）中模制作要求：严格还原道具原画稿的道具造型，道具整体长度为 100 cm，精细制作道具整体结构及装饰物（如装饰图案的凹凸起伏等细节），模型的单位、坐标轴等设置正确。

2）低模制作要求：在中模的基础上减少或重绘模型的布线，减少模型面数至6 000个三角面左右，确保低模和中模造型结构基本一致。按照道具制作项目规范文件，确保模型无重面、破面和未缝合点，法线方向正确，尽量保持模型面为四边面，在剧烈转折位置设置硬边，清除历史和层。

（2）模型UV要求

保证模型UV比例一致、均匀舒展，避免出现拉伸UV的情况；接缝的位置隐蔽，避免把接缝放在结构复杂的区域；充分利用UV纹理空间，合理分配各区域面积，无大面积空白或无用区域；UV块面间保持统一的、较小的间距，不能重叠；UV摆放工整，排列在第一象限内；UV壳内无断裂；UV Sets里只有一个UV。

（3）材质贴图要求

采用PBR流程制作贴图，严格按照道具原画稿呈现道具的美术风格、材质纹理，要求细节精致、质感突出；贴图分辨率为2 048×2 048像素，格式为*.tga，输出D、N、ORM三张贴图；贴图使用Substance 3D Painter制作，应用于Unity引擎。确保提交的是未合并图层的原始工程文件，文件内部图层结构清晰、组织有序，图层命名明确、具体，便于在后续修改过程中的理解和使用。

（4）文件规范要求

1）按照道具制作项目规范文件要求的软件版本进行制作，严格按照命名要求对文件、文件夹及工程文件内部模型、图层等命名。

2）提交的项目文件包应包含中模文件（*.mb）、低模文件（*.ma和*.fbx）、贴图文件（*.tga）、sp工程文件（*.spp）和效果图（*.jpg）。

3）遵守合同规定的保密协议，确保不泄露项目机密信息。

任务资料

1. 道具制作任务单

道具制作任务单

制作时间：4个工作日（包含制作模型、贴图）

使用软件：要求使用Maya、Substance 3D Painter，可配合使用Photoshop

制作要求：

（1）严格按照道具原画稿的道具造型制作，道具整体长度为100 cm，道具细节制作精致。

（2）模型面数为6 000个三角面左右。

（3）贴图严格按照道具原画稿的美术风格，采用 PBR 流程（基于物理渲染流程，是次世代游戏和 3D 建模中常用的一种技术流程）制作。

（4）贴图分辨率为 2 048 × 2 048 像素，格式为 *.tga，输出 D、N、ORM 三张贴图。

（5）贴图能准确呈现道具的表面材质纹理，细节精致、质感突出。

2. 道具原画稿

道具原画稿如图 1–0–1 所示。

3. 道具制作项目规范文件

道具制作项目规范文件如图 1–0–2 所示（本书所有项目规范文件详见本书配套数字资源）。

图 1–0–1　道具原画稿

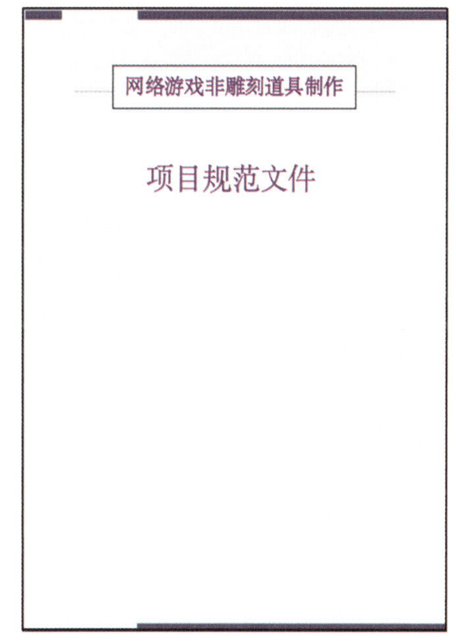

图 1–0–2　道具制作项目规范文件

学习目标及学时

1. 能有效接收并理解网络游戏非雕刻道具制作任务，包括领取道具原画稿、道具制作项目规范文件等资料，完成网络游戏道具制作任务信息表的填写并能详细阐述任务信息，具有倾听、理解任务信息的能力，以及与人有效沟通交流的能力。

2. 能依据道具原画稿、任务情境，以及道具制作项目规范文件，明确网络游戏道具制作的流程、步骤和内容，预估各步骤的精度要求和工作量，了解确定排期的方法，并完成道具制作步骤排序表，具有时间意识。

3. 能遵循项目规范，拆分道具原画稿中各部件，选择合适的方法制作中模，制作完成后对中模进行检查、修改和整理，并依据低模的布线规则和特点，对中模进行减面操作，将其转为低模；自检并依据教师反馈进行修改，确保其符合道具制作项目规范文件要求，具有规范意识。

4. 能正确拆分低模 UV，使用 Unfold3D 自动展开 UV，并通过 UV 传递减少重复工作，调整 UV 排布，自检并依据教师反馈进行修改，完成 UV 制作。

5. 理解 PBR 流程和烘焙功能图，完成中、低模处理，使用 Substance 3D Painter 烘焙并修复瑕疵；能识别国风游戏画面的风格，按照道具原画稿使用 Substance 3D Painter 中的智能材质功能完成材质贴图制作，自检并优化材质贴图，确保项目文件符合规范。

6. 能按照道具制作项目规范文件，提交效果截图以供审核，根据反馈细致修改模型、UV 和贴图，直至审核通过；能规范导出模型和贴图文件，按照命名规则整理、归档和打包交付，展现工匠精神、规范意识和诚实守信的职业素养。

建议学时

72 学时

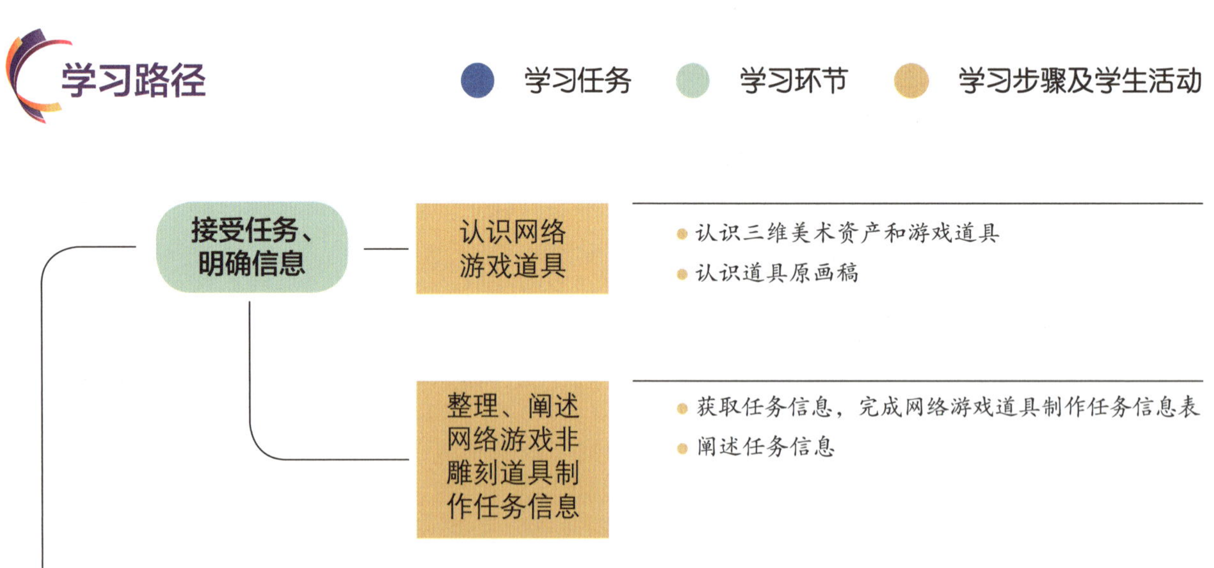

网络游戏非雕刻道具制作

分析任务、制订计划

明确网络游戏非雕刻道具制作步骤

- 提取制作步骤
- 完成道具制作步骤表

明确网络游戏非雕刻道具制作项目排期

- 明确网络游戏非雕刻道具制作项目排期方法
- 完成道具制作项目排期表

实施计划、阶段检查

明确网络游戏道具中、低模制作方法

- 明确中、低模的区别和作用
- 明确中模的多边形建模方法
- 明确低模的减面方法

制作道具中模

- 明确中模的制作要求
- 准备工作环境
- 观察道具原画稿，拆解道具结构，标记建模顺序
- 分析各部件的建模方法和建模工具，完成各部件的精细建模

检查、修改、整理中模

- 确定中模检查项目
- 整理中模工程文件
- 评价、完善中模
- 中模制作小结

制作道具低模

- 明确低模的制作要求
- 确定低模制作方案，做好减面准备
- 设置各部件减面和软硬边

检查、修改、整理低模

- 确定低模检查项目，整理低模
- 评价、完善低模
- 低模制作小结

拆分、排布UV

- 分析UV展开的方法，在低模截图上标记UV展开方式
- 按照UV标记图，拆分、排布UV

检查、修改UV

- 明确UV检查要点和方法，检查、修改UV
- 评价、完善UV拆分
- UV拆分小结

认识PBR贴图

- 认识PBR的概念和PBR贴图
- 明确贴图烘焙的作用和功能图的种类

网络游戏非雕刻道具制作

- 烘焙功能图
  - 处理烘焙前中、低模，导出中、低模 FBX 文件
  - 烘焙功能图
- 检查、修复功能图
  - 检查功能图
  - 修复功能图
  - 评价、完善功能图烘焙
  - 功能图烘焙小结
- 分析道具原画稿材质效果
  - 认识国风游戏画面的风格特点
  - 道具原画稿材质效果分析
- 制作材质贴图
  - 为各类材质添加基础色和遮罩
  - 选择和调整智能材质
- 检查、修改、整理材质工程文件
  - 检查、修改材质，整理材质工程文件
  - 评价、完善材质制作
  - 材质制作小结

审核优化、文件提交

- 提交和修改网络游戏道具整体效果
  - 提交道具整体效果截图
  - 听取教师的审核意见，分析和修改模型、UV 和贴图
- 规范导出项目文件，整理、命名和交付文件、文件夹
  - 确定道具制作项目规范文件要求，导出贴图文件
  - 整理、打包和提交项目文件包

展示汇报、总结反馈

- 梳理网络游戏道具制作技术难点
  - 整理技术难点关键词
  - 整理问题和解决办法
- 阐述网络游戏道具制作技术难点
  - 梳理技术难点
  - 阐述技术难点
- 汇总过程性考核成绩

学习环节一 接受任务、明确信息

学习目标

1. 能倾听教师传达任务信息，接受任务资料，包括道具原画稿、道具制作项目规范文件、参考文件、任务背景要求等，了解任务相关的游戏美术背景知识。

2. 能通过教师的引导和阅读资料确认模型、贴图制作的主要要求，完成网络游戏道具制作任务信息表，阐述任务信息，具有倾听、理解任务信息和与人有效沟通交流的能力。

建议学时

2 学时

学习要求

序号	学习步骤	学习内容	学时	备注
1	认识网络游戏道具	1. 美术资产的概念 2. 道具的类型和用途 3. 道具原画稿的概念和作用	1	
2	整理、阐述网络游戏非雕刻道具制作任务信息	1. 网络游戏非雕刻道具制作任务信息和资料的获取 2. Substance 3D Painter 介绍 3. 网络游戏道具模型、贴图制作的要求 4. 与人有效沟通交流的能力	1	

一、认识网络游戏道具

阅读下面节选的任务情境，理解用下画线标记的名词的含义。

某游戏公司计划开发一款古代仙侠风格三维网络游戏，目前已完成游戏的基本策划和原画稿设计，需要进行三维美术资产的制作。由于公司制作人员及工期问题，将游戏道具制作任务外包。

（一）认识三维美术资产和游戏道具

本任务情境中提到了三维美术资产和游戏道具，阅读信息页中的相关内容，回答下列问题。

1. 阅读信息页中的“美术资产的概念”，理解美术资产涵盖的内容及分类，将下列选项的编号填入数字资产、美术资产和三维美术资产内容判定图（图 1–1–1）对应的椭圆中。

A. 游戏角色模型　　B. 游戏地图场景　　C. 游戏纹理贴图

D. 游戏技能特效　　E. UI 界面图标　　F. 游戏 Logo 设计

G. 游戏玩法策划　　H. 游戏宣传海报　　I. 游戏逻辑代码

J. 游戏故事背景　　K. 游戏道具模型　　L. 游戏音乐、音效

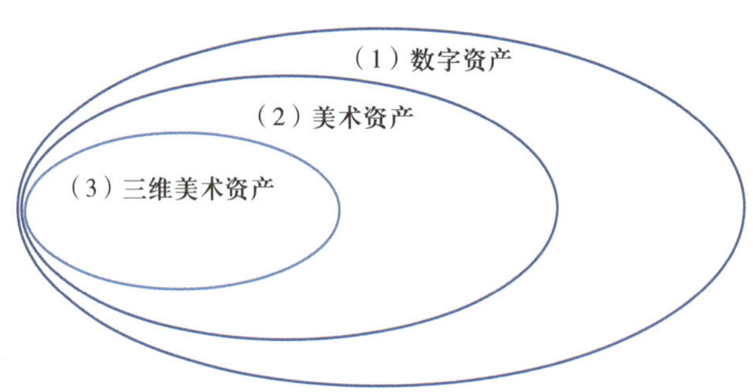

图 1–1–1　数字资产、美术资产和三维美术资产内容判定图

2. 阅读信息页中的“游戏道具的定义”，判断下列选项中属于游戏道具的是（　　）。【多选题】

A. 武器

B. 任务用品

C. 载具

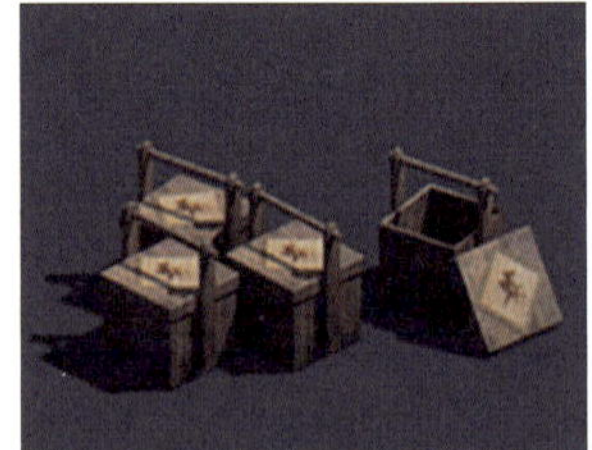

D. 场景装饰

（二）认识道具原画稿

本任务情境中提到了道具原画稿，道具原画稿可作为道具制作的上游材料，阅读信息页中的“认

识原画稿”，回答下列问题。

1. 查看道具原画稿与道具模型最终效果对比范例图（图 1-1-2），小组讨论道具原画稿与道具模型最终效果的异同点，用“相同”“相似”“不同”等词语补全下列句子。

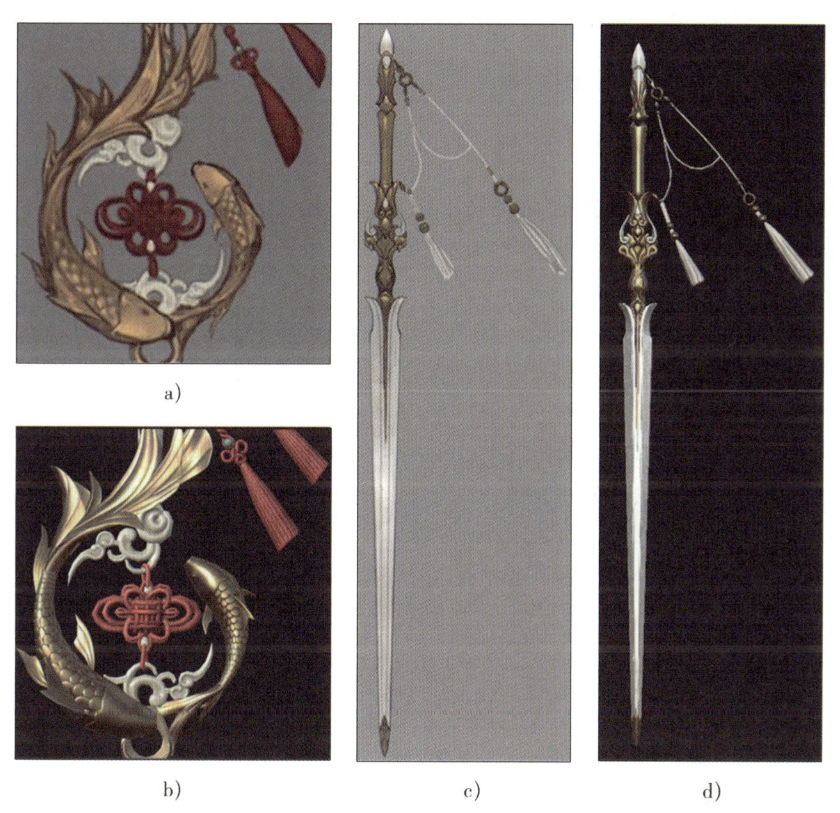

图 1-1-2　道具原画稿与道具模型最终效果对比范例图
a）道具 1 原画稿　b）道具 1 模型最终效果　c）道具 2 原画稿　d）道具 2 模型最终效果

道具模型最终效果与道具原画稿呈现的道具结构____________，比例____________，色彩____________，细节____________。

2. 判断下列句子的正误，正确的在括号中打“√”，错误的在括号中打“×”，加深对原画稿概念和作用的理解，并将错误的句子改正。

（1）原画稿必须以数字绘图的形式呈现，不能是照片或者手绘图等其他形式。（　　）

修改为：____

（2）原画稿只能为后续的三维模型制作提供指导。（　　）

修改为：____

（3）模型和贴图应尽量准确还原原画稿中的设计元素和细节。（　　）

修改为：____

3. 根据接收到的道具原画稿，尝试描述本次网络游戏道具制作的具体内容和大致要求，补全下列句子。

本次网络游戏道具制作任务是制作____________，除了制作该道具主体外，还包括制作__________，要求制作的模型应与__________一致。

二、整理、阐述网络游戏非雕刻道具制作任务信息

为了更好地完成本次网络游戏非雕刻道具制作任务，需要明确任务信息。

（一）获取任务信息，完成网络游戏道具制作任务信息表

1. 以小组为单位，阅读信息页中的“网络游戏非雕刻道具制作任务信息和资料的获取”，认真倾听教师传达的内容，捕捉、提取重要信息，补全“笛子”道具制作任务信息表 1（基本任务信息）中的内容，见表 1–1–1。

表 1-1-1　“笛子”道具制作任务信息表 1（基本任务信息）

项目	基本任务信息
任务内容	制作网络游戏非雕刻道具__________
制作时间	_____年_____月_____日—_____年_____月_____日， 第_____学习周—第_____学习周，共_____天 / _____学时
使用软件	名称：__________ 名称：__________ 名称：__________

2. 以本任务所需软件名称为关键词，在互联网上搜索资料，结合信息页中的“Substance 3D Painter 软件概述”，回答下列问题。

（1）在互联网上搜索关于 Substance 3D Painter 软件的介绍，判断下列选项中对 Substance 3D Painter 的描述，正确的是（　　）。【多选题】

A. Substance 3D Painter 可以模拟真实材质效果，但不能制作手绘贴图

B. Substance 3D Painter 是目前最优秀的次世代游戏贴图绘制软件

C. Substance 3D Painter 支持基于物理渲染技术（PBR）

D. Substance 3D Painter 自带智能材质，通过简单调节参数就可以修改使用这些材质，生成划痕、脏迹等细节

（2）将下列软件图标与其在网络游戏非雕刻道具制作过程中对应的功能进行连线。

3. 阅读本任务要求和任务资料，从中提取关于道具模型、UV、材质贴图制作要求等相关信息，摘录在“笛子”道具制作任务信息表 2（具体制作要求）中，见表 1–1–2。

表 1-1-2　“笛子”道具制作任务信息表 2（具体制作要求）

项目	具体制作要求
模型尺寸	高度____ cm
模型面数	____个三角面
贴图分辨率	____ × ____像素
贴图制作流程	
美术要求	模型：________________ 贴图：________________

4. 阅读本任务要求，从中提取关于交付文件规范要求的相关信息，摘录在“笛子”道具制作任务信息表 3（交付文件规范要求）中，见表 1–1–3。在“提交文件内容”项目中，写出交付文件信息内容，并在括号内写出文件类型的扩展名。

表 1-1-3　“笛子”道具制作任务信息表 3（交付文件规范要求）

项目	交付文件规范要求
提交文件内容	模型：________（*.____）文件和________（*.____、*.____）文件 贴图：________（*.____）文件和________（*.____）文件 其他：__________（*.____）文件
保密要求	

（二）阐述任务信息

1. 按照教师传达的阐述技巧和方法，以小组为单位，清晰、准确、全面地阐述“笛子”道具制作任务信息表中的内容，各小组间根据过程性考核项目 1：整理、阐述任务信息评价表（见表 1–1–4）的评价指标进行互评，教师进行教师评价。

表 1–1–4　　过程性考核项目 1：整理、阐述任务信息评价表

序号	评价项目	配分（共 9 分）	评价细则	组间互评（占比 20%）	教师评价（占比 80%）	得分
1	阐述表现	2	语言清晰，仪态自然，2 分； 表述紧张，语言不连贯，1 分； 完全不能阐述，0 分			
2	信息要点	5	信息填写完整，缺一项扣 0.2 分，扣完为止			
3	术语和单位使用	2	正确使用术语和单位，一项有误扣 0.5 分，扣完为止			
小计得分						
合计						

2. 在获取任务资料和阐述任务信息的过程中，除了扎实的专业知识外，有效的沟通能力同样至关重要。思考怎样才能更好地与人沟通，达到正确、完整传递任务信息的目的，并将下列沟通方法和行为词条的对应选项填写在与人沟通的方法和行为表（见表 1–1–5）中。

A. 明确目的和需求　B. 集中注意力　C. 使用简洁的语言

D. 记录和整理　E. 反馈和确认　F. 提出明确的问题

G. 结构化表达　H. 使用清晰的语言　I. 强调关键点

表 1–1–5　　与人沟通的方法和行为表

不同情境	相关词条
倾听时	
有疑问时	
阐述时	

学习环节二
分析任务、制订计划

学习目标

1. 能根据道具原画稿、任务情境，以及道具制作项目规范文件，明确网络游戏道具制作的流程、步骤和内容。

2. 能对任务的精度要求和工作量进行预估，了解确定排期的方法，完成“笛子”道具制作步骤表和项目排期表，具有时间意识。

建议学时

2 学时

学习要求

序号	学习步骤	学习内容	学时	备注
1	明确网络游戏非雕刻道具制作步骤和项目排期	1. 三维游戏中道具模型制作工艺的发展 2. 网络游戏道具模型制作流程步骤和内容 3. 网络游戏道具模型和贴图工作量的预估 4. 项目排期表的构成 5. 时间意识	2	

一、明确网络游戏非雕刻道具制作步骤

（一）提取制作步骤

查看传统游戏道具与次世代游戏道具效果对比图（图 1-2-1），阅读信息页中的“三维游戏中道具模型制作工艺的发展”，小组讨论传统与次世代两种游戏的游戏道具效果的异同。

a）

b）

图 1-2-1　传统游戏道具与次世代游戏道具效果对比图

a）传统游戏道具效果　b）次世代游戏道具效果

1. 用下列词语，填写传统游戏道具与次世代游戏道具效果差异表，见表 1-2-1。

A. 真实　　B. 粗糙　　C. 卡通化

D. 简单　　E. 精美　　F. 复杂

表 1-2-1　传统游戏道具与次世代游戏道具效果差异表

项目	传统游戏	次世代游戏
视觉效果		
造型细节		
材料质感		

2. 次世代游戏道具、网络游戏非雕刻道具与传统游戏道具的模型制作步骤皆可划分为建模、UV拆分、材质贴图制作三大阶段，但三者的细节制作步骤略有差异。对比下列模型制作步骤，在次世代游戏道具、网络游戏非雕刻道具与传统游戏道具模型制作步骤表（见表 1–2–2）中用不同颜色的马克笔圈出它们制作步骤的不同之处。

表 1–2–2 次世代游戏道具、网络游戏非雕刻道具与传统游戏道具模型制作步骤表

次世代游戏道具	网络游戏非雕刻道具	传统游戏道具
中模制作	中模制作	低模制作
高模雕刻		
低模拓扑	低模拓扑	
UV 拆分	UV 拆分	UV 拆分
贴图烘焙	贴图烘焙	贴图绘制
材质制作	材质制作	

3. 阅读以下段落，思考各种模型制作步骤之间的差异，从下列括号中选择正确的词语补充段落，在正确的词语前的□内打“√”。

次世代游戏模型比传统游戏模型视觉效果好，因为其游戏引擎功能强大，可以直接使用（□超高面数模型 □烘焙技术）把高模细节信息传递到低模，并且 PBR 贴图流程模拟了现实世界中材质的光学性质，使模型的材质看起来更加（□真实 □卡通）。网络游戏非雕刻道具制作步骤更接近于（□次世代游戏模型制作 □传统游戏模型制作）步骤，因此最终模型效果也更接近于（□次世代游戏 □传统游戏）模型。网络游戏非雕刻道具制作步骤相对于次世代游戏道具制作步骤更（□简单 □困难），因为雕刻需要（□更多软件技术 □更强美术基础），网络游戏非雕刻道具更适合（□初学者 □高手）学习。

（二）完成道具制作步骤表

1. 以小组为单位，阅读信息页中的“网络游戏道具制作流程步骤和内容”，了解网络游戏道具的制作步骤和所用软件，讨论并大致确定各步骤的工作内容。

根据表 1–2–2 所示，网络游戏非雕刻道具的制作阶段包含 5 个制作步骤。在“笛子”道具制作步骤表 1（步骤名称及工作内容）（见表 1–2–3）中按顺序填写制作步骤名称，并在下列语句中选择与步骤相应的工作内容填入表中。

（1）对中模进行减面、拓扑操作，注意面数应与要求符合，保持中模结构。

（2）制作精细模型，重点表现细节。

（3）按照提交文件内容及格式要求，整理、导出文件，修改文件名称，将其整理、打包并交付。

（4）进行中模到低模的烘焙，如果在烘焙后的贴图中出现瑕疵，应手动修正。

（5）将低模的 UV 拆开，使每个面都均匀舒展、摆放工整。

（6）按照道具原画稿，分别设置各个部位材质颜色及材质特性。

表 1-2-3 "笛子"道具制作步骤表 1（步骤名称及工作内容）

制作步骤		工作内容（填写序号及内容）
制作		
提交		

2. 根据信息页中的"网络游戏道具制作流程步骤和内容"，对照道具制作项目规范文件中的各项内容，找出各制作步骤应产出的文件，在教师的引导下写出道具制作各步骤中的软件和产出文件，将其填写在"笛子"道具制作步骤表 2（使用软件及产出文件）（见表 1–2–4）中。

表 1-2-4 "笛子"道具制作步骤表 2（使用软件及产出文件）

制作步骤		使用软件	产出文件
制作			
提交			

3. 倾听教师分析各步骤对后续步骤的影响，将下列制作步骤与后续影响步骤进行连线。

制作步骤	后续影响步骤
	最终模型材质效果
中模制作	低模造型
低模拓扑	烘焙贴图精度
UV 拆分	贴图平铺质量
贴图烘焙	最终模型造型
材质制作	UV 拆分
	材质绘制时功能图的使用

4. 在教师的指导下，小组讨论各步骤的制作精度要求，预估各步骤的大致工作量和时长，按制作顺序在"笛子"道具制作步骤表 3（精致程度、工作量、时长的选择）（见表 1–2–5）中填写各制作步骤名称，并完成相应制作步骤的精致程度、工作量、时长的选择。

表 1-2-5　“笛子”道具制作步骤表 3（精致程度、工作量、时长的选择）

制作步骤	精致程度	工作量	时长
	□高　□低	□大　□较大　□较小　□小	□长　□较长　□较短　□短
	□高　□低	□大　□较大　□较小　□小	□长　□较长　□较短　□短
	—	□大　□较大　□较小　□小	□长　□较长　□较短　□短
	—	□大　□较大　□较小　□小	□长　□较长　□较短　□短
	□高　□低	□大　□较大　□较小　□小	□长　□较长　□较短　□短
提交文件	—	□大　□较大　□较小　□小	□长　□较长　□较短　□短

二、明确网络游戏非雕刻道具制作项目排期

（一）明确网络游戏非雕刻道具制作项目排期方法

独立阅读两种次世代游戏道具制作项目排期表的范例（见表 1-2-6、表 1-2-7），查看道具制作项目排期的构成，完成下列题目。

表 1-2-6　次世代游戏道具制作项目排期表（范例 1）

制作步骤	高模制作	低模 UV	材质贴图	合计
所需天数	2 天	1 天	2 天	5 天
工作日期	12 月 18 日—12 月 19 日	12 月 20 日	12 月 21 日—12 月 22 日	12 月 18 日 12 月 22 日
模型参考：道具原画稿（保密） 费用明细：900 元 / 天　合计：4 500 元				

表 1-2-7　次世代游戏道具制作项目排期表（范例 2）

制作步骤	中模制作	高模制作	拓扑模型 UV	贴图烘焙	SP 材质	整理提交
所需天数	2 天	2 天	1.5 天	1 天	1 天	0.5 天
工作日期节点	12 月 8 日	12 月 10 日	12 月 12 日	12 月 13 日	12 月 14 日	12 月 14 日
模型参考：道具原画稿（保密）						

1. 项目排期表的内容一般包括（　　）。【多选题】

A. 模型制作各步骤的具体内容　　B. 模型制作步骤名称及各步骤时长

C. 模型制作具体日期　　D. 模型制作的费用明细及合计

2. 阅读下列文字，从括号中选择正确的词语补充段落，在正确词语前的□内打“√”。

从项目排期表中可以看出，不同项目制作阶段的划分略有不同，但整体流程基本（□一致 □不一致）。

（二）完成道具制作项目排期表

1. 查看“笛子”道具制作项目排期表（见表 1–2–8），此表适用于经验丰富的游戏模型师（熟练模型师），对应本次“笛子”道具制作任务，对照在表 1–2–4 中已排出的道具制作步骤，检查其工作量的安排与表 1–2–8 中是否一致，圈画出不一致的部分。

表 1-2-8　“笛子”道具制作项目排期表

制作步骤	中模制作	低模拓扑	拆分 UV	贴图烘焙	材质制作	整理提交
所需天数	1 天	0.5 天	0.5 天	0.5 天	1 天	0.5 天
工作日期节点	12 月 9 日	12 月 10 日	12 月 10 日	12 月 11 日	12 月 12 日	12 月 12 日
模型信息	模型参考图：			模型名称：笛子		

2. 倾听教师讲解确定制作项目排期表的方法，完成下列题目。

（1）决定项目各步骤制作时长的主要因素是（　　）。【多选题】

A. 道具原画稿设计复杂度　　B. 制作技术熟练度

C. 项目要求精细度　　D. 步骤制作难易度

（2）判断项目各步骤制作时长需要掌握的知识包括（　　）。【多选题】

A. 各步骤具体制作方法及难易程度判定方法

B. 类似项目经验及历史数据

C. 道具原画稿复杂程度的判断和分析方法

D. 游戏引擎的使用和测试知识

3. 根据表 1-2-8 中给出的经验丰富的游戏模型师的排期安排，参考表 1-2-5 中的各步骤工作量评估，并结合个人对每个制作步骤的熟练程度，估算出在共计 64 学时内完成本任务各步骤分别需要的学时数，填写“笛子”道具制作项目排期表（学生）（见表 1-2-9）。

表 1-2-9 “笛子”道具制作项目排期表（学生）

制作步骤	中模制作	低模拓扑	拆分 UV	贴图烘焙	材质制作	整理提交
所需学时	____学时	____学时	____学时	____学时	____学时	____学时
模型信息	模型参考图：			模型名称： 笛子		

4. 组内交换道具制作步骤表，见表 1-2-3、表 1-2-4 和表 1-2-5，按照所学知识进行道具制作步骤排序，各小组根据过程性考核项目 2：明确道具制作步骤和项目排期评价表（见表 1-2-10）中的评价指标进行互评，教师进行教师评价。

表 1-2-10 过程性考核项目 2：明确道具制作步骤和项目排期评价表

序号	评价项目	配分（共 10 分）	评价细则	组内互评（占比 20%）	教师评价（占比 80%）	得分
1	步骤排序	2	共 5 项，错误一项扣 0.5 分，扣完为止		/	
2	步骤内容对应	2	共 6 项，错误一项扣 0.5 分，扣完为止	/		
3	使用软件及产出文件格式	2	共 17 项，错误一项扣 0.2 分，扣完为止	/		
4	步骤对后续步骤的影响	2	共 5 项，错误一项扣 0.5 分，扣完为止	/		

续表

序号	评价项目	配分（共 10 分）	评价细则	组内互评（占比 20%）	教师评价（占比 80%）	得分
5	精度要求和工作量判断	1	基本正确，1 分； 个别错误，0.5 分； 完全错误，0 分	/		
6	时间安排	1	基本合理，1 分； 完全不合理，0 分	/		
小计得分						
合计						

5. 小组讨论并思考制定项目排期表的作用，以及作为学生如何在学习过程中按时完成以上学习内容，完成下列题目。

（1）项目排期表的作用是（　　）。【多选题】

A. 明确时间框架，确保项目按时完成　　B. 便于管理者跟踪、检查进度

C. 增强建模师的责任感和时间意识　　D. 确定项目的制作难度及费用

（2）结合下列词条提示，写出你在完成本学习任务过程中是如何保证学习效果的。

A. 严格按照计划进行学习　　B. 充分利用课堂时间

C. 避免分心　　D. 及时求助教师

E. 保持健康的生活习惯　　F. 定期反思学习计划的执行情况

答：____

学习环节三 实施计划、阶段检查

学习目标

（一）建模阶段

1. 能按照项目规范文件进行建模的准备工作，拆分道具原画稿中各部件，分析各部件的建模方法，选择适当的建模工具，进行中模制作。

2. 能查阅道具制作项目规范文件，确定中模检查项目，对已完成的中模进行检查、修改和整理。

3. 能根据低模的布线规则和特点，选择适当的减面方法和工具，按照面数要求，完成中模转低模的减面操作。

4. 能对模型进行自检，并根据自检结果和教师现场检查时提出的修改意见对模型进行修改，制作的模型符合本任务的模型要求，符合项目规范文件要求，具有规范意识。

（二）UV 阶段

1. 能确认 UV 展开的方法，对低模进行 UV 拆分，使用 Unfold3D 自动展开 UV，使用 UV 传递减少重复工作，调整各部分 UV 的排布，完成 UV 展开工作。

2. 能根据资料梳理 UV 要求，进行 UV 自检，能根据教师现场检查时提出的意见修改 UV。

（三）材质贴图阶段

1. 能认识 PBR 流程的基本概念和优势，了解烘焙功能图的作用和种类，掌握常用 PRB 贴图、功能图类型及颜色信息的含义。

2. 能对中、低模进行烘焙前处理，使用 Substance 3D Painter 烘焙并导出功能图。

3. 能检查功能图，使用适当软件修复功能图并完成自检。

4. 能说出国风游戏画面的风格特点，明确道具原画稿的风格和材质贴图要求，具有认知美术风格特点的基本审美素养。

5. 能按照道具原画稿，使用 Substance 3D Painter 添加基础色和遮罩，使用智能材质制作材质效果，并完成接缝修饰。

6. 能根据材质贴图检查要点进行自检，理解教师提出的检查意见并优化材质贴图，制作过程符合项目制作规范要求。

建议学时

64 学时

学习要求

序号	学习步骤		学习内容	学时	备注
1	建模阶段	明确网络游戏道具中、低模制作方法	1. 中模的作用 2. 低模的作用 3. 中模与低模的区别 4. 中模的多边形建模方法 5. 低模的减面方法	2	
2		制作道具中模	1. 中模的制作要求 2. 工作环境的准备 3. 拆解道具结构的依据 4. 部件建模排序的依据 5. 中模多边形建模方法的选择和应用 6. 多边形建模常用工具的使用	14	
3		检查、修改、整理中模	1. 中模的检查项目 2. 模型部件及文件的命名规则 3. 中模工程文件的整理 4. 中模的评价、完善方法	2	
4		制作道具低模	1. 低模布线的规则和特点 2. 低模的制作要求 3. 低模两种减面方法的选择和使用 4. 常用减面工具的使用 5. 软硬边的判断和设置方法	10	
5		检查、修改、整理低模	1. 低模的检查项目 2. 低模的检查工具 3. 规范意识	2	

续表

序号	学习步骤		学习内容	学时	备注
6	UV阶段	拆分、排布UV	1. UV展开的作用和方法 2. UV接缝的设置依据 3. UV的传递 4. UV拆分、排布的方法	8	
7		检查、修改UV	1. UV拆分、排布的规范和要求 2. UV检查的要点 3. 棋盘格贴图检查UV的方法	2	
8	贴图阶段	认识PBR贴图	1. PBR的基本概念 2. PBR贴图的构成 3. 贴图烘焙的作用 4. 烘焙产生的功能图种类和作用	2	
9		烘焙功能图	1. 烘焙前模型的处理 2. FBX文件的导出 3. Substance 3D Painter的基本操作和常用快捷键 4. 烘焙参数的设置	4	
10		检查、修复功能图	1. 功能图的检查 2. 功能图的修复	2	
11		分析道具原画稿材质效果	1. 国风游戏画面的风格特点 2. 分析道具原画稿的材质特征 3. 基本审美素养	2	
12		制作材质贴图	1. Substance 3D Painter图层和图层组的使用 2. Substance 3D Painter遮罩的使用 3. Substance 3D Painter笔刷的使用 4. Substance 3D Painter生成器的使用 5. Substance 3D Painter智能材质的使用 6. 智能材质的选择和调整	12	
13		检查、修改、整理材质工程文件	材质工程文件图层及图层文件夹的整理	2	

一、明确网络游戏道具中、低模制作方法

在本任务学习环节二中，已知需要为“笛子”道具制作中模，再制作相应的低模。根据引导，明确中、低模的区别和作用。

（一）明确中、低模的区别和作用

1. 以小组为单位，观察网络游戏道具模型中、低模对比范例及其面数标注，如图 1–3–1 所示，分析模型面数与模型细节之间的关系和差异，思考采用中、低模两次建模的原因，回答下列问题。

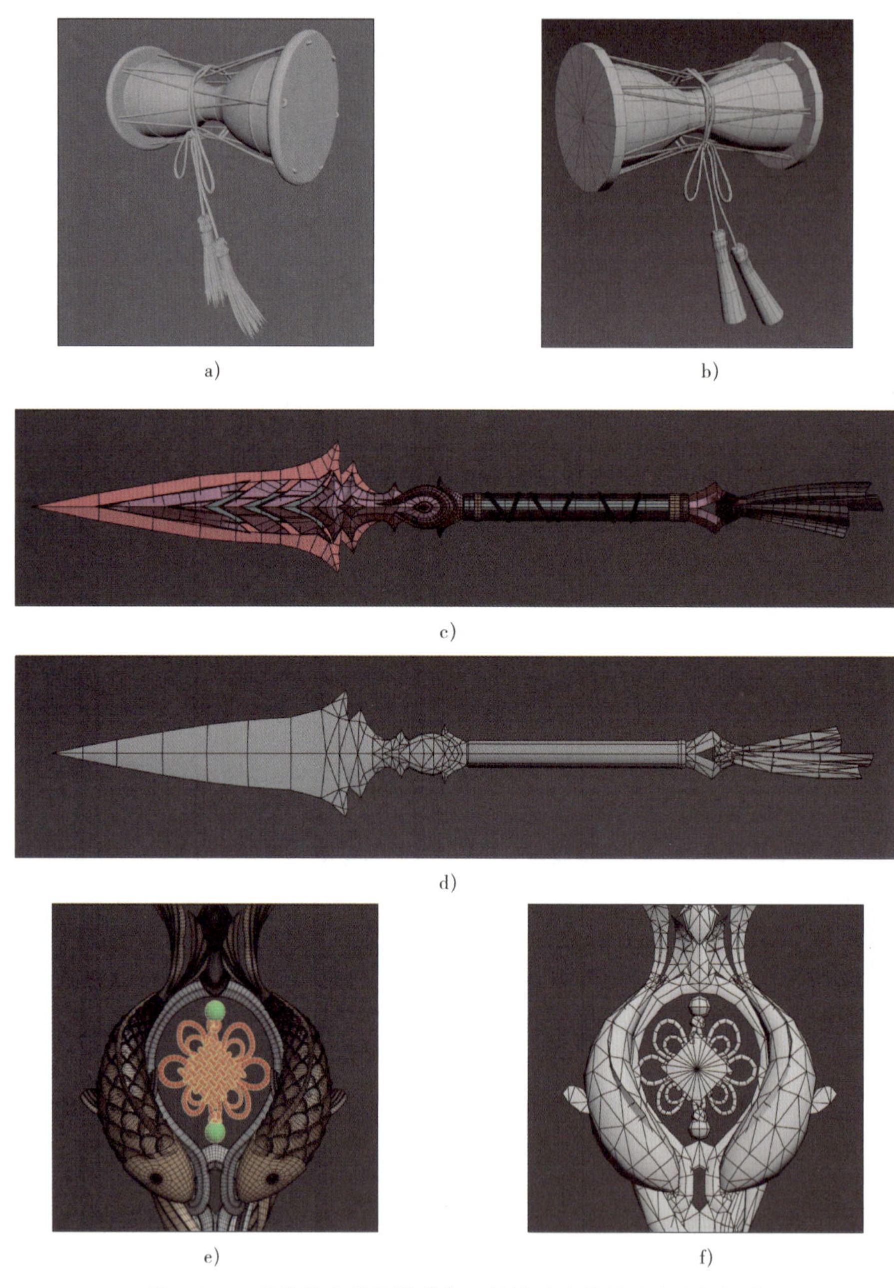

图 1–3–1 网络游戏道具模型中、低模对比范例及其面数标注

a）中模 a（平滑后）：约 30 万三角面　b）低模 a：约 1 600 三角面

c）中模 b（平滑前）：约 1.6 万三角面　d）低模 b：约 1 000 三角面

e）中模 c（平滑后）：约 46 万三角面　f）低模 c：约 4 000 三角面

（1）观察中模与低模之间的差异，从下列括号中选择正确的词语补充段落，在正确词语前的□内打“√”。

模型面数较高时，能表现的模型细节更（□多 □少），圆滑位置的细分数量更（□多 □少），从而使模型看起来更加（□抽象 □真实），在显示时对计算机资源的需求也越（□低 □高）。

（2）道具模型制作过程中采用中、低模两次建模的主要原因是（　　）。【多选题】

A. 中模可创建丰富的细节

B. 中模面数高，有利于游戏引擎快速计算展示效果

C. 通过烘焙和贴图技术可将细节转移到低模上

D. 两套模型可在保证模型视觉质量的同时满足游戏引擎对性能的要求

2. 以小组为单位，讨论中、低模的区别，使用下面给出的词语，补全下列句子。

A. 雕刻或拓扑减面　　　　B. 引擎显示

C. 丰富的结构细节　　　　D. 整体造型及轮廓

中模是指用于____的模型，重点是表现模型的____；低模是指用于____的模型，重点是表现模型的____。

3. 下列选项中，对中、低模之间关系描述错误的是（　　）。【多选题】

A. 通常先制作低模，然后在低模基础上制作中模

B. 取消中模的光滑效果，就能得到面数低的低模

C. 低模可以直接使用中模的模型，不需要重新建模

D. 中模的精度高，所以中模的外形轮廓跟低模的外形轮廓差别很大

（二）明确中模的多边形建模方法

1. 阅读信息页中的“中模的多边形建模方法”，文中提到的主要建模方法包括：

（1）______________________________

（2）______________________________

（3）______________________________

2. 观察下列模型特征及建模方法分析表（见表 1-3-1）中模型的结构，分析模型特征，选择下列模型特征词条，并对应选择上题中记录的建模方法，补全表 1-3-1。

模型特征词条：

A. 由多个重复的结构拼接而成

B. 呈带状或条状

C. 接近于某个基础的规则几何形体，但具有更多细节

表 1-3-1　　模型特征及建模方法分析表

模型	模型特征	建模方法

3. 根据教师的讲解，记录几种建模方法的主要思路。

（1）由基本几何体逐步深入细化方法的主要思路：

______

（2）曲线辅助建模方法的主要思路：

______

（3）镜像 / 复制建模方法的主要思路：

______

（三）明确低模的减面方法

1. 阅读信息页中的“低模的减面方法”，文中提到的低模减面方法包括：

（1）______

（2）______

2. 观察下列模型布线特征及减面方法分析表（见表 1-3-2）中模型的布线和结构，分析布线的特征，选择下列布线特征词条，并对应选择上题中记录的减面方法，补全表 1-3-2。

布线特征词条：

A. 布线无规律，需要去掉的细节多

B. 布线规则，需要去掉的细节少

表 1-3-2　　模型布线特征及减面方法分析表

模型	布线特征	减面方法
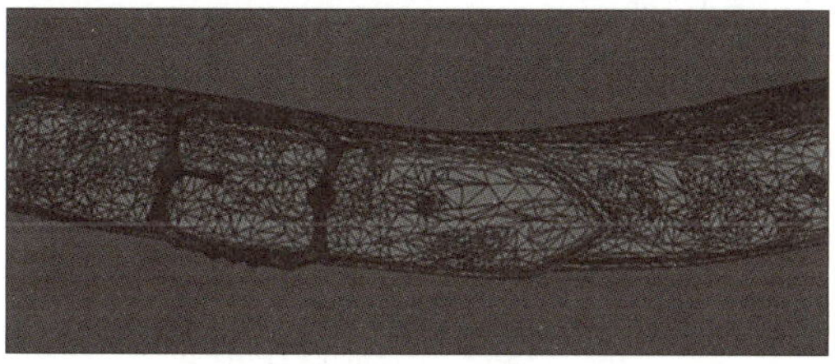		
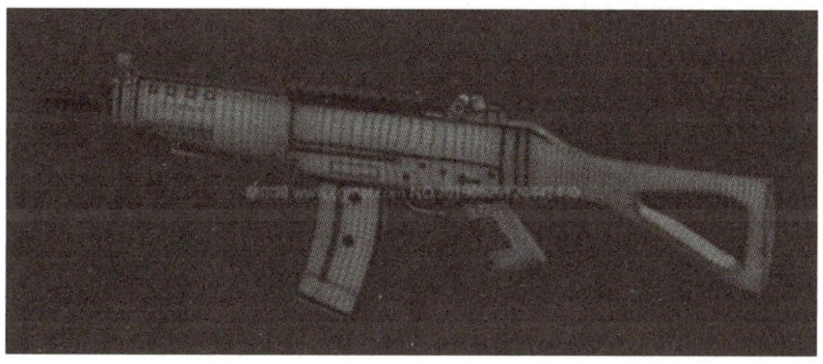		

3. 根据教师的讲解，记录几种减面方法的主要思路。

（1）减少中模布线方法的主要思路：

____

（2）重新拓扑方法的主要思路：

____

二、制作道具中模

（一）明确中模的制作要求

1. 以小组为单位，结合对网络游戏道具中、低模制作方法的理解，讨论中模在后续制作步骤中的具体作用及影响，完成下列题目。

（1）中模在非雕刻道具制作中的主要作用是（　　）。【多选题】

A. 道具原画稿的初步三维化　　B. 最终模型贴图细节的烘焙来源

C. 游戏内的最终显示　　D. 低精度模型的制作参考

（2）制作低模时，好的中模对最终模型质量的影响体现在（　　）方面。【多选题】

A. 增加贴图细节　　B. 提升最终模型与原画稿的一致性

C. 辅助贴图制作，降低贴图制作难度　　D. 增加低模面数

（3）下列关于中模对低模作用的描述中，正确的是（　　）。【多选题】

A. 中模可在游戏中直接替代低模，以提升游戏的视觉效果

B. 在制作低模时，可以依据中模结构，保留关键的形状和部分细节

C. 低模可以由中模基础上去除多余的线和面形成，以适应游戏引擎的性能要求

D. 中模可以保障低模的质量，作为低模制作的依据

2. 阅读道具制作项目规范文件、任务描述，查找中模的制作要求，标记相关内容，结合信息页中的“明确中模制作要求”，按照查阅的信息，将下列有关道具中模制作要求的语句补全。

严格按照道具原画稿的道具造型，中模整体长度为__________cm。精细制作道具__________和__________，完成装饰图案的__________等细节。注意模型的__________、__________等设置。要求造型__________准确、__________精致。

3. 下列有关中模制作要求的描述中，错误的是（　　）。【多选题】

A. 在制作非雕刻道具中模时，模型必须与原始设计或参考图完全一致，任何细微的几何形状和纹理差异都不被允许出现

B. 在利用三维建模软件制作中模时，为了提高模型的实时渲染速度，可以对模型进行简化处理，即使这会导致模型一些细节的丢失

C. 在制作中模时，不需要保留模型的位移变换及可编辑历史等信息，因为模型一旦完成就不需要再次修改和调整

D. 在精细度要求上，道具中模不如高模，因此在建模时，无须过分关注模型的边缘处理、结构细节和表面光滑度

（二）准备工作环境

1. 查看“笛子”道具制作任务信息表，在教师指导下检查工作所需软件，完成下列题目。

（1）根据道具制作项目规范文件要求，中模制作阶段所需软件为__________，该软件的版本应为__________。

（2）在实际工作环境中，遇到软件版本与要求不一致时，解决方法是（　　）。【多选题】

A. 使用软件自动更新功能进行更新

B. 手动下载并安装新版本的软件

C. 如果软件版本高于系统要求，可升级操作系统以满足软件要求

D. 在确认软件版本兼容性的情况下，使用相近版本的软件

2. 以小组为单位，阅读信息页中的“在软件中设置项目文件夹”，倾听教师讲解，完成下列题目。

（1）下列有关设置项目文件夹的内容，描述正确的是（　　）。【多选题】

A. 设置项目文件夹的主要作用是更好地管理和组织项目中的各种资源

B. 项目文件夹只包括模型、贴图、渲染输出文件

C. 设置项目文件夹可确保所有团队成员使用相同的数据，提高协作效率

D. 设置项目文件夹有助于保持工作的有序性和高效性，也便于数据的备份和恢复

（2）查看 Maya 中设置项目文件夹的命令，将下列文件与对应项目文件夹中的子文件夹连线。

文件	子文件夹
道具原画稿	场景（scenes）
中模文件	图像（images）
低模文件	源图像（source images）

（3）跟随教师的指导和演示，完成项目文件夹的创建。

3. 根据教师的讲解和演示，理解各项准备工作的作用，完成下列题目。

（1）在导入道具原画稿后、开始建模前，下列描述中正确的是（　　）。【多选题】

A. 直接按照导入道具原画稿的大小进行模型创建

B. 检查 Maya 的项目设置，确认单位符合制作要求

C. 创建与道具模型尺寸要求一致的基本几何体，如立方体或圆柱等，并将枢轴调整至模型底部正中位置，使枢轴位于坐标原点

D. 调整图像平面的位置和大小，使之与创建的基本几何体位置、大小一致

（2）独立完成道具原画稿导入，道具原画稿比例调整，工程文件单位设置等准备工作。

（三）观察道具原画稿，拆解道具结构，标记建模顺序

1. 阅读信息页中的“拆解道具结构的依据”，以小组为单位，讨论道具各个部件之间的联系。在“笛子”道具中模建模标记图（图 1-3-2）上标记道具的各个部件，拟定各部件名称，分析其建模方法。

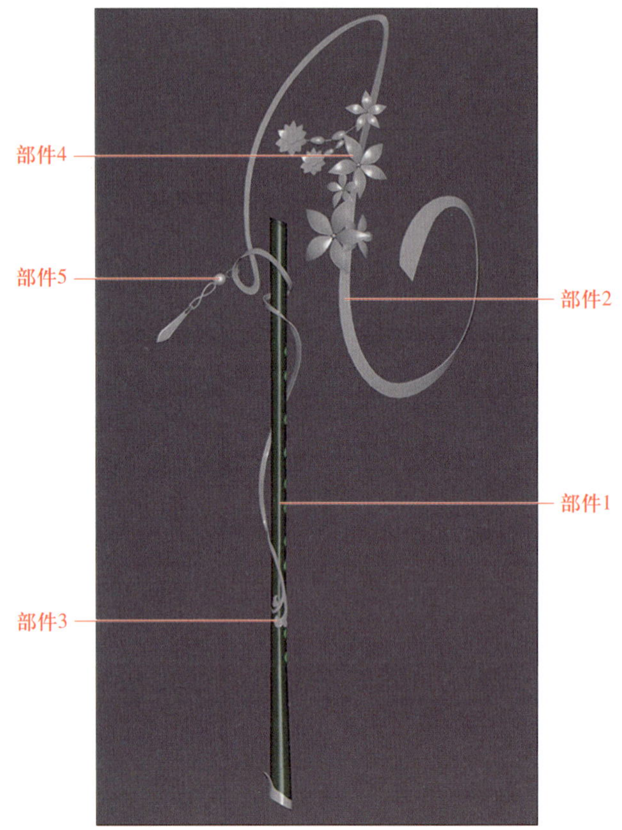

图 1-3-2 “笛子”道具中模建模标记图

2. 阅读信息页中的“部件建模排序的依据”，以小组为单位，讨论道具部件的建模顺序，完成下列题目。

（1）根据圈画过的“笛子”道具中模建模标记图（图 1-3-2），在“笛子”道具部件建模排序表（见表 1-3-3）中填写部件名称、分块依据，以及建模顺序，尝试说一说排序依据。

表 1-3-3 “笛子”道具部件建模排序表

部件名称	分块依据	建模顺序	排序依据
示例：笛子主体	独立部件，不与其他部件相连	1	

（2）思考各部件的建模顺序是否唯一，把你的思考结果和理由记录下来。

□唯一 □不唯一

理由：____

____。

（四）分析各部件的建模方法和建模工具，完成各部件的精细建模

1. 以小组为单位，分析部件 1（笛子主体）的结构特点，讨论部件 1 对应的建模方法和需要使用的多边形建模工具，完成下列题目。

（1）观察“笛子”道具中模部件 1 建模，如图 1–3–3 所示，描述部件 1 的结构，补全下列句子。

“笛子”主体接近__________体，底部略_______，在顶部和底部有_______和_______，中间分布有_____个孔，每个孔均为_________形，有____________的边缘。

（2）按照上述描述，在图 1–3–3 中标记需要制作的特征点。

（3）回忆圆形圆角组件工具、弯曲变形器工具的作用，思考各工具的使用方式，写出各工具的作用，并在图 1–3–3 中标出该工具适用于哪处结构的建模。

1）圆形圆角组件工具 的作用是：____。

2）弯曲变形器工具 的作用是：____。

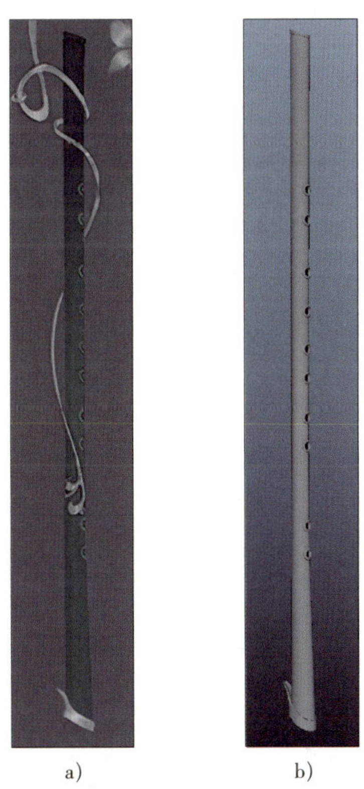

a)　　b)

图 1–3–3　“笛子”道具中模部件 1 建模

a）道具原画稿　b）部件 1 建模效果图

（4）在 Maya 中独立完成部件 1 的建模，多角度观察模型，反复对比道具原画稿，调整造型效果。在“笛子”道具中模部件 1 制作记录表（见表 1-3-4）中记录部件 1 的大致建模步骤内容及教师讲解的重要技巧。

（5）对照道具原画稿中的部件 1 造型结构，组内互相检查，提出修改意见，填写“笛子”道具中模造型结构组内检查修改记录表（见表 1-3-10）中部件 1 的部分。

表 1-3-4　　“笛子”道具中模部件 1 制作记录表

步骤名称	示意图	步骤内容及重要技巧
调整两端造型细节	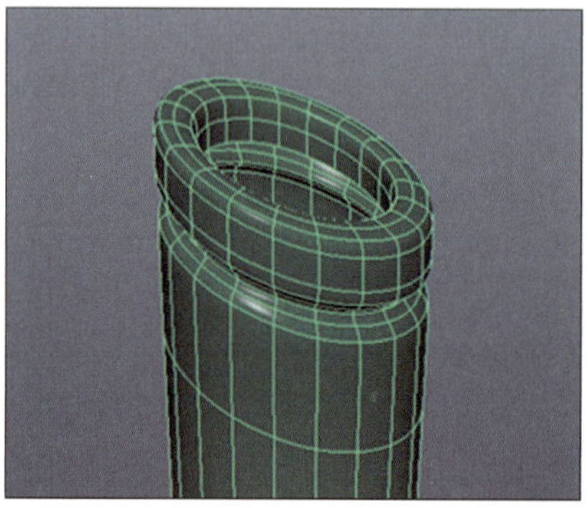	
主体开孔	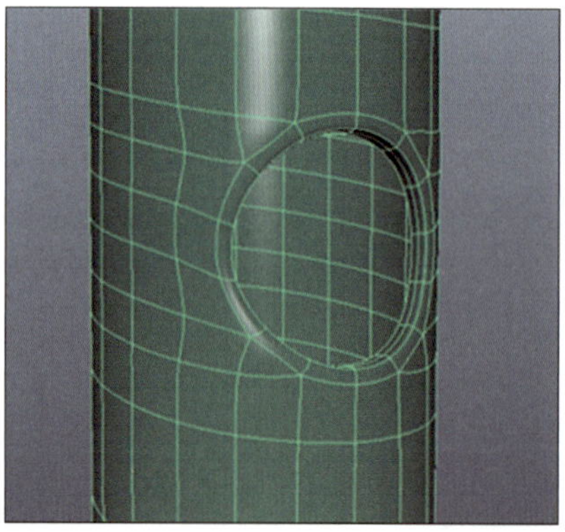	
制作孔边缘	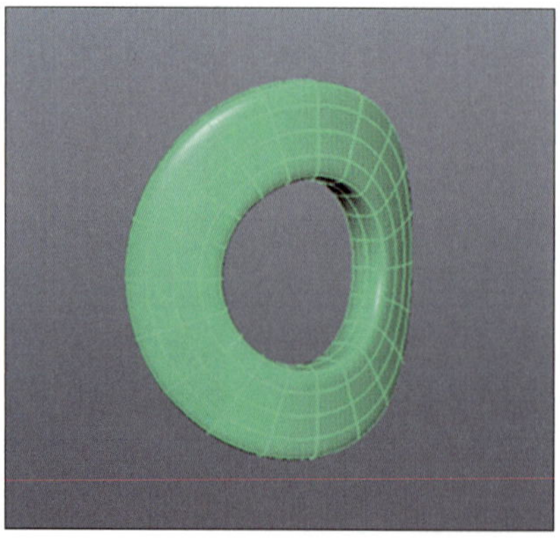	

2. 以小组为单位，分析部件 2（丝带）的结构特点，讨论部件 2 对应的建模方法和需要使用的多边形建模工具，完成下列题目。

（1）观察“笛子”道具中模部件 2 建模，如图 1–3–4 所示，描述部件 2 的结构，补全下列句子，并在正确词语前的□内打“√”。

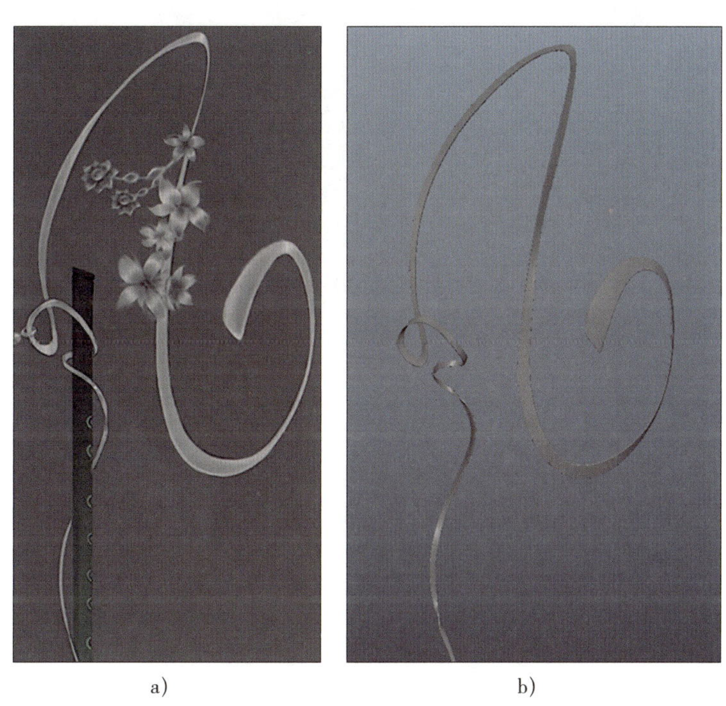

a） b）

图 1–3–4 “笛子”道具中模部件 2 建模

a）道具原画稿 b）部件 2 建模效果图

丝带宽度的变化规律是__________________。丝带是（□单层 □有厚度）的。丝带有多处“弯曲”和“扭转”（把“扭转”部分在图 1–3–4 中标记出来）。丝带除了道具原画稿中二维方向上的变化，还有______________方向上的变化，制作时需要根据（□理解推测 □教师范例）进行大致调整。

（2）扫描网格工具 的作用是：________________________________，在图 1–3–4 中标出该工具适用于哪处结构的建模。

（3）在 Maya 中独立完成部件 2 的建模，多角度观察模型，反复对比道具原画稿，调整造型效果。在“笛子”道具中模部件 2 制作记录表（见表 1–3–5）中记录部件 2 的建模步骤内容及教师讲解的重要技巧。

（4）对照道具原画稿中的部件 2 造型结构，组内互相检查，提出修改意见，填写“笛子”道具中模造型结构组内检查修改记录表（见表 1–3–10）中部件 2 的部分。

表 1-3-5　　"笛子"道具中模部件 2 制作记录表

步骤名称	示意图	步骤内容及重要技巧
制作丝带基础造型	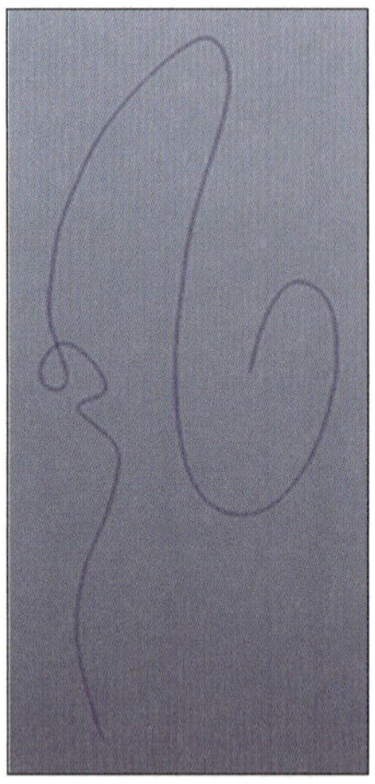 	
调整纵深方向和扭曲	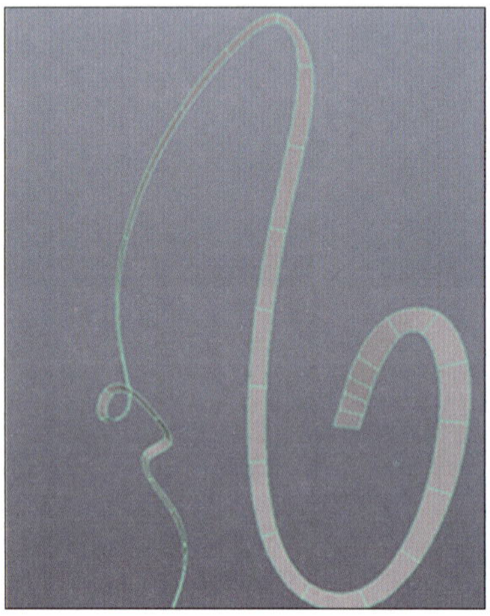	
调整厚度和倒角		

3. 以小组为单位，分析部件 3（丝带浮雕）的结构特点，讨论部件 3 对应的建模方法和需要使用的多边形建模工具，完成下列题目。

（1）观察“笛子”道具中模部件 3 建模，如图 1–3–5 所示，描述部件 3 的结构，补全下列句子，并在正确词语前的□内打“√”。

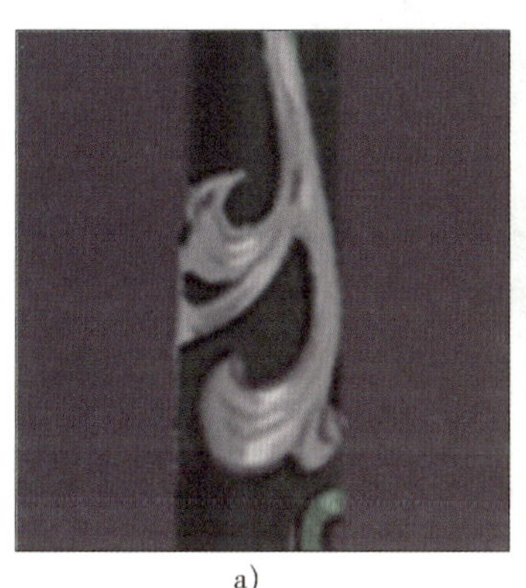
a）

b）

图 1–3–5 “笛子”道具中模部件 3 建模

a）道具原画稿　b）部件 3 建模效果图

浮雕上部与______________相连，整体贴合______________，与其弧度一致。整体形状类似______________，上面有（□凸起 □凹陷）的条纹。

（2）在图 1–3–5 中画出浮雕造型的主要结构线和布线走向。

（3）回忆四边形绘制工具 的作用，在 Maya 中尝试使用此工具，将下列工具功能与对应快捷键进行连线。

工具功能	对应快捷键
根据已有点创建面	Tab+ 鼠标左键
在已有面上插入循环边	Ctrl+Shift+ 鼠标中键
移动循环边	Ctrl+ 鼠标左键
拖动边创建面	Shift+ 鼠标左键

（4）在 Maya 中独立完成部件 3 的建模，多角度观察模型，反复对比道具原画稿，调整造型效果。在“笛子”道具中模部件 3 制作记录表（见表 1–3–6）中记录部件 3 的建模步骤内容及教师讲解的重要技巧。

（5）对照道具原画稿中的部件 3 造型结构，组内互相检查，提出修改意见，填写“笛子”道具中模造型结构组内检查修改记录表（见表 1–3–10）中部件 3 的部分。

表 1-3-6　　　　“笛子”道具中模部件 3 制作记录表

步骤名称	示意图	步骤内容及重要技巧
绘制浮雕基本形状	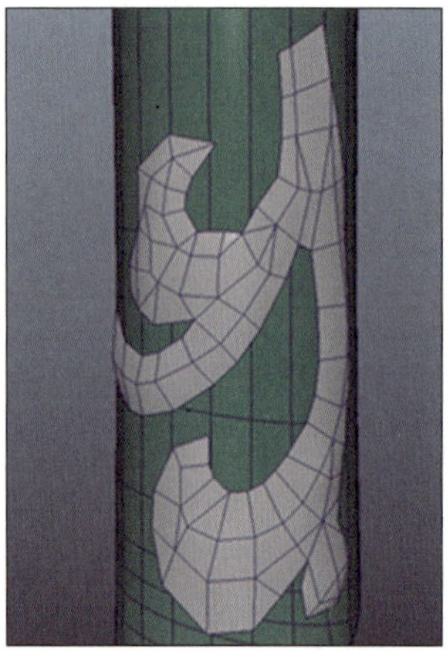	
制作浮雕厚度和起伏变化	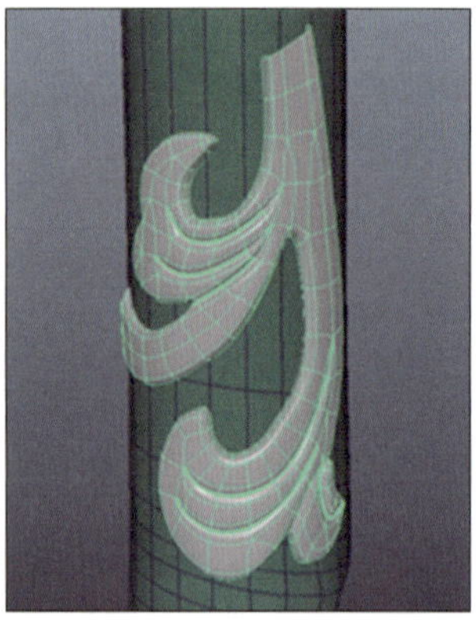	
与上部丝带连接	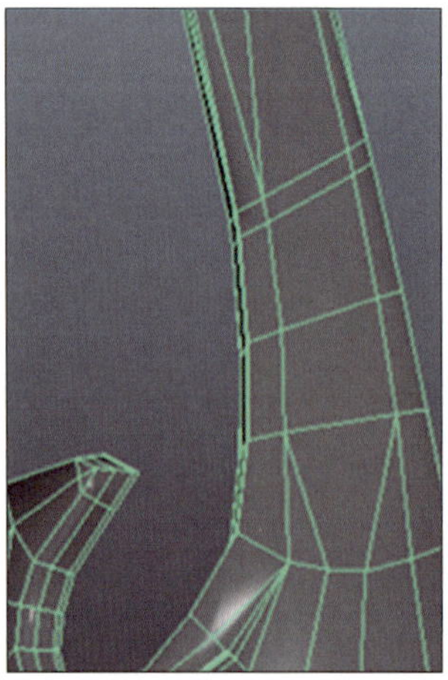	

4. 以小组为单位，分析部件 4（花朵）的结构特点，讨论部件 4 对应的建模方法和需要使用的多边形建模工具，完成下列题目。

（1）观察“笛子”道具中模部件 4 建模，如图 1–3–6 所示，描述部件 4 的结构，补全下列句子。

a）

b）

图 1–3–6　“笛子”道具中模部件 4 建模
a）道具原画稿　b）部件 4 建模效果图

花朵一共分_______类，其中，造型相似且不带吊坠的花朵有_______朵，大多数为_______瓣；带吊坠的花朵约为_______瓣。花朵后部通过花茎与__________相连。

（2）按照上述描述，在图 1–3–6 中标出重复结构，包括花朵之间结构、花朵结构的重复。

（3）回忆特殊复制、更改枢轴点的方法，补全下列句子，并在正确词语前的□内打“√”。

1）制作花朵时，只需要制作_______个花瓣，调整花瓣的枢轴，使其处于（□花瓣中心　□花朵中心），使用（□复制　□实例）方式制作其他花瓣，以便在调整一个花瓣后，（□再次复制得到其他花瓣　□使其他花瓣同时变化）。

2）制作花朵时，若使用特殊复制，副本的数量应该（□等于花瓣数量　□比花瓣数量少 1），旋转的角度应该通过（□先调一个数进行尝试，不对再改　□ 360° 除以花瓣数量）来确定。

3）花朵背部的造型在道具原画稿中没有表现出来，需要根据（□生活经验　□教师范例）进行简单制作。

（4）在 Maya 中独立完成部件 4 的建模，多角度观察模型，反复对比道具原画稿，调整造型效果。在“笛子”道具中模部件 4 制作记录表（见表 1–3–7）中记录部件 4 的建模步骤内容及教师讲解的注意事项。

（5）对照道具原画稿中的部件 4 造型结构，组内互相检查，提出修改意见，填写“笛子”道具中模造型结构组内检查修改记录表（见表 1–3–10）中部件 4 的部分。

表 1-3-7　　“笛子”道具中模部件 4 制作记录表

步骤名称	示意图	步骤内容及重要技巧
制作单层花朵		
制作复层花朵		
制作其他装饰		

5. 以小组为单位，分析部件 5（吊坠）的结构特点，讨论部件 5 对应的建模方法和需要使用的多边形建模工具，完成下列题目。

（1）观察“笛子”道具中模部件 5 建模，如图 1-3-7 所示，描述部件 5 的结构，补全下列句子。

吊坠的主要结构包括一个“________”字形的物体，它与________个水滴形金属片相连接，连接处片状物体上有________形洞。吊坠通过一个________体、一个________体与________________部件连接。

（2）根据部件 5 的结构特征，结合之前分析的建模方法，在图 1-3-7 上填写部件 5 的建模方法。

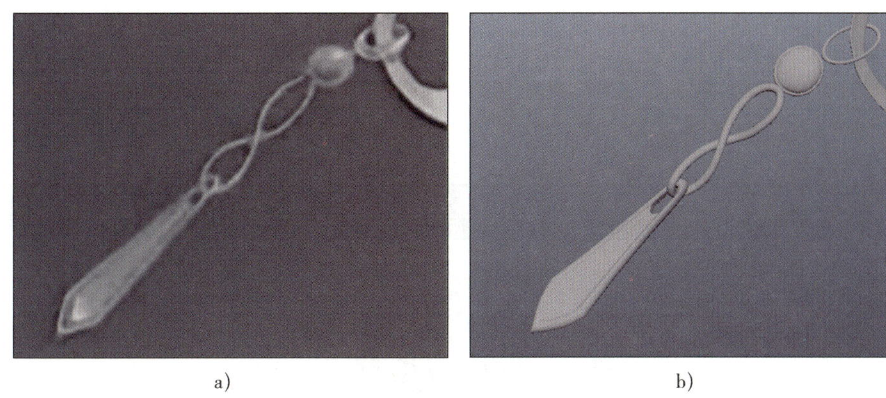

a) b)

图 1-3-7 “笛子”道具中模部件 5 建模

a）道具原画稿 b）部件 5 建模效果图

（3）回忆镜像工具的使用方法，填写镜像工具与特殊复制功能的对比表（见表 1-3-8）。

表 1-3-8 镜像工具与特殊复制功能的对比表

名称	复制方式	使用后对象数量	接缝处理
镜像工具			
特殊复制功能			

（4）观察水滴形金属片装饰物的镜像效果，如图 1-3-8 所示，思考从左侧局部模型到右侧整体模型的制作方式，补全下列句子。

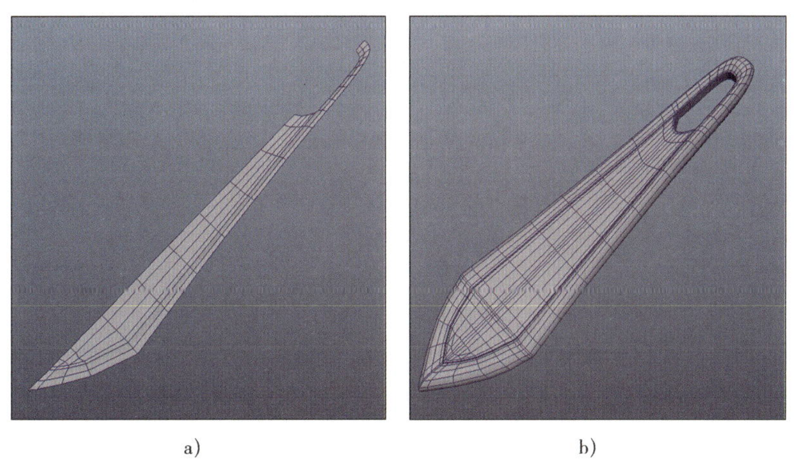

a) b)

图 1-3-8 水滴形金属片装饰物的镜像效果

a）局部模型 b）整体模型

在制作过程中，需要使用（□镜像工具 □特殊复制）______次，分别是左右进行、________进行，要注意接缝处的点是否全部被焊接。

（5）在 Maya 中独立完成部件 5 的建模，多角度观察模型，反复对比道具原画稿，调整造型效果。在“笛子”道具中模部件 5 制作记录表（见表 1–3–9）中记录部件 5 的建模步骤内容及教师讲解的注意事项。

表 1–3–9　　“笛子”道具中模部件 5 制作记录表

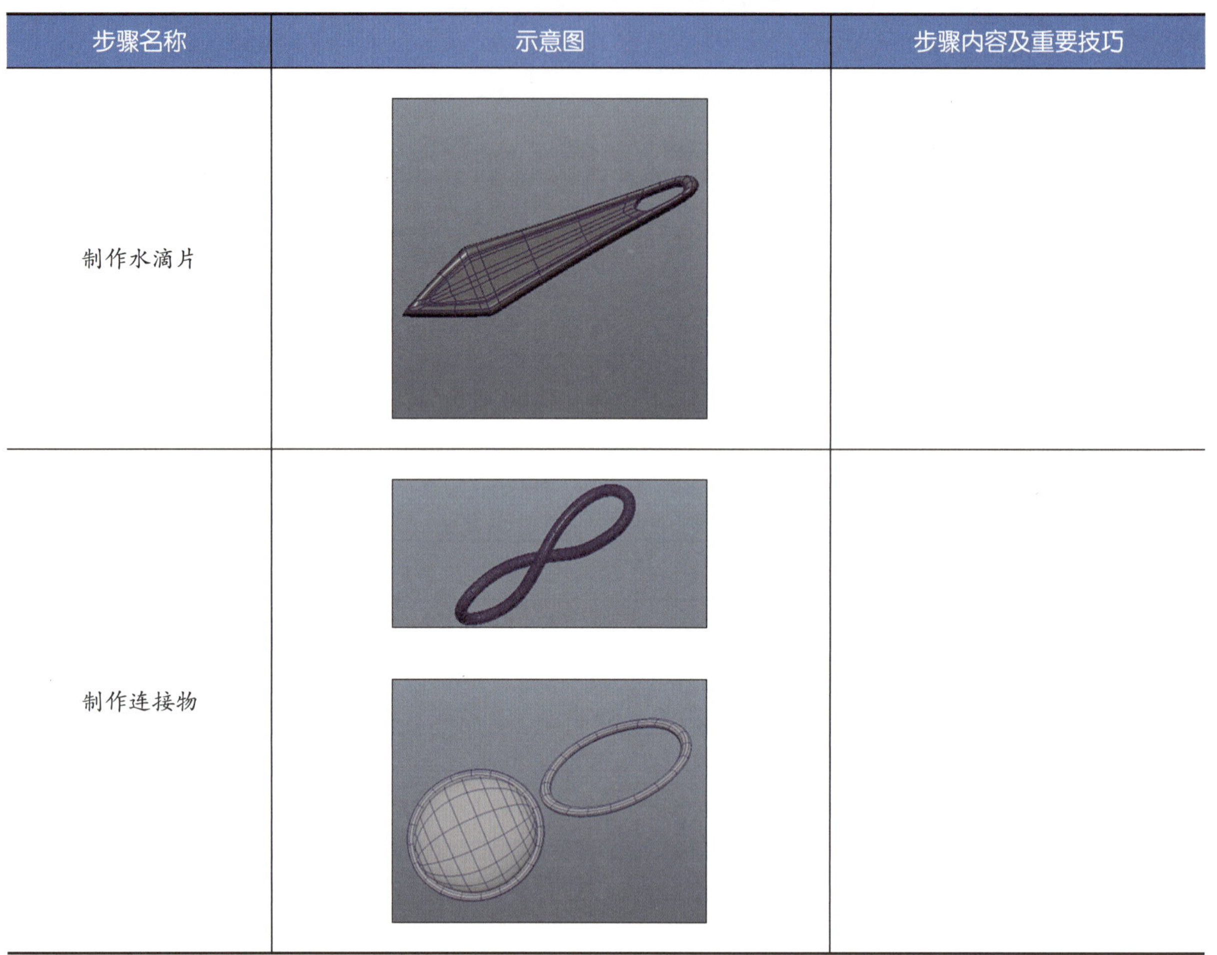

步骤名称	示意图	步骤内容及重要技巧
制作水滴片		
制作连接物		

（6）对照道具原画稿中的部件 5 造型结构，组内互相检查，提出修改意见，填写“笛子”道具中模造型结构组内检查修改记录表（见表 1–3–10）中部件 5 的部分。

表 1–3–10　　“笛子”道具中模造型结构组内检查修改记录表

序号	造型结构与道具原画稿的差异	修改情况
示例	笛子音孔大小比原画稿小	重新制作音孔模型
部件 1		
部件 2		
部件 3		
部件 4		
部件 5		

6. 参考中模截图示例，如图 1-3-9 所示，提交 Maya 中模工程文件，以及 Maya 中完整模型和 2 处细节布线的截图。

a) b) c)

图 1-3-9 中模截图示例

a）完整模型截图 b）细节布线截图 1 c）细节布线截图 2

三、检查、修改、整理中模

（一）确定中模检查项目

1. 阅读道具制作项目规范文件，倾听教师讲解，明确中模检查相关条目，下列属于对中模要求的内容是（ ）。【多选题】

A. 面数：武器 / 道具各有 5 000 ~ 10 000 个三角面

B. 单位：工作单位及导出单位都是厘米（cm）

C. 坐标轴：冻结坐标

D. 多边形网格：一定要删除多余的面，点要缝合到一起；删除多余的游离点；模型尽量是四边面，减少三角面，除了必须连接的三角面

E. 光滑组：要设置好模型的软、硬边

F. 法线：模型面的法线朝向要正确

G. 层：删除所有显示层

H. 历史：清除历史

I. 合并：属于同一个道具的模型要合并成一个整体

2. 倾听教师讲解，理解制作规范中对多边形网格的要求，从下列括号中选择正确的词语补充段落，在正确词语前的□内打“√”。

中模通常（□允许 □不允许）有三角面，因为三角面在平滑、变形时都容易引发问题，会影响后续的（□雕刻 □动画）。一般来说，对（□人物 □道具）模型要求更严格，因为静止的物体不需要（□雕刻 □动画）。

低模通常（□允许 □不允许）有三角面，因为游戏引擎中的面都是（□三角面 □四边面），但也应尽量以四边面为主。

（二）整理中模工程文件

1. 阅读道具制作项目规范文件、任务描述，查找本任务中文件命名规则相关条目，把下列中模文件名按照“类型_级别_名称_精度_环节.扩展名”的命名规则和命名要求补充完整，并按其进行文件内容层级、分组、命名的修改。

（1）中模文件命名：（　　）_（　　）_（　　）_（　　）_（　　）.（　　）。

（2）常见分组及层级命名要求：模型部件不允许__________，整体置于名称为“_______________”的组中。根据分类，模型部件分别置于不同_________中，每个组以“______________”为前缀，名称的后面部分清楚表明部件____________。组内模型可以成组，成组需要____________。

2. 跟随教师的演示，完成中模工程文件整理工作，包括清除历史和观察层、冻结变换等。理解整理工作的作用，将下列操作与对应作用进行连线。

操作	作用
清除历史	检查是否存在不必要的隐藏对象，避免混淆和误解
清除观察层	将对象的变换归于初始状态，防止误操作
冻结变换	减少空间占用，加快加载和保存速度

（三）评价、完善中模

1. 小组间互相检查中模造型与道具原画稿是否相符，是否满足中模的制作精度要求，填写“笛子”道具中模组间检查表（见表1-3-11），并形成反馈信息（包含反馈示例图，如图1-3-10所示）。

表1-3-11　“笛子”道具中模组间检查表

检查项目	检查情况（合格打“√”，不合格打“×”）
符合道具原画稿的道具造型，比例准确，整体长度约100 cm	□长度一致 □比例准确
精细制作道具整体结构及装饰物，完成装饰图案的凹凸起伏等细节	□整体结构精致 □装饰物精致

续表

检查项目	检查情况（合格打“√”，不合格打“×”）
模型的单位、坐标轴设置正确	□单位设置正确 □坐标轴设置正确

检查人：____________

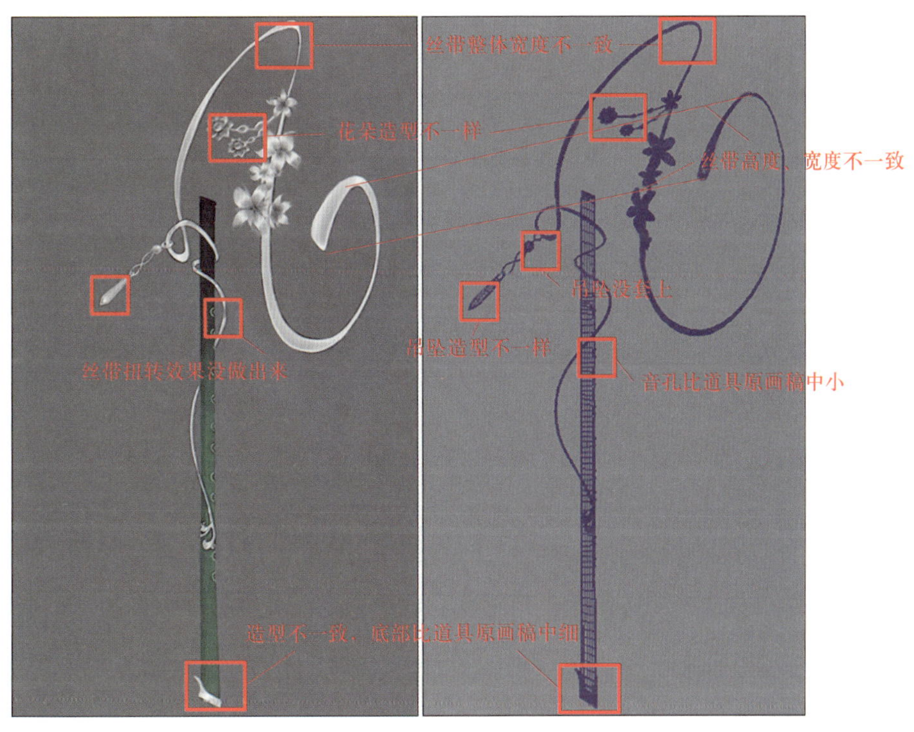

图 1-3-10　中模检查反馈示例图

2. 对照过程性考核项目 3：“笛子”道具中模制作评价表（见表 1-3-12），独立完成对中模的自检，教师进行评价，结合组间检查表反馈的信息，进一步修改和完善中模。

表 1-3-12　　过程性考核项目 3：“笛子”道具中模制作评价表

序号	评价项目	配分（共 13 分）	评价细则	自评（占比 20%）	教师评价（占比 80%）	得分
1	模型的单位、尺寸、位置	2	共 3 项，任一项与要求不符扣 2 分		/	
2	与道具原画稿相符程度	6	有一处与道具原画稿明显不符扣 1 分，扣完为止	/		
3	细节精致程度	3	非常精致，3 分； 部分细节精致，1.5 分； 细节都不精致，0 分	/		

续表

序号	评价项目	配分（共 13 分）	评价细则	自评（占比 20%）	教师评价（占比 80%）	得分
4	工程文件整理	2	层级清楚，文件及内部层级命名准确，变换冻结，清除历史，清除观察层，上述项目一项未做到扣 0.5 分，扣完为止	/		
小计得分						
合计						

（四）中模制作小结

1. 梳理中模制作要求和技术要点，完成下列问题。

（1）中模的制作重点是＿＿＿＿＿＿＿＿＿＿＿＿＿＿＿＿＿＿＿＿＿＿＿＿＿＿＿＿＿＿。

（2）中模制作思路形成的主要途径是（　　）→（　　）→（　　）→（　　）。

A. 分析道具造型的特征　　　　B. 测试建模方法、工具

C. 选择适当的建模方法和工具　　　　D. 厘清工具组合的顺序

2. 你认为中模制作过程中的关键词条（技术要点或难点、注意事项等）是什么？

示例：中模细节应与道具原画稿一致，使用扫描网格工具制作丝带、链条。

答：＿＿＿＿＿＿＿＿＿＿＿＿＿＿＿＿＿＿＿＿＿＿＿＿＿＿＿＿＿＿＿＿＿＿＿＿

＿＿＿＿＿＿＿＿＿＿＿＿＿＿＿＿＿＿＿＿＿＿＿＿＿＿＿＿＿＿＿＿＿＿＿＿＿＿

四、制作道具低模

（一）明确低模的制作要求

1. 以小组为单位，回顾信息页中的“网络游戏道具制作流程步骤和内容”，结合对网络游戏道具低模制作方法的理解，讨论低模在后续制作中的具体作用及影响，完成下列题目。

（1）低模在游戏开发中主要用于（　　）。【多选题】

A. 实时游戏引擎渲染　　　　B. 动画制作

C. 拆分 UV 并显示贴图　　　　D. 烘焙产生丰富纹理细节

（2）下列关于低模对拆分 UV、烘焙贴图影响的描述中，正确的是（　　）。【多选题】

A. 拆分 UV 时，对低模进行操作会比对中模更直接高效，但 UV 排布时要更注意给各个部分合理分配 UV 空间，确保贴图细节的显示效果

B. 低模应尽量与烘焙用的高精度模型匹配，这有助于细节的精确传递

C. 低模应尽量保持原有高精度模型的轮廓造型

D. 在多边形数量有限的情况下，低模应忽略模型内部的、非关键的、复杂的接缝等细节

2. 以小组为单位，观察中、低模在剪影模式下的显示效果，如图 1-3-11 所示，讨论中模和低模在剪影模式下的异同，说出低模布线精度的判断依据。

图 1-3-11 中、低模在剪影模式下的显示效果

a）中模剪影 b）低模剪影

（1）仔细观察图 1-3-11，找出中模与低模剪影的区别，并在图中标记出来。

（2）阅读下列文字，从括号中选择正确的词语补充段落，在正确词语前的□内打“√”。

1）在剪影模式下，中模和低模的显示效果基本（□一致 □不一致）。

2）中模与低模剪影的区别主要是（□内部细节的精致程度不同 □边缘轮廓的圆滑程度不同），如果将画面远离眼睛，则这些区别非常（□明显 □不明显）。因此，在制作低模的过程中，应当更加重视（□内部细节 □边缘轮廓）。

3）在剪影模式下，观察模型会忽略模型的（□内部 □轮廓）细节，凸显模型的（□内部 □轮廓）细节。

（3）跟随教师操作进行记录。在 Maya 剪影模式中，需关闭______________。

3. 以小组为单位，观察中、低模和低模 + 贴图效果对比图，如图 1-3-12 所示，区分三者的细节表现方式，思考细节是由模型表现的还是由贴图表现的，讨论并总结选择模型或贴图表现细节的依据，完成下列题目。

a)

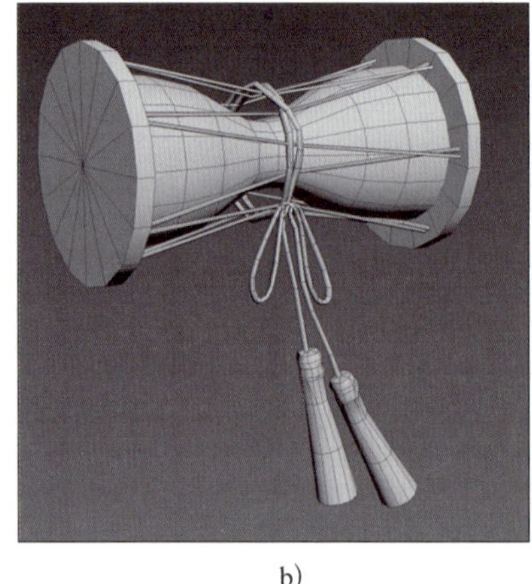

b)

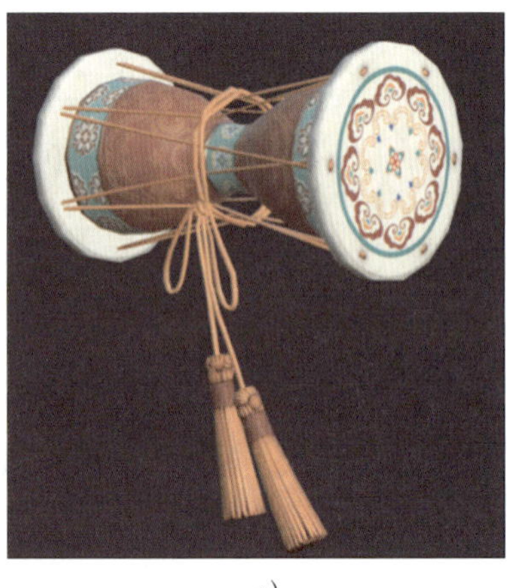

c)

图 1-3-12　中、低模和低模 + 贴图效果对比图

a）中模　b）低模　c）低模 + 贴图

（1）在图 1-3-12 中找出中模、低模 + 贴图效果中有，但低模没表现出的细节，在相应位置画圈。

（2）阅读下列文字，从括号中选择正确的词语补充段落，在正确词语前的□内打“√”。

低模中忽略的细节在贴图效果中应（□有　□没有）表现，表现的方式应当是（□模型　□贴图）。

（3）思考在制作低模时，哪些细节应当由贴图表现。观察提供的模型细节图，如图 1-3-13 所示，低模可以忽略的细节是（　　）。【多选题】

A. 不规则的纹理　　　　B. 复杂的装饰

C. 非关键的细节　　　　D. 不影响轮廓的凹凸形状

图 1-3-13　模型细节图

4. 倾听教师的讲解，观察操作演示，并阅读信息页中的“低模布线规则和特点”，完成下列题目。

（1）在多边形面数有限的情况下，合理的布线方式是（　　）。【多选题】

A. 为了保证轮廓的流畅，适当多布线

B. 不影响剪影的线可以删除，如果要保留，应让其结构明显化

C. 在结构允许的情况下，布线应尽量均匀

D. 要保持四边面的布线方式，不能为了结构安排出现“一分二”的三角面

（2）下列对低模的描述中，正确的是（　　）。【多选题】

A. 不会被看见的面应当保留

B. 低模不允许出现多边面，即由超过四条边构成的面

C. 可以使用面的穿插来表现结构

D. 一般小物件面数不应高于大物件面数

5. 阅读道具制作项目规范文件、任务描述，结合上述分析内容，明确低模的制作要求，填写“笛子”道具制作任务低模要求分析表（见表 1-3-13）。

表 1-3-13　　“笛子”道具制作任务低模要求分析表

项目		具体要求
交付要求	命名	
	交付格式	
	工作时长	
低模要求	面数	________个三角面
	质量	与中模尽量______，边缘轮廓________
	多边形网格	三角面：□允许　□不允许　　多边面：□允许　□不允许
	软硬边	模型的软、硬边要____________

（二）确定低模制作方案，做好减面准备

1. 以小组为单位，根据中模布线情况、剪影、细节，对比目标面数，完成下列题目。

（1）检查模型面数需要打开__________，具体命令是：“__________”→“__________”→“__________”，其中，表示三角面的是“__________”。

（2）在“笛子”道具低模减面标记图（图 1–3–14）中，填写原始中模各个部件光滑前的大概面数。

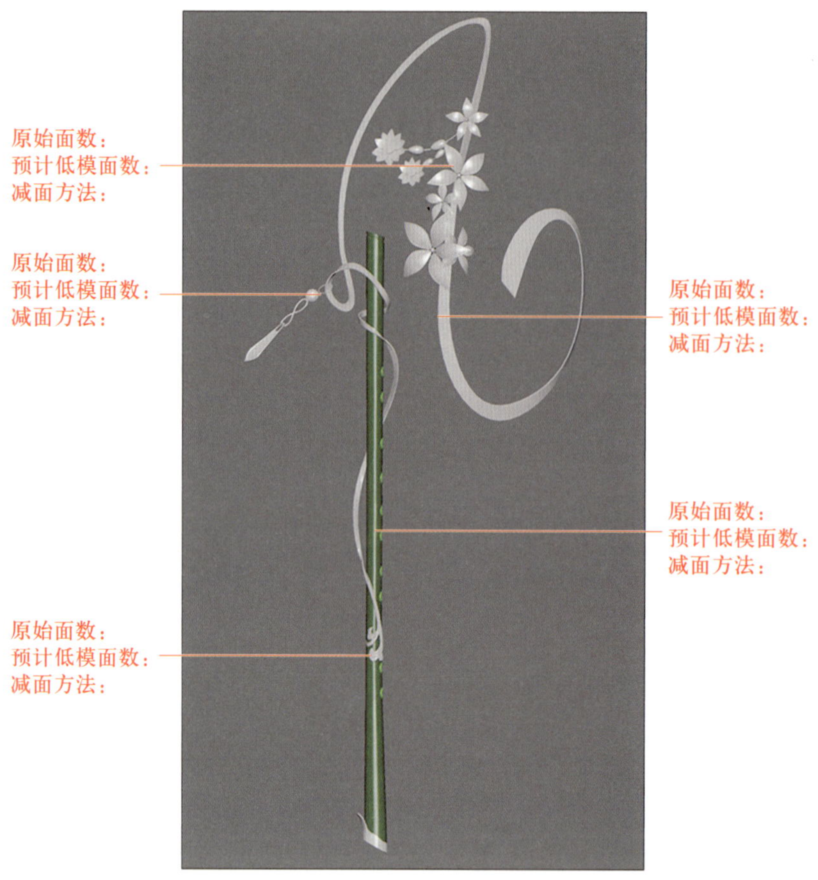

图 1–3–14 “笛子”道具低模减面标记图

（3）分析“笛子”道具各部件的细节及外轮廓的复杂程度，完成“笛子”道具低模各部件减面分析表，见表 1–3–14。

表 1–3–14 “笛子”道具低模各部件减面分析表

部件	轮廓线形状	细节丰富程度	低模面数
部件 1 笛子主体	□平直　□弯曲	□多　□少	□高　□低
部件 2 丝带	□平直　□弯曲	□多　□少	□高　□低
部件 3 丝带浮雕	□平直　□弯曲	□多　□少	□高　□低
部件 4 花朵	□平直　□弯曲	□多　□少	□高　□低
部件 5 吊坠	□平直　□弯曲	□多　□少	□高　□低

（4）根据表 1–3–14，结合中模面数和低模总面数要求，预计低模各个部件面数，并将其填写在图 1–3–14 中。

（5）查看本环节步骤一中记录的减面方法，小组讨论各部件的减面方法，并将其填写在图 1–3–14 中。

2. 分析中模的结构特征，以及各个细节的表现方式，完成下列题目。

（1）在“笛子”道具中模细节图（图 1–3–15）中，低模不需要表现的细节是（　　）。【多选题】

A. 花瓣的印痕及花心　　B. 音孔及边缘

C. 吊坠孔洞　　D. 浮雕的刻痕

a）

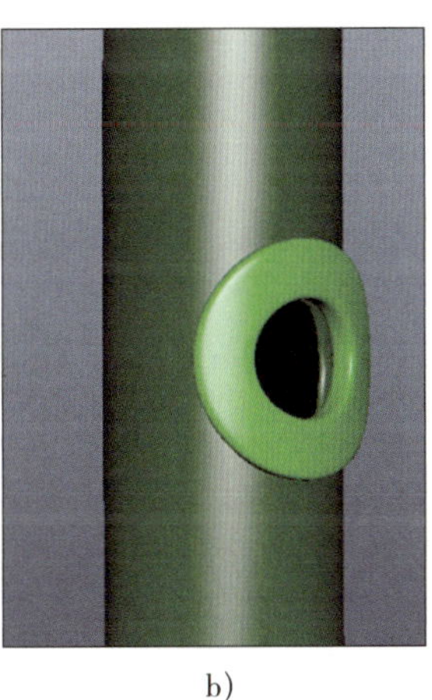
b）

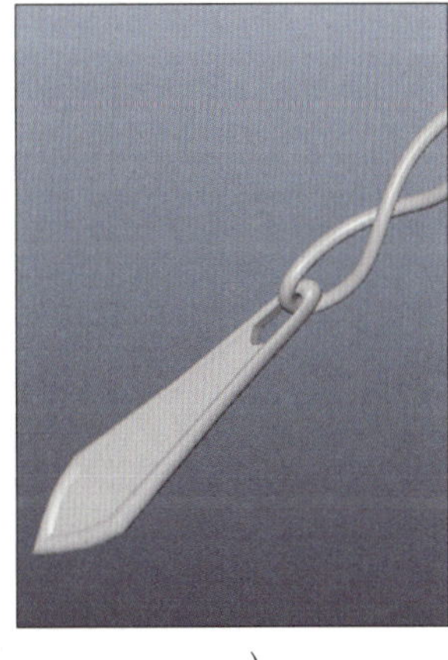
c）

d）

图 1–3–15 “笛子”道具中模细节图
a）花朵 b）音孔 c）吊坠孔洞 d）浮雕

（2）除了以上细节，在图 1–3–14 中圈出低模不需要表现的其他细节。

3. 跟随教师的演示操作，处理已完成的中模，做好模型减面准备，并完成下列题目。

（1）在制作低模时，下列对中模的使用方法的描述，正确的包括（　　）。【多选题】

A. 制作低模时需要对一套中模减面，将其直接修改成低模

B. 如果中模有重复的零件，可以使用保留了关联复制信息、没有清除历史和冻结变换的中模来进行减面操作

C. 制作低模时需要一套平滑过的中模作参考、对比

D. 制作低模时需要一套未平滑过的中模作参考、对比

（2）开始低模减面之前，需要注意的问题包括（　　）。【多选题】

A. 根据模型的用途和目标平台的要求确定减面的程度

B. 确认保存低模文件不会覆盖原始中模文件

C. 确认中模文件是最后的版本，避免错误

D. 检查中模的布线是否与低模要求符合

（三）设置各部件减面和软硬边

1. 以小组为单位，观察“笛子”道具低模部件 1 减面分析图（图 1–3–16）中部件 1 的中模布线效果，思考对应的低模布线及减面需要使用的多边形建模工具，完成下列题目。

（1）根据图 1–3–14 中预估的低模面数和需要忽略的细节，对照图 1–3–16a，在图 1–3–16b 中大致画出布线情况，只画出垂直于笛子主体的线段即可。

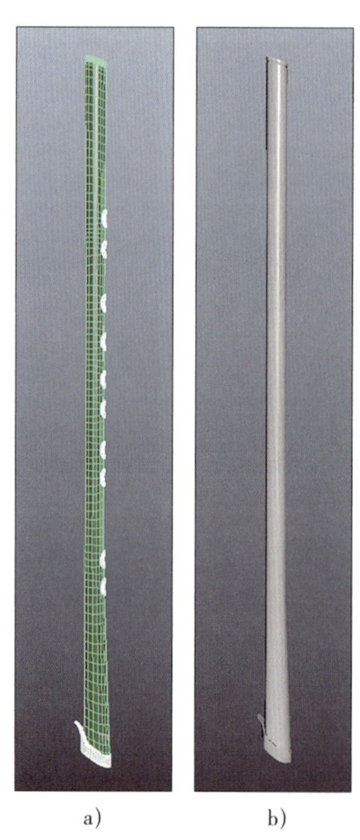

a）　　b）

图 1–3–16 “笛子”道具低模部件 1 减面分析图

a）中模布线效果图　b）低模效果图

（2）在教师指导下，组合使用多种多边形编辑工具，独立完成部件 1 的减面操作。

2. 以小组为单位，观察“笛子”道具低模部件 2 减面分析图（图 1–3–17）中部件 2 的中模布线效果，思考对应的低模布线及减面需要使用的多边形建模工具，完成下列题目。

（1）根据图 1–3–14 中预估的低模面数和需要忽略的细节，对照图 1–3–17a，在图 1–3–17b 中大致画出布线情况，只画出垂直于丝带浮雕的线段即可。

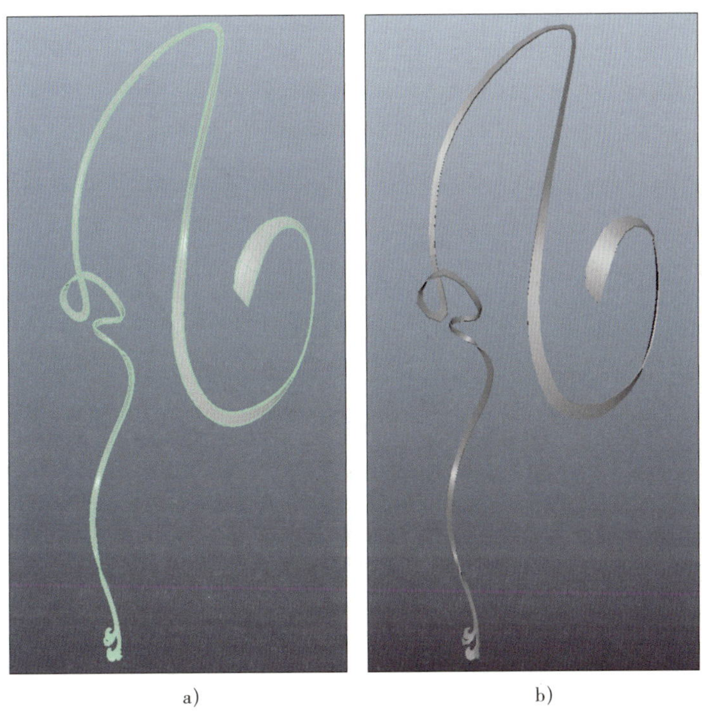

a)　　b)

图 1-3-17　“笛子”道具低模部件 2 减面分析图

a）中模布线效果图　b）低模效果图

（2）中模去除平滑效果后如图 1-3-18 所示，其与参考模型（红色部分）差距较明显，应采取的操作是（　　）。【多选题】

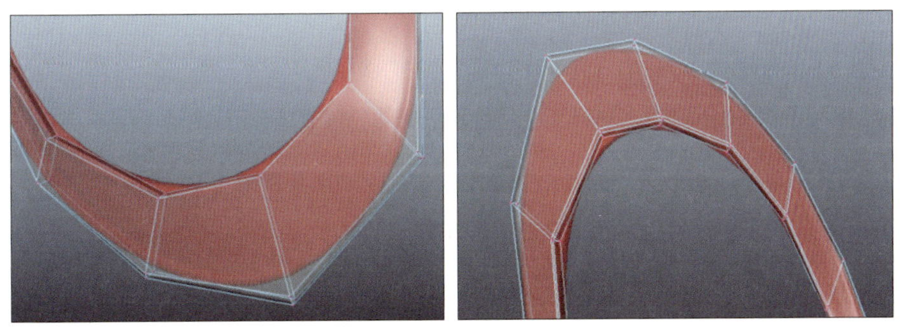

图 1-3-18　中模去除平滑效果后

A. 忽略点位置差异，只要整体面数符合预期即可

B. 查看剪影效果，在轮廓不顺滑位置适当加线

C. 可以适当移动位置偏差明显的点，使其尽量贴合参考模型

D. 使用倒角边工具，可以把一圈边变成多圈边，消除丝带模型上突出的尖角

（3）在教师指导下，组合使用多种工具，独立完成部件 2 的减面操作。

3. 以小组为单位，观察“笛子”道具低模部件 3 减面分析图（图 1-3-19）中部件 3 的中模布线效果，思考对应的低模布线及减面需要使用的多边形建模工具，完成下列题目。

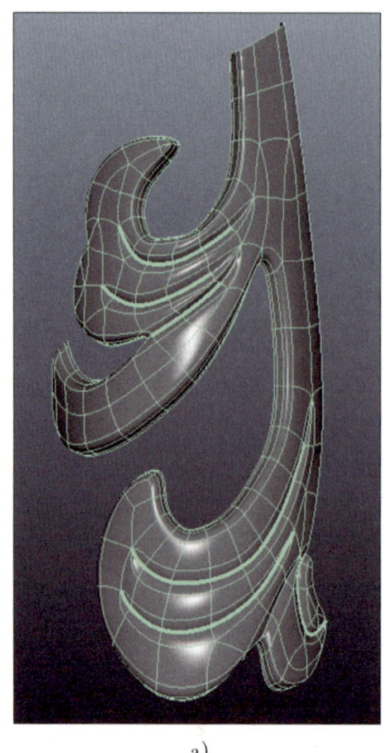

a)

b)

图 1-3-19 “笛子”道具低模部件 3 减面分析图

a）中模布线效果图 b）低模效果图

（1）重新拓扑使用的工具是______________，在使用该工具之前，需要把______________模型作为激活选定对象。

（2）根据图 1-3-14 中预估的低模面数和需要忽略的细节，对照图 1-3-19a，在图 1-3-19b 中大致画出布线情况。

（3）在教师指导下，组合使用多种工具，独立完成部件 3 的减面操作。

4. 以小组为单位，观察“笛子”道具低模部件 4 减面分析图（图 1-3-20）中部件 4 的中模布线效果，思考对应的低模布线及减面需要使用的多边形建模工具，完成下列题目。

（1）根据图 1-3-14 中预估的低模面数和需要忽略的细节，对照图 1-3-20a，在图 1-3-20c 中大致画出布线情况。

（2）在对保留全部关联复制历史的花朵模型进行删线操作时，要完成全部花朵的减面操作，下列选项中最好的操作方式是（　　）。**【单选题】**

A. 只对一个花朵中所有花瓣进行删线操作

B. 只对一个花瓣进行删线操作

C. 分别对每一朵花进行删线操作

D. 完成一个花朵的删线操作，然后将其复制到其他花朵位置

（3）在教师指导下，组合使用多种工具，独立完成部件 4 的减面操作。

a) b)

c)

图 1-3-20 “笛子”道具低模部件 4 减面分析图

a）中模布线效果图 b）低模效果图 c）低模元素分解图

5. 以小组为单位，观察“笛子”道具低模部件 5 减面分析图（图 1-3-21）中部件 5 的中模布线效果，思考对应的低模布线及减面需要使用的多边形建模工具，完成下列题目。

（1）根据图 1-3-14 中预估的低模面数和需要忽略的细节，对照图 1-3-21a，在图 1-3-21b 中大致画出布线情况。

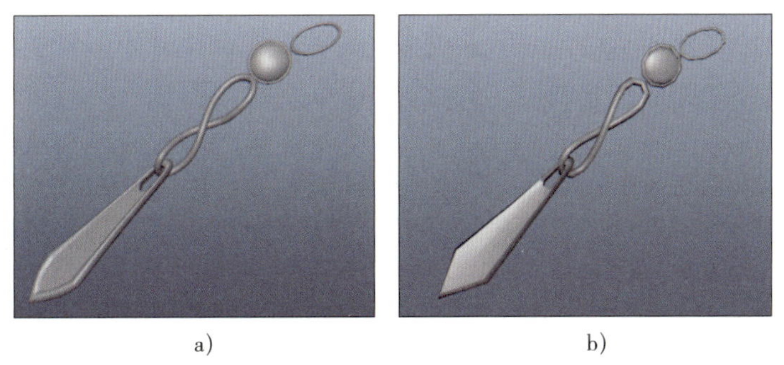

a) b)

图 1-3-21 “笛子”道具低模部件 5 减面分析图

a）中模布线效果图 b）低模效果图

（2）在教师指导下，组合使用多种工具，独立完成部件 5 的减面操作。

6. 阅读信息页中的“低模布线规则和特点”和“低模的制作要求”，跟随教师的讲解和演示，了解检查和修整低模整体的方法，回忆已有的基础知识，补全低模整体检查表，见表 1–3–15。

表 1–3–15　　低模整体检查表

检查内容	检查方法	修整方法
____数符合预期	查看__________	________多余边、________不可见面
与________造型一致	（□X 射线　□无灯光）模式下，查看________模、________模的叠加重合情况	调整________位置
边缘轮廓__________	（□X 射线　□无灯光）模式下查看边缘轮廓	出现明显折角时，适当________线，在面数不足时让线尽量________

7. 独立进行低模的整体修整，组内互相检查，根据同学反馈的情况填写“笛子”道具低模布线情况及匹配度组内检查修改记录表（见表 1–3–16），并记录后续修改情况。

表 1–3–16　　“笛子”道具低模布线情况及匹配度组内检查修改记录表

序号	面数符合预期	布线均匀合理	与中模的匹配度	轮廓顺滑程度	修改情况
部件 1	□是　□否	□是　□否	□完美　□一般　□较差	□顺滑　□曲折	
部件 2	□是　□否	□是　□否	□完美　□一般　□较差	□顺滑　□曲折	
部件 3	□是　□否	□是　□否	□完美　□一般　□较差	□顺滑　□曲折	
部件 4	□是　□否	□是　□否	□完美　□一般　□较差	□顺滑　□曲折	
部件 5	□是　□否	□是　□否	□完美　□一般　□较差	□顺滑　□曲折	

8. 阅读信息页中的“软、硬边的判断和设置方法”，查看 Maya 帮助文件中的相应内容，以小组为单位，总结软、硬边的判断和设置方法，补全软、硬边效果和设置硬边位置分析表，见表 1–3–17。在教师的指导下，独立完成软、硬边设置，修改直至显示效果正确。

表 1–3–17　　软、硬边效果和设置硬边位置分析表

类别	显示效果	适用物体	设置硬边位置
软边	__________	______________等	凸起或凹陷的结构________，道具原画稿设计中有明显________的位置，如武器的刀刃
硬边	__________	______________等	

9. 参考低模截图示例（图 1–3–22），提交 Maya 低模工程文件，以及 Maya 中完整模型和 2 处细节布线的截图。

a)　　　　b)　　　　c)

图 1–3–22　低模截图示例

a）完整模型截图　b）细节布线截图 1　c）细节布线截图 2

五、检查、修改、整理低模

（一）确定低模检查项目，整理低模

1. 与小组成员共同查阅道具制作项目规范文件，补全“笛子”道具低模检查表，见表 1–3–18。

表 1–3–18　“笛子”道具低模检查表

<table>
<tr><th>检查项目</th><th>要求</th><th>完成检查</th><th colspan="2">检查项目</th><th>要求</th><th>完成检查</th></tr>
<tr><td>面数</td><td></td><td>☐</td><td rowspan="4">多边形网格</td><td>多余面</td><td></td><td>☐</td></tr>
<tr><td>单位</td><td></td><td>☐</td><td>未缝合点、破面</td><td></td><td>☐</td></tr>
<tr><td>坐标轴</td><td></td><td>☐</td><td>游离点</td><td></td><td>☐</td></tr>
<tr><td>历史</td><td></td><td>☐</td><td>多边面</td><td></td><td>☐</td></tr>
<tr><td>层</td><td></td><td>☐</td><td colspan="2">法线</td><td></td><td>☐</td></tr>
<tr><td>合并</td><td></td><td>☐</td><td colspan="2">软硬边</td><td></td><td>☐</td></tr>
</table>

2. 倾听教师讲解低模的清理、整理方法，完成下列题目。

（1）能够通过“网格”→“清理”命令检查的项目是（　　）。【多选题】

A. 多边面　　B. 未缝合点　　C. 游离点　　D. 三角面

（2）检查法线朝向的方法是（　　）。【多选题】

A. 确定关闭双面显示后，观察模型是否存在黑色面

B. 打开面法线显示，观察法线方向是否符合预期

C. 按 3 键，在光滑模式下观察是否有黑边出现

D. 确定打开双面显示后，观察模型是否存在黑色面

（3）独立按照表 1–3–18 进行低模的清理、整理，完成后在表 1–3–18 的对应“完成检查”格中打“√”。

（二）评价、完善低模

1. 对照过程性考核项目 4：“笛子”道具低模制作评价表（见表 1–3–19），进行低模制作自评及教师评价，根据自检情况进一步修改、完善低模。

表 1–3–19　　过程性考核项目 4：“笛子”道具低模制作评价表

序号	评价项目	配分（共 12 分）	评价细则	自评（占比 20%）	教师评价（占比 80%）	得分
1	低模面数	1	面数在标准面数要求 ±10% 范围内，1 分； 超出标准面数要求 ±10% 范围，0 分		/	
2	低模与中模结构相符	4	有一处不符扣 0.5 分，扣完为止	/		
3	低模布线	3	有一处不合理扣 0.5 分，扣完为止	/		
4	软、硬边设置	2	有一处不恰当扣 0.5 分，扣完为止	/		
5	模型清理	1	模型不存在重面、破面、未缝合点、游离点、法线方向错误等情况，1 分； 发现以上任一问题，0 分			
6	工程文件整理	1	模型合并成整体，命名清晰，变换冻结，清除历史，清除观察层，上述项目一项没做到扣 0.5 分，扣完为止			
小计得分						
合计						

2. 教师对低模进行评价，与教师沟通模型的修改意见，填写“笛子”道具低模教师反馈意见和修改记录表（见表 1–3–20），并记录模型修改和完善情况。

表 1–3–20　　“笛子”道具低模教师反馈意见和修改记录表

教师意见		修改和完善情况
造型		
布线		
规范性		

3. 低模不符合要求可能会为 UV 拆分、烘焙等阶段带来混乱，甚至造成需要推翻重做等后果，因此，在制作过程中一定要注意遵守规范。结合下列词条，写一写培养自己的规范意识对后续工作的益处。

A. 明确制作的要求和标准

B. 定期对完成的任务进行检查

C. 在学习过程中养成严谨认真的操作习惯

D. 按照标准的操作流程进行制作，避免因误操作而出错

____

____

（三）低模制作小结

1. 梳理低模制作要求和技术要点，补全下列句子。

（1）低模的制作重点是__________符合要求，与________匹配。

（2）清理低模是非常重要的步骤，因为低模必须满足_________的要求。

2. 你认为在低模制作过程中的关键词条（技术要点或难点、注意事项等）是什么？

____

____

六、拆分、排布 UV

（一）分析 UV 展开的方法，在低模截图上标记 UV 展开方式

1. 结合表 1–2–3 中的“笛子”道具制作步骤及工作内容，分析 UV 拆分在道具制作过程中的作用，以及对后续制作的影响，完成下列题目。

（1）UV 拆分在材质制作中的作用是（　　）。【多选题】

A. 精准定位贴图，便于贴图绘制

B. 优化模型的细节表现，更好地展示细节和纹理

C. 提高渲染效率，减少不必要的纹理重复和浪费

D. 让模型在不同光照条件下自动调整贴图颜色

（2）不好的 UV 拆分对后续材质贴图制作的影响是（　　）。【多选题】

A. 如果 UV 布局不均匀，贴图在模型表面会产生拉伸和压缩，从而影响贴图的清晰度和细节表现

B. UV 拼接不当会造成纹理不连贯，特别是在模型的接缝处

C. 不合理的 UV 拆分可能会导致某些区域的贴图分辨率过高，而其他区域则过低，浪费了纹理空间，影响材质的质量

D. UV 布局不合理可能导致模型在游戏引擎中无法加载贴图

2. 以小组为单位，阅读道具制作项目规范文件、任务描述，查找、标记 UV 拆分、排布的规范和与要求相关的条目，结合 UV 的作用及影响，补全下列句子。

道具模型 UV 制作规范中，要求 UV 拆分保持比例____________，尽量减少 UV____________，禁止 UV 内部____________。充分利用 UV 精度，不能出现________________________，摆放____________，保持 UV 间距。UV 禁止删除对称的____________，禁止____________。所有的________边都要拆作接缝，其他接缝的位置要____________，避免把接缝放在结构____________的区域。

3. 以小组为单位，回忆并讨论 UV 拆分、排布的方法，对下列 UV 拆分、排布的步骤进行排序：（　　）→（　　）→（　　）→（　　）。

A. 选择合适的边作为 UV 接缝并将其切开

B. 将拆分好的 UV 合理摆放

C. 使用 Unfold3D 展开选中的 UV 壳

D. 选中模型，删除已有 UV，选择适当方式重新创建 UV

4. 倾听教师讲解 UV 接缝的设置依据，结合 UV 制作规范中对接缝的设置要求，完成下列题目。

（1）下列对接缝的设置依据的描述，正确的是（　　）。【多选题】

A. 接缝应沿着模型的自然划分线设置，如在物体的接合面或转折处

B. 接缝应避开模型上的重要细节区域，尽量在隐蔽处

C. 低模上的软边都是 UV 的接缝

D. 接缝不宜过多，避免 UV 切得过碎，能保持 UV 均匀舒展即可

（2）在“笛子”道具 UV 标记图（图 1-3-23）中标出除了必须切开的硬边外其他接缝的位置。

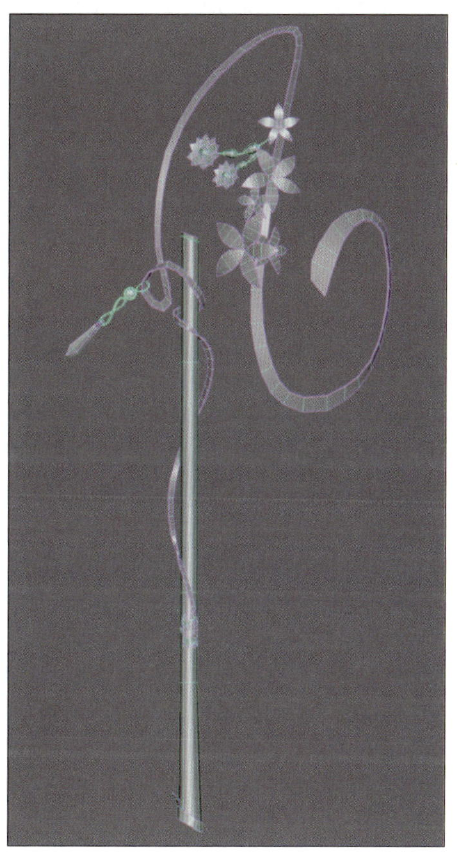

图 1-3-23 “笛子”道具 UV 标记图

5. 阅读信息页中的“UV 的传递”，查看 Maya 帮助文件中的相应内容，完成下列题目。

（1）记录传递属性值工具的功能和使用方法。

功能：____

使用方法：____

（2）在图 1-3-23 中标出可以使用 UV 传递的零件。对于属于同一组的、可以进行 UV 传递的零件，使用相同的颜色进行圈画。

（二）按照 UV 标记图，拆分、排布 UV

1. 阅读并理解道具模型 UV 制作规范，确保正确拆分 UV，完成下列题目。

（1）阅读下列文字，从括号中选择正确的词语补充段落，在正确词语前的□内打“√”。

低模的（□软 □硬）边和标记的接缝都需要被拆开，（□全部展开 □展开其中一个）可以传递 UV 的部分。笛子主体、丝带浮雕等都为长条状，UV 也是长条状，（□可以拆成几段 □不能拆开）。

（2）在使用 UV 传递时，下列描述中正确的是（　　）。**【多选题】**

A. UV 传递仅能在对象之间进行，因此，需要把对应的零件从整体模型中分离出来

B. 执行传递属性值命令之前，应当先选中尚未拆分 UV 的对象，随后选中已拆分的对象，再执行传递属性值命令

C. UV 传递出错时，可以尝试调整传递属性值命令中的选项来解决问题

D. UV 传递仅适用于拓扑结构完全一致的两个模型，如果对任一模型的面进行过编辑，可能会导致传递失败

2. 依照道具模型 UV 制作规范的要求，进行 UV 打直、旋转、大小及位置调整等操作，实现 UV 的合理排布，并完成下列问题。

（1）在进行 UV 排布时，下列操作中正确的是（　　）。**【多选题】**

A. 充分利用 UV 空间，使 UV 排满，不留任何间隔

B. 对 UV 进行打直处理，确保纹理方向正确

C. 对 UV 进行合适的旋转以优化布局

D. 考虑 UV 在贴图上的比例关系，调整其大小

（2）查看错误 UV 排布图的 UV 布局，如图 1-3-24 所示，根据提供的错误类型，在该图中标出相应的示例，并明确指出每种错误的类型。

A. 没有充分利用 UV 空间，空白位置大　　B. UV 没有完全展开，有重叠

C. 没有打直 UV，将其排列整齐　　D. UV 排布超出了第一象限

3. 参考 UV 编辑器示例图，如图 1-3-25 所示，提交 Maya 低模工程文件和 Maya 中的 UV 编辑器截图。

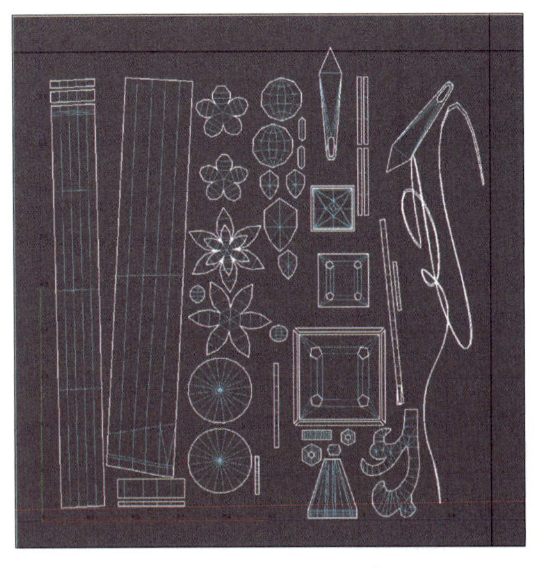

图 1-3-24　错误 UV 排布图

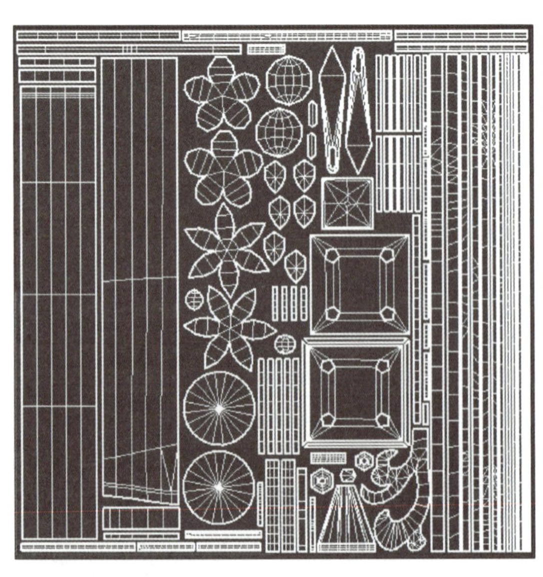

图 1-3-25　UV 编辑器示例图

七、检查、修改 UV

（一）明确 UV 检查要点和方法，检查、修改 UV

1. 以小组为单位，对照 UV 的制作要求，在教师的指导下整理 UV 检查要点，填写“笛子”道具制作任务 UV 检查表，见表 1–3–21。

表 1–3–21　　“笛子”道具制作任务 UV 检查表

检查项目	要求	检查方法	检查项目	要求	检查方法
接缝			UV 比例		
UV 展开			象限		
利用率			UV 内部断裂		
UV 间距			UV 拉伸变形		

2. 观察错误 UV 棋盘格效果图，如图 1–3–26 所示，根据下列给出的错误类型，在图中圈画出相应的错误，并标注出错误类别的字母。

A. 棋盘格扭曲，没有完全展平

B. 棋盘格大小差异大，需要调整

C. 棋盘格水平方向和垂直方向密度差异大，不是方格

图 1–3–26　错误 UV 棋盘格效果图

3. 按照教师指导，通过观察模型的棋盘格贴图效果，检查 UV 拉伸变形情况，修正变形严重和比例差异明显的部分。

（二）评价、完善 UV 拆分

1. 对照过程性考核项目 5：“笛子”道具 UV 拆分评价表（见表 1–3–22），完成对道具 UV 的自评与教师评价，并根据评价结果进一步修改和完善 UV。

表 1-3-22　　过程性考核项目 5：“笛子”道具 UV 拆分评价表

序号	评价项目	配分（共 10 分）	评价细则	自评（占比 20%）	教师评价（占比 80%）	得分
1	接缝位置选择	2	有一处接缝位置不合理扣 0.5 分，扣完为止		/	
2	UV 展开	3	有一处 UV 未展开扣 0.5 分，扣完为止	/		
3	UV 拉伸	2	有一处拉伸明显不合理扣 0.5 分，扣完为止	/		
4	UV 比例	1	有一处比例明显不一致扣 0.5 分，扣完为止	/		
5	UV 排列	0.5	UV 排列整齐，0.5 分； UV 排列不整齐，0 分			
6	UV 面积利用	1	UV 面积利用充分，1 分； UV 面积利用不充分，0 分			
7	UV 重叠、内部断裂问题	0.5	不存在 UV 重叠、内部断裂问题，0.5 分； 发现任一处问题，0 分			
小计得分						
合计						

2. 与教师沟通 UV 的修改意见，修改和完善 UV，并对 UV 修改情况进行记录，填写“笛子”道具 UV 拆分教师反馈意见和修改记录表，见表 1-3-23。

表 1-3-23　　“笛子”道具 UV 拆分教师反馈意见和修改记录表

教师意见		修改情况
接缝设置		
排布情况		

（三）UV 拆分小结

1. 梳理 UV 拆分制作要求和技术要点，完成下列问题。

（1）UV 拆分审核过程中，主要查看________________________。

（2）UV 拆分过程对学生素养的要求是（　　）。【多选题】

A. 耐心仔细　　B. 规范意识　　C. 时间意识　　D. 审美素养

2. 你认为在 UV 拆分制作过程中的关键词条（技术要点或难点、注意事项等）是什么？

答：____

____

八、认识 PBR 贴图

任务要求中提到需要按照 PBR 流程制作贴图，在开始贴图制作之前，需要认识 PBR 的概念。

（一）认识 PBR 的概念和 PBR 贴图

1. 阅读信息页中的“PBR 的基础概念”，观察使用 PBR 的模型范例，倾听教师讲解，认识 PBR 的效果，完成下列题目。

（1）观察 PBR 贴图在不同环境下的效果，如图 1-3-27 所示，对比金属在不同环境光照下的颜色变化，阅读下列文字，在括号中正确答案前的□内打“√”。

a）

b）

c）

图 1-3-27　PBR 贴图在不同环境下的效果

a）蓝色环境光　b）白色环境光　c）黄色环境光

根据环境颜色的不同，金属会变成（□与环境接近　□本身固有）的颜色。例如，在蓝色的灯光下，金属呈现（□蓝色　□银色）；在暖黄色的灯光下，金属呈现（□棕黄色　□银色）。这说明环境对 PBR 贴图的影响（□微弱　□明显），同时也体现出 PBR 贴图具有（□卡通感　□真实感）。

（2）下列对 PBR（Physically-Based Rendering，基于物理的渲染）描述正确的是（　　）。【多选题】

A. PBR 可以模拟物体在很多光源共同作用下的效果，在所有光照条件下其效果看起来都是符合物理规律的

B. PBR 是能够产生接近照片级真实效果的渲染工具

C. PBR 只能用于制作写实风格的画面

D. PBR 可以根据创意和需求制作多种风格化的效果

（3）在游戏中，PBR 能够实时、精确地描绘光和物体表面之间的作用，这是因为（　　）。【多选题】

A. PBR 使用先进的光照模型和算法，来模拟光线在不同材质表面的反射、折射等物理变化

B. PBR 利用多种基于物理光学属性的贴图，如反照率（Albedo）、金属度（Metallic）、粗糙度（Roughness）、法线（Normal）等，来精确地模拟不同材料对光的反应

C. GPU 和 CPU 的性能提升为复杂的 PBR 材质实时渲染提供了硬件支持

D. PBR 完全依赖预渲染的光照贴图，而不是实时计算

（4）传统游戏的画面效果不如 PBR 的原因是（　　）。【多选题】

A. 传统光照模型（如 Maya 中的 Lambert、Blinn、Phong 等）需要美术人员通过感觉或经验去调整参数、制作贴图，不符合物理规律

B. 早期游戏引擎不能支持复杂的光照计算，在颜色贴图制作完成后，光照效果就被固定下来，不能随着光线和视线变化而相应地变化

C. PBR 提供了一套更加系统和规范的制作流程，形成的材质库可以被重复使用，不需要不断凭借经验修改和调整

D. PBR 能保证渲染风格的一致性，使多人完成的游戏美术资源具有相同的美术风格

2. 阅读信息页中的“PBR 贴图的构成”，倾听教师讲解 PBR 贴图的类型和作用，完成下列题目。

（1）将下列常用 PBR 贴图类型的英文单词与对应中文名称及含义进行连线。

英文单词	中文名称	含义
Base Color/Diffuse/Albedo	金属度	纹理的颜色
Metallic	颜色	表面凹凸不平的方向
Normal	遮蔽	表面平滑或粗糙的程度
Roughness	粗糙度	接近金属质感的程度
Ambient Occlusion	法线	表面缝隙产生的暗部

（2）为了让 PBR 材质看起来更加真实，常常需要调整__________贴图和__________贴图的参数，以更好地控制材质的反射和高光特性。（　　）【单选题】

A. 法线　金属度　　　　B. 金属度　粗糙度

C. 颜色　金属度　　　　D. 法线　粗糙度

（3）PBR 贴图中，__________贴图用来控制材质表面细节的凸起和凹陷，__________贴图则影响光线在表面的散射程度。（　　）【单选题】

A. 法线　金属度　　　　B. 粗糙度　法线

C. 金属度　法线　　　　D. 法线　粗糙度

（4）根据提供的模型效果和光照预览贴图，如图 1-3-28 所示，判断下列贴图的种类，填写对应的英文名称。

图 1-3-28　模型效果和光照预览贴图

a）模型效果　b）光照预览贴图

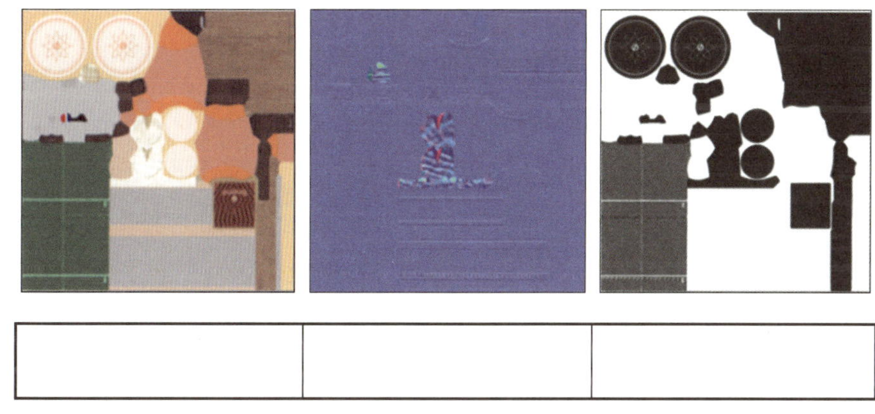

（二）明确贴图烘焙的作用和功能图的种类

在道具制作步骤中，贴图烘焙是关键步骤，其目的是将高模或中模的细节信息以图片的形式传递到低模上。下面将深入了解烘焙的具体过程，以及烘焙产生的贴图种类和特性。

1. 阅读信息页中的“贴图烘焙的作用”，倾听教师讲解，理解贴图烘焙这一步骤在贴图制作中的必要性，完成下列题目。

（1）阅读下列文字，从括号中选择正确的词语补充段落，在正确词语前的□内打“√”。

模型效果及对应的法线贴图如图 1-3-29 所示，右侧的法线贴图展现了与左侧模型效果上相同的（□凹凸　□明暗）细节。这表明高模上的复杂纹理，无论是规则的图案还是无规则的肌理，都能够通过（□程序　□手绘）方式生成相应的法线贴图。将模型表面的这些信息转换并存储在贴图上的过程，被称为（□烘焙　□渲染）。

a)

b)

图 1-3-29　模型效果及对应的法线贴图

a）模型效果　b）法线贴图

（2）下列对贴图烘焙的描述中，错误的是（　　）。【多选题】

A. 贴图烘焙是一种将物体表面的细节信息渲染成贴图的过程，用户只需指定烘焙源模型及所需的贴图类型，程序就会自动完成整个工作

B. 贴图烘焙只能把高模或中模的信息传递到低模上

C. 烘焙的贴图需要通过 UV 来确定模型与贴图的对应关系，所以高、中、低模都需要展开 UV

D. 烘焙可以产生金属度、颜色、粗糙度、法线等类型的贴图

2. 阅读信息页中的“烘焙产生的功能图种类和作用”，倾听教师讲解，完成下列题目。

（1）将下列常用功能图类型的英文单词与对应中文名称及含义连线。

英文单词	中文名称	含义
Normal	序号	基于全局坐标的法线贴图
ID	世界空间法线	表面厚度
Ambient Occlusion	遮蔽	凸度 / 凹度
World Space Normal	位置	光线遮蔽信息
Curvature	法线	材质序号
Position	厚度	表面凹凸不平的方向
Thickness	曲率	表面在 *X*/*Y*/*Z* 轴上对应的位置

（2）将下列常用功能图类型按彩色图和灰度图分类，并将相应编号填入常用功能图信息维度分类表（见表 1-3-24）中。

A. 世界空间法线贴图　　B. 遮蔽贴图

C. 法线贴图　　D. 厚度贴图

E. 曲率贴图　　F. ID 贴图

G. 位置贴图

表 1-3-24　常用功能图信息维度分类表

类别	贴图编号
灰度图（储存一个维度的信息）	
彩色图（储存三个维度的信息）	

（3）阅读下列文字，从括号中选择正确的词语补充段落，在正确词语前的□内打“√”。

在将中模的信息烘焙到低模上时，所生成的功能图包含了（□中模　□低模）的表面数据。烘焙过程中需要依据（□中模　□低模）的 UV 布局来进行信息的映射和记录。为了确保烘焙结果的准确性，中模和低模的（□位置　□拓扑）必须是精确对应的。

（4）本任务中烘焙贴图使用的软件是____________________。

（5）可以用于烘焙贴图的软件有（　　）。【多选题】

A. Maya　　B. 3D Max　　C. Zbrush

D. Marmoset Toolbag　　E. Blender　　F. X-Normal

九、烘焙功能图

（一）处理烘焙前中、低模，导出中、低模 FBX 文件

1. 学习信息页中的“烘焙前模型的处理”，阅读下列文字，从括号中选择正确的词语补充段落，在正确词语前的□内打“√”。

烘焙前中、低模处理是指在（□ Maya　□ Substance 3D Painter）中调整模型。为了避免烘焙时产生不必要的（□遮蔽　□投影）问题，需要将中、低模的各个零件完全（□合并　□拆散）。低模需要指定材质，通常一个道具需要（□一种　□多种）材质。还需要正确设置低模的（□材质　□模型）名称，因为这个名称将成为 Substance 3D Painter 纹理集的名称。为了便于区分低模上的不同材质，可以为（□中模　□低模）不同材质的区域添加不同的颜色，这样就能生成对应的（□颜色　□ ID）贴图。

2. 跟随教师的演示，逐步操作，独立完成烘焙前的模型预处理。

3. 以小组为单位，根据教师提示，确认 Maya 能够导出 FBX 文件，明确游戏引擎对 FBX 文件的要求，确定并记录 FBX 文件导出参数的要求，完成下列题目。

（1）导入 Substance 3D Painter 的文件类型是__________，Maya 一般不需要设置文件格式就可以直接导出。如果 Maya 不能导出需要的文件格式，需要勾选对应插件的__________和__________

选项。

（2）在烘焙之前，导出文件必须检查的信息包括（　　）。【多选题】

A. 导出单位与要求一致　　B. 在几何体中勾选平滑网格

C. 在几何体中勾选三角化选项　　D. 在几何体中勾选平滑组选项

（3）导出文件时，FBX 文件的命名如下：

中模：（　　）_（　　）_（　　）_（　　）_（　　）.（　　）。

低模：（　　）_（　　）_（　　）_（　　）_（　　）.（　　）。

4. 在教师的指引下，按照 FBX 文件导出参数要求，修改 FBX 文件导出预设，分别导出中、低模的 FBX 文件。

（二）烘焙功能图

1. 跟随教师演示，认识 Substance 3D Painter，练习 Substance 3D Painter 的基本操作，并记录常用快捷键，完成下列题目。

（1）根据下列功能描述，判断需要在哪个面板或工具中执行相应操作，在 Substance 3D Painter 界面（图 1-3-30）中找出该面板或工具的相应编号，并将编号填入括号中。

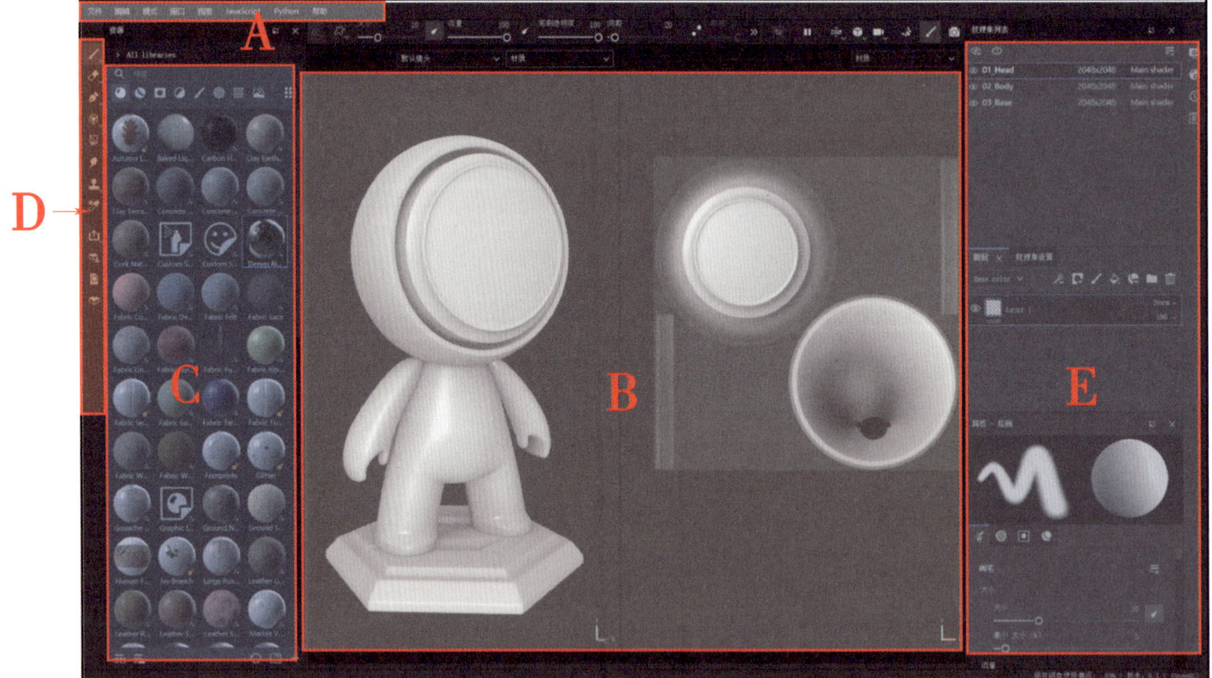

图 1-3-30　Substance 3D Painter 界面

1）在资源库选择智能材质、纹理图。（　　）

2）在纹理集列表调整图层属性（如金属度等）。（　　）

3）菜单栏包含新建、打开文件，以及导入、导出各类素材的命令。（　　）

4）在视口可以使用笔刷直接绘制材质贴图、遮罩，实时观察贴图效果。（　　）

5）在工具栏可切换绘制的工具，如笔刷、橡皮、涂抹工具等。（　　）

（2）在 Substance 3D Painter 视窗操作快捷键表（见表 1–3–25）中填写 Substance 3D Painter 视窗操作对应功能的快捷键。

表 1–3–25　　Substance 3D Painter 视窗操作快捷键表

设备	旋转	平移	缩放	调整环境光源
鼠标				
手绘笔				

（3）使用 Substance 3D Painter 的基本思路是：（　　）→（　　）→（　　）→（　　）→（　　）。

A. 选择智能材质并设置蒙版控制材质范围

B. 导入模型文件并进行项目设置

C. 烘焙生成功能图

D. 调整材质的属性，包括粗糙度、金属度等

E. 通过添加绘图、生成器、智能遮罩等进一步调整材质细节

2. 以小组为单位，阅读道具制作项目规范文件、任务描述，查找并标记与功能图烘焙要求相关的条目，完成下列题目。

根据道具制作项目规范文件、任务要求，补全“笛子”道具制作任务烘焙功能图要求分析表，见表 1–3–26。

表 1–3–26　　“笛子”道具制作任务烘焙功能图要求分析表

项目		具体要求
交付要求	命名	
	交付格式	
	工作时长	
烘焙图要求	分辨率	________ × ________ 像素
	贴图通道	□ Normal　□ ID　□ Height　□ Ambient Occlusion □ World Space Normal　□ Curvature　□ Opacity □ Position　□ Bent Normal　□ Thickness
	使用引擎	□ UnReal　□ Unity

3. 阅读信息页中的“设置烘焙参数”，明确烘焙相关参数含义及其设置方法，记录烘焙的操作步骤、参数设置过程，完成下列题目。

（1）根据教师讲解，确定在 Substance 3D Painter 中新建烘焙用文件时的项目设置。

1）新建烘焙文件时，在“新项目”面板（图 1-3-31）中输入本任务可以使用的模板名称，补全“文件分辨率”和“法线贴图格式”。

图 1-3-31 “新项目”面板

2）根据对烘焙的理解，从括号中选择正确的词语补充下列段落，在正确词语前的□内打“√”。

新建项目时，需要导入的模型是（□未拆散 □拆散）的（□中模 □低模），格式为（□ *.ma □ *.fbx）。

（2）在烘焙面板中设置输出分辨率为__________像素，导入的高模是（□未拆散 □拆散）的（□中模 □低模），格式为（□ *.ma □ *.fbx）。为了避免锯齿，可以把消除锯齿参数设置为（□无 □超采样 64×）。

（3）要实现良好的烘焙效果，合理设置包裹距离至关重要。包裹距离过大或过小都会导致烘焙出现错误。观察错误烘焙效果图，如图 1-3-32 所示，分析错误出现的原因。

1）如图 1-3-32a 所示，烘焙法线贴图出现空洞，说明包裹距离（□太大 □太小）。

2）如图 1-3-32b 所示，在烘焙贴图的圆柱形位置出现波浪纹，说明包裹距离（□太大 □太小）。

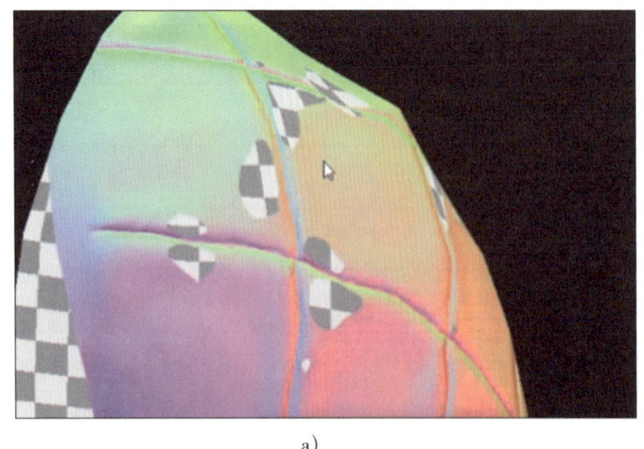
a)

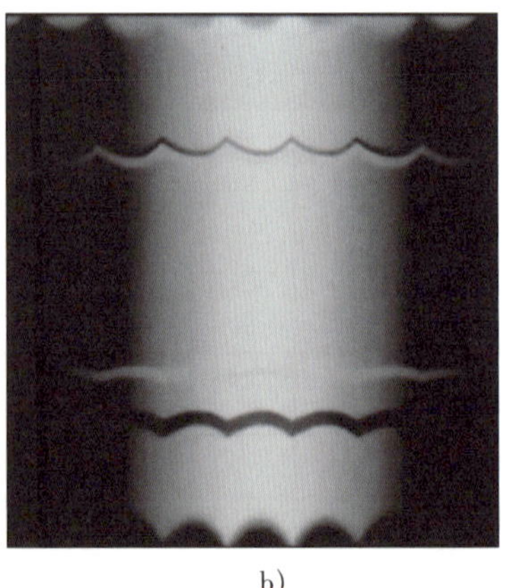
b)

图 1-3-32 错误烘焙效果图

a）出现空洞 b）出现波浪纹

4. 检查烘焙面板中默认选择的贴图类型，将其与道具制作项目规范文件中的要求进行对比，确认它们是否一致。在确认全部参数设置正确后，点击烘焙所选纹理，观察烘焙情况。有问题及时纠正，完成功能图的烘焙。

5. 根据常用功能图名称及作用表（见表 1-3-27）中展示的烘焙功能图，将其中、英文名称及作用（作用详见下列各选项）补全。在填写完成后，仔细比对自己烘焙的贴图与表中展示的烘焙功能图，确保两者之间无显著差异。

A. 用于模拟光线衰减形成的阴影，增加立体感

B. 用于表现模型表面的凹凸起伏等细节效果

C. 用于制作空间位置的渐变效果，如上下渐变

D. 用来区分、指定材质，制作蒙版

E. 用于制作磨损和污渍等效果

F. 用于模拟某些与世界坐标和物体表面起伏相关的自然效果

G. 用于计算次表面散射效果，如玉石、蜡烛等

6. 参考功能图烘焙截图示例，如图 1-3-33 所示，提交在导出烘焙前的中、低模的 FBX 文件和 Substance 3D Painter 中的烘焙功能图截图。

表 1-3-27 常用功能图名称及作用表

功能图	中文名称	英文名称	作用
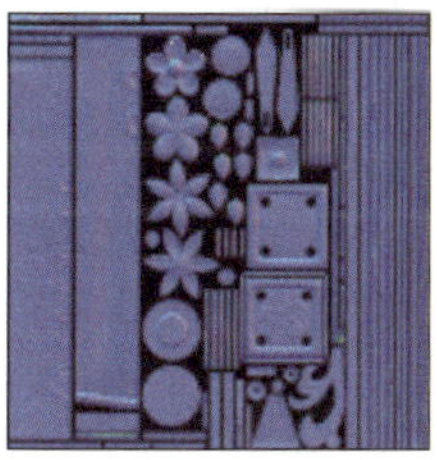			
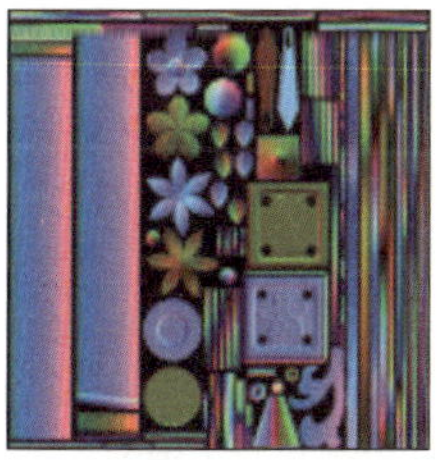			
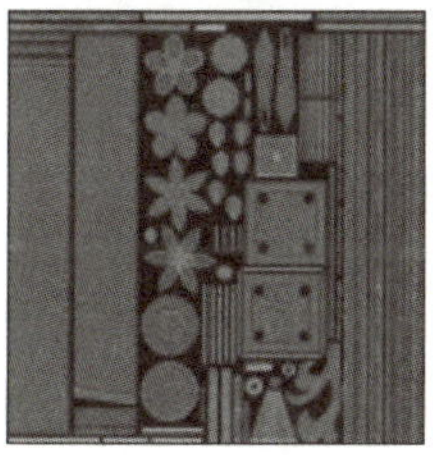			

续表

功能图	中文名称	英文名称	作用

图 1-3-33　功能图烘焙截图示例

十、检查、修复功能图

（一）检查功能图

1. 以小组为单位，倾听教师讲解功能图上颜色信息的含义，从下列括号中选择正确的词语补充段落，在正确词语前的□内打“√”。

（1）在 Normal 贴图中，颜色指示了相邻面的（□软硬程度 □起伏方向）。完全平整的相邻平面的方向（□不一致 □一致），所以法线贴图显示出的颜色应该是（□纯色 □渐变）的。球体上的面的相邻面的方向（□不一致 □一致），所以法线贴图显示出的颜色是（□纯色 □渐变）的。平滑的表面烘焙产生的法线贴图颜色变化是（□平滑的 □剧烈的）。

（2）在遮蔽 Ambient Occlusion 贴图中，一般缝隙的位置颜色更（□深 □浅），平滑凸起位置的颜色一般接近（□纯白 □浅灰）。在 PBR 贴图中，表面 Base Color 不能是（□纯黑 □纯白）的，而遮蔽贴图会使最后生成的 Base Color 变（□深 □浅），所以遮蔽 Ambient Occlusion 贴图不应是（□纯黑 □纯白）的。

（3）ID 贴图一般都是（□纯色 □渐变）的形式，同一颜色的区域会被认定为同一（□ ID □模型）。

2. 阅读信息页中的“检查功能图”，在教师的指导下，以小组为单位，在 Substance 3D Painter 中检查功能图效果。下列对检查功能图方法的描述恰当的是（　　）。【多选题】

A. 依次查看贴图视窗中单个通道的烘焙图，看其是否符合预计的效果

B. 在贴图视窗中查看默认灯光下的贴图效果是否符合预期，是否出现奇怪的纹理或异常的明暗变化

C. 在模型视窗中旋转模型，查看默认灯光下的贴图效果，是否出现明显的接缝或其他瑕疵

D. 在贴图视窗中查看各个通道贴图有没有明显的错误或瑕疵

（二）修复功能图

1. 观察下列法线贴图的部分截图，分析截图中的错误原因，在括号中填写对应原因的编号。

A. 低模没有完全拆散导致的错误遮挡　　B. 低模、中模没有完全对齐导致的烘焙偏差

C. 包裹值设置不当产生的错误　　D. 中模没有光滑产生的不流畅效果

（　　）

（　　）

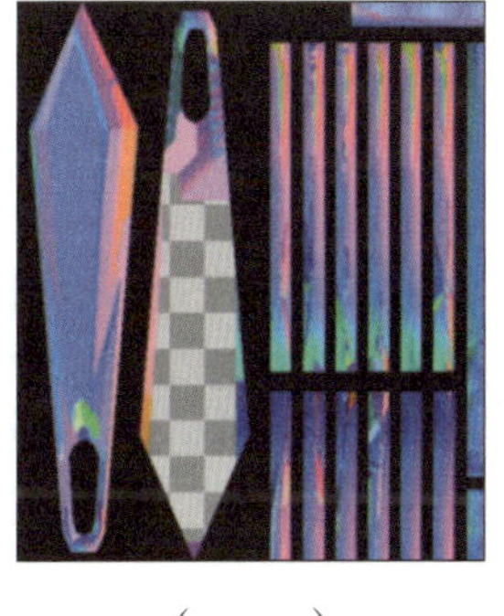
（　　）

（　　）

2. 阅读信息页中的“修复功能图”，观看教师的操作演示，明确修复功能图的方法，完成下列问题。

（1）下列修复功能图的方法中，正确的有（　　）。【多选题】

A. 由于中、低模匹配或 UV 分布等原因产生烘焙错误，需要修正模型或 UV 后重新导入 FBX 文件再次烘焙

B. 由于烘焙参数设置问题产生烘焙错误，可以修改参数后重新烘焙

C. 个别功能图不正常的区域或瑕疵，可以使用 Substance 3D Painter 笔刷涂抹修饰

D. 个别功能图不正常的区域或瑕疵，可以导出对应功能图使用 Photoshop 进行修复

（2）观察功能图修复效果示例，如图 1-3-34 所示，图 1-3-34a 是一个低模分段数不高的圆柱烘焙产生的法线贴图（带 UV 网格），要修复得到图 1-3-34b 的效果，下列方法中最适当的是（　　）。【单选题】

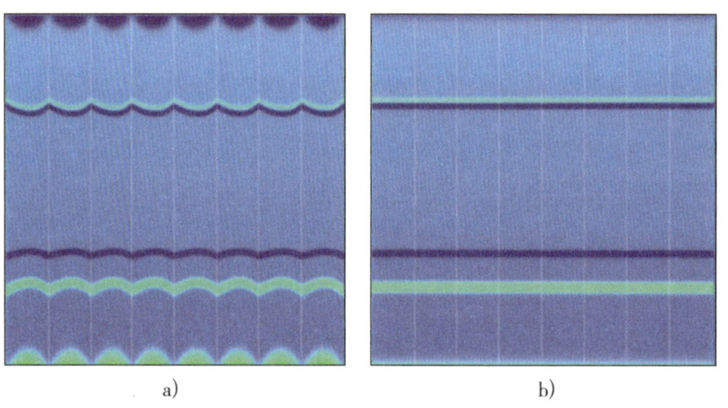

a)　　b)

图 1-3-34　功能图修复效果示例

a）修复前　b）修复后

A. 调整烘焙的包裹值，减小波浪纹的幅度

B. 使用 Photoshop 直接复制最边缘的一竖列纹理，将其拉伸到全图

C. 使用 Photoshop 液化工具推动波浪纹区域，使其平整

D. 在 Substance 3D Painter 中使用笔刷吸色绘制直线

3. 根据功能图颜色信息的含义和自己烘焙的功能图情况，在教师的指导下，灵活使用 Photoshop 和 Substance 3D Painter 进行功能图修复，填写“笛子”道具功能图检查修复记录表（见表 1-3-28）。

表 1-3-28　“笛子”道具功能图检查修复记录表

问题描述	修复办法
示例：三维视窗中模型表面有不流畅、不平滑的部分，类似于面数不足	中模没有平滑 2 次后再导出和生成 FBX 文件，回到 Maya 中进行平滑后再重新导出和烘焙

续表

问题描述	修复办法

（三）评价、完善功能图烘焙

1. 对照过程性考核项目 6："笛子"道具模型功能图烘焙评价表（见表 1–3–29），完成对功能图烘焙的自评与教师评价，并根据评价结果进一步修改和完善功能图。

表 1–3–29 过程性考核项目 6："笛子"道具模型功能图烘焙评价表

序号	评价项目	配分（共 10 分）	评价细则	自评（占比 20%）	教师评价（占比 80%）	得分
1	功能图分辨率正确	1	正确，1 分； 不正确，0 分			
2	功能图通道齐全	2	共 7 项，缺一项扣 0.5 分，扣完为止			
3	功能图内容正确	4	有一处明显错误扣 0.5 分，扣完为止			
4	功能图无瑕疵	3	有一处瑕疵未修复扣 0.3 分，扣完为止			
小计得分						
合计						

2. 想要一次性烘焙得到正确的功能图，需要注意的事项有（ ）。【多选题】

A. 保证模型的匹配程度

B. 合理分布 UV，切开所有硬边，接缝处比例一致，UV 打直，将重叠的 UV 平移到另一象限

C. 合理设置烘焙包裹值，不要过大或过小

D. 烘焙前适当处理模型，避免不必要的遮蔽

（四）功能图烘焙小结

1. 根据功能图烘焙过程，梳理功能图烘焙要求和技术要点，完成下列问题。

（1）若烘焙的功能图有问题，修复问题的大致步骤是：（　　）→（　　）→（　　）→（　　）。

A. 找到错误的步骤并修正

B. 观察、思考问题产生的原因

C. 选择适当的软件和工具

D. 检查修复效果是否符合预期

（2）功能图烘焙过程中对学生素养的要求有（　　）。【多选题】

A. 耐心仔细　　B. 规范意识

C. 时间意识　　D. 审美素养

2. 你认为在功能图烘焙过程中的关键词条（技术要点或难点、注意事项等）是什么？

答：____

____

十一、分析道具原画稿材质效果

（一）认识国风游戏画面的风格特点

1. 以小组为单位，观察图 1-3-35 和图 1-3-36 所示的游戏道具范例，对比国风游戏道具与其他风格游戏道具，讨论二者的区别，完成下列题目。

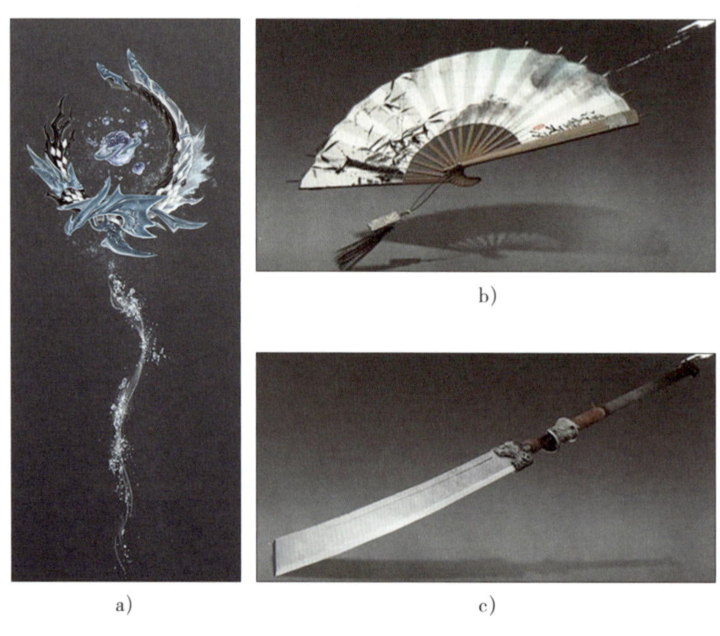

a)　　b)　　c)

图 1-3-35　国风游戏道具范例

a)《古剑奇谭》游戏道具　b)《燕云十六声》游戏道具 1　c)《燕云十六声》游戏道具 2

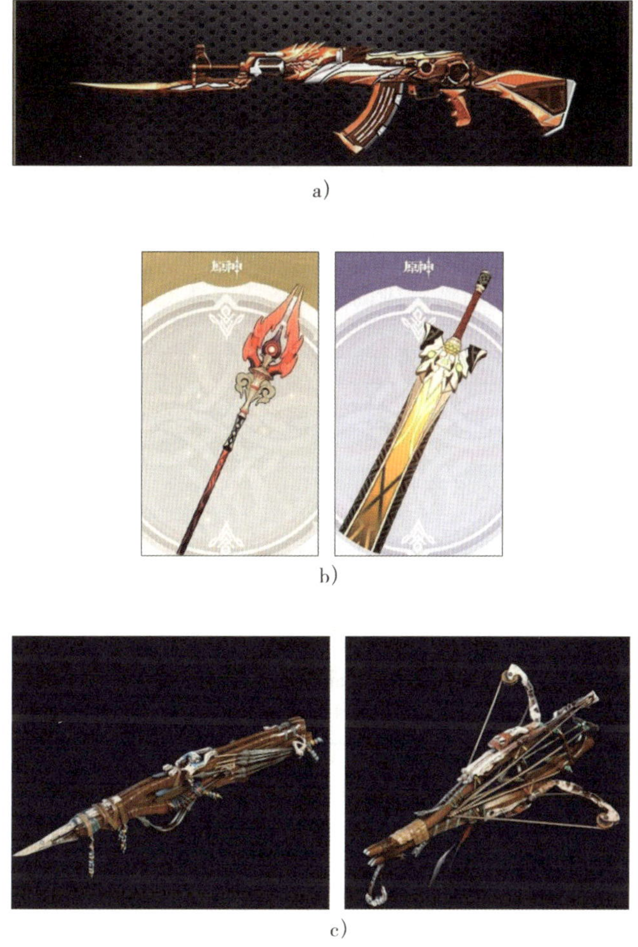

a)

b)

c)

图 1-3-36　其他风格游戏道具范例

a)《穿越火线》游戏道具　b)《原神》游戏道具　c)《Horizon》游戏道具

(1) 在整体风格方面，国风游戏画面的风格特色是（　　）。

A. 完全不写实的卡通二次元风格

B. 高对比、炫酷闪亮的半写实风格

C. 保留一定艺术夸张的偏写实风格

D. 力求逼真的超写实风格

(2) 在造型和图案装饰效果方面，国风游戏画面的风格特点是（　　）。【多选题】

A. 采用大量的传统元素进行装饰，形成复杂的图案和造型

B. 使用富有中国传统文化象征意义的图形，如云纹、龙凤、莲花、山水等

C. 借鉴古代历史和文化，并结合现代审美进行风格化表达

D. 完全摒弃现代设计元素，只使用古代的绘画和装饰元素

（3）在色彩和光影效果方面，国风游戏画面的风格特点是（　　）。【多选题】

A. 使用自然、纯净、柔和的低饱和度色彩，表达自然界的和谐美感

B. 注重不同色彩的和谐统一，多采用相近色或互补色，避免过度对比

C. 通常以高饱和度、高对比度为主，追求强烈的视觉冲击

D. 通常避免过于强烈的金属反光，使用细腻柔和的光影变化

（4）在材质和纹理表现方面，国风游戏画面的风格特点是（　　）。【多选题】

A. 注重表现自然传统材料的质感和纹理

B. 以偏写实的方式呈现丝绸、玉石、竹木、银器等的天然纹理

C. 突出历史沉淀感和传统手工艺术的魅力

D. 结合光照系统增强材质的视觉效果，突出材质的细节

2. 以小组为单位，讨论并总结国风游戏画面的风格特点，补充下列句子。

国风游戏画面以________写实的风格为主，通过________________的装饰，以______________的色彩和_____________的光影变化，呈现________________的材质。

3. 若要认识国风游戏画面的风格特点，应从不同方向、角度去分析，且需要学习大量的美学知识。结合下列词条，想一想在玩游戏的过程中如何积累美学知识，提升自己的审美素养。写一写你最喜欢的游戏美术元素，并分析其受人喜爱的原因。

A. 仔细观察游戏中的角色设计、场景布局、色彩搭配等

B. 分析游戏中美术元素的色彩、形状、纹理等是如何协同工作的

C. 体会不同的视觉元素如何表达特定的情感和氛围，如轻松愉悦或惊悚紧张

D. 与他人讨论和分享自己在游戏过程中的审美体验，加深对游戏美学价值的理解

____

____

____

____

（二）道具原画稿材质效果分析

1. 阅读信息页中的“PBR 贴图的构成——金属度和粗糙度”，理解金属度和粗糙度的含义。观察下列材质示例图，如图 1-3-37 所示，对比图中的材质效果，填写材质分析表，见表 1-3-30。

a)

b)

c)

d)

图 1-3-37 材质示例图
a）不锈钢 b）生锈金属 c）塑料 d）木材

表 1-3-30 材质分析表

材质类型	物体表面是否反射周围环境	金属度	粗糙度
不锈钢	□清晰 □模糊轮廓 □看不到	□高 □低	□较高 □较低
生锈金属	□清晰 □模糊轮廓 □看不到	□高 □低	□较高 □较低
塑料	□清晰 □模糊轮廓 □看不到	□高 □低	□较高 □较低
木材	□清晰 □模糊轮廓 □看不到	□高 □低	□较高 □较低

2. 以小组为单位，仔细观察道具原画稿（图 1–0–1），结合国风游戏画面的风格特点，讨论道具原画稿中“笛子”道具各部分的材质，推测各部分材质的类别、颜色、金属度、粗糙度和纹理细节，记录在“笛子”道具材质分析表（见表 1–3–31）中。

表 1-3-31 “笛子”道具材质分析表

部分	类别	颜色	金属度	粗糙度	纹理细节
示例：笛子主体	漆	深绿到绿	☑较高 □较低	□较高 ☑较低	细微划痕
			□较高 □较低	□较高 □较低	
			□较高 □较低	□较高 □较低	
			□较高 □较低	□较高 □较低	

3. 以小组为单位，仔细观察材质效果参考素材图（图 1–3–38），分析道具原画稿中“笛子”道具金属材质的特点，阅读下列文字，从括号中选择正确的词语补充段落，在正确词语前的□内打“√”。

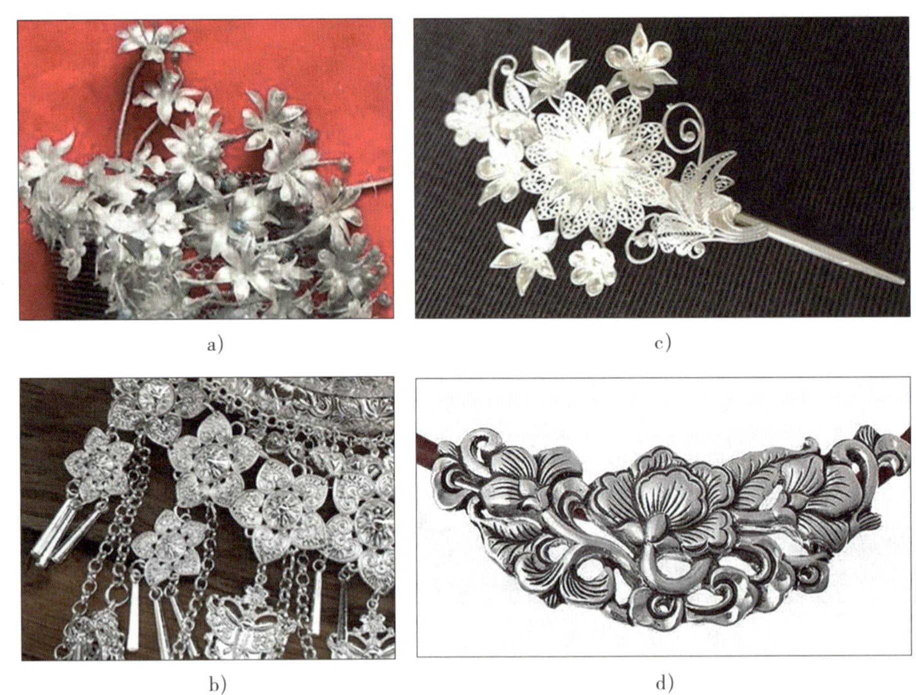

图 1-3-38 材质效果参考素材图

a）花朵部分参考 1 b）花朵部分参考 2 c）吊坠部分参考 d）丝带浮雕部分参考

图中的金属反射强度总体较（□强 □弱），不考虑花纹图案，金属表面整体比较（□粗糙 □光滑），在不同角度下展现出不同的光影效果。金属的制作工艺包含捶打、雕刻等操作，在物体表面产生了丰富的（□纹理 □色彩），雕刻的凹陷处会产生更（□深 □浅）的视觉效果。因此，在材质制作时，除了要体现出金属的质感，还应添加适当的（□纹理 □颜色）细节，如（□斑点 □划痕 □锤纹 □脏污）等。

4. 各小组派代表通过白板展示本组填写的“笛子”道具材质分析表，并根据反馈进行整理和修改。

十二、制作材质贴图

（一）为各类材质添加基础色和遮罩

1. 阅读信息页中的“Substance 3D Painter 图层和图层组的使用”“Substance 3D Painter 绘画工具的使用”“Substance 3D Painter 生成器的使用”，并在互联网上搜索相关演示视频，记录重点内容。根据教师的演示和要求进行操作练习，进一步熟悉 Substance 3D Painter，完成下列题目。

（1）在 Substance 3D Painter 的图层面板中可以新建的图层包括（ ）。【多选题】

A. 绘画图层 B. 填充图层 C. 智能图层 D. 图层组

（2）在 Substance 3D Painter 绘画工具快捷键表（见表 1-3-32）中填写 Substance 3D Painter 绘画功能对应的快捷键。

表 1-3-32 Substance 3D Painter 绘画工具快捷键表

设备	画笔大小	画笔羽化值（硬度）	流量大小（不透明度）	画笔旋转（纹理角度）
鼠标				

（3）下列对 Substance 3D Painter 的遮罩功能描述正确的是（　　）。【多选题】

A. 遮罩的白色代表显示，黑色代表全部隐藏，灰色无法用于遮罩

B. 可以按键盘上的 Ctrl 键，在视窗中查看遮罩的效果

C. 遮罩可以用画笔绘制，也可以添加位图或者 ID 图的颜色选择作为遮罩

D. 工具栏中的几何体填充也可以快速编辑遮罩

（4）下列对 Substance 3D Painter 生成器描述正确的是（　　）。【多选题】

A. 生成器是 Substance 3D Painter 中的一个关键功能，它简化了纹理创作的过程，极大地提高了工作效率

B. 生成器可以用来创建复杂的视觉效果，如金属光泽、磨损、污渍等，使材质看起来更加逼真、有层次

C. 生成器主要基于烘焙的功能图生成，如法线、曲率、位置等，缺失功能图会导致生成器无法工作

D. Substance 3D Painter 系统提供了大量生成器以供选择，掌握这些生成器的效果和用途对于快速制作出色材质效果至关重要

2. 根据“笛子”道具材质分析表（见表 1-3-30）合理创建图层，设置遮罩，分别为不同类型的材质添加对应颜色，使模型贴近道具原画稿效果，完成下列题目。

（1）为笛子音孔外沿添加不同颜色时，需要设置蒙版，能够正确设置蒙版的方法是（　　）。【单选题】

A. 创建白色蒙版，用笔刷工具给音孔外沿位置涂上黑色

B. 使用几何体填充工具选择音孔外沿对应的面

C. 使用 ID 图的颜色功能，选择对应颜色作为遮罩

D. 导入一个环形的黑白图片，映射到对应位置

（2）为笛子主体添加渐变的最简单的、便于后续修改的方式是（　　）。【单选题】

A. 使用笔刷和模糊工具手绘渐变效果

B. 在图层中导入一个渐变的图片，使用投影工具绘制

C. 在图层上使用 Position 生成器，实现与下一个图层的渐变混合

（3）在 Position 生成器中可以控制渐变位置的参数是（　　）。【单选题】

A. Global Invert　　B. Global Blur

C. Global Balance　　D. Global Contrast

（4）对照道具原画稿及“笛子”道具材质分析表，自检基础色及遮罩效果，并将检查结果记录在“笛子”道具材质基础色及遮罩效果检查表（见表 1-3-33）中。

表 1-3-33　　“笛子”道具材质基础色及遮罩效果检查表

部分	基础色	遮罩效果
	□与要求一致　□不一致	□准确　□有误差
	□与要求一致　□不一致	□准确　□有误差
	□与要求一致　□不一致	□准确　□有误差
	□与要求一致　□不一致	□准确　□有误差

（二）选择和调整智能材质

1. 阅读信息页中的“Substance 3D Painter 智能材质的使用”，并在互联网中搜索相关演示视频，记录重点内容。跟随教师的演示，进行操作练习，完成下列题目。

（1）下列对 Substance 3D Painter 智能材质的描述正确的是（　　）。【多选题】

A. 使用智能材质时，可以一次性设定好材质参数，将其批量应用到不同模型的相同材质上，节省大量时间

B. Substance 3D Painter 提供了大量预设的智能材质，可以用来快速调整材质的外观，如改变颜色、光泽度、粗糙度等

C. 智能材质相当于一个材质模板，可以在已有效果的基础上，根据需要改变内部参数，调整细节材质效果

D. 智能材质实际是一个由多个图层叠加形成的图层组，包含多种细节效果

（2）为模型添加智能材质的方法是（　　）。【多选题】

A. 在图层面板中单击 [图标] 按钮并选择某种预设效果

B. 在资源面板的 [图标] 类别中选择某种预设效果并将其拖动到视窗中

C. 在资源面板的 [图标] 类别中选择某种预设效果并将其拖动到视窗中

D. 在图层面板中单击 [图标] 按钮并选择某种预设效果

2. 浏览 Substance 3D Painter 自带资源中的智能材质，完成下列题目。

（1）在 Substance 3D Painter 中，智能材质的名称都为英文，学习下列英文单词，将单词与对应的材质类型进行连线。

英文单词	材质类型
Metal	塑料
Fabric	油漆
Wood	金属
Paint	织物
Plastic	木材

（2）尝试为模型添加智能材质，观察并记录 5 种不同材质效果，填写智能材质效果记录表，见表 1-3-34。

表 1-3-34 智能材质效果记录表

名称	效果
示例：Rubber Tire Dirty	深灰色金属，带有红棕色凸起锈迹、浅灰色污渍

3. 参考道具原画稿和材质效果参考素材图（图 1-3-38）的材质，以效果最接近这二者为目标，为不同类型的材质图层或图层组选择并添加智能材质，完成下列题目。

（1）为花朵部分添加的智能材质名称是____________________，选择这种智能材质的原因是____。

（2）为吊坠部分添加的智能材质名称是____________________，选择这种智能材质的原因是____。

（3）若要将已经设置好的遮罩应用于智能材质上，可以采用的方法是（　　）。【多选题】

A. 为智能材质添加遮罩，重复之前的操作重新设置遮罩范围

B. 将之前设置好的遮罩导出成图片，应用在智能材质上

C. 将之前设置好的遮罩复制、粘贴到智能材质上

D. 将智能材质放置在之前设置好的遮罩的图层组中

4. 以小组为单位，观察并讨论已添加的智能材质中各个图层的作用。以智能材质图层作用分析

示例表（见表 1-3-35）为例，在 Substance 3D Painter 中仔细查看各图层、遮罩、生成器和滤镜的功能，填写“笛子”道具选定智能材质图层作用分析表，见表 1-3-36。

表 1-3-35　智能材质图层作用分析示例表

图层	作用
Silver Armor	图层组
Sharpen Sharpen	锐化滤镜，使纹理细节更明显
Grunge	增加粗糙度的纹理细节，控制高光区域
Edges	使边缘磨损变光亮
Surface Details	增加表面金属纹理细节
AO Dirt	增加闭塞污渍效果
Color Variation	增加金属表面颜色变化
Base Finish Rough	基础颜色层，控制金属整体的颜色、粗糙度和金属度，图层添加了控制金属明暗变化的滤镜和纹理

表 1-3-36　“笛子”道具选定智能材质图层作用分析表

笛子主体智能材质图层作用分析	
图层	作用

续表

笛子主体智能材质图层作用分析	
图层	作用

金属装饰智能材质图层作用分析	
图层	作用

5. 检查目前智能材质与目标效果不一致的地方，找出需要修改和调整的图层、颜色、遮罩和生成器，填写“笛子”道具智能材质调整表，见表 1-3-37，无须修改的部分填“\”。

表 1-3-37　“笛子”道具智能材质调整表

笛子主体智能材质调整						
图层	颜色	遮罩	金属度	粗糙度	生成器参数	其他
示例：Base	变浅	\	降低	增加	缩小纹理	\
金属装饰智能材质调整						
图层	颜色	遮罩	金属度	粗糙度	生成器参数	其他

6. 按照道具原画稿效果，结合“笛子”道具智能材质调整表，在教师的指导下，调整对应图层的颜色、金属度和粗糙度参数，添加或修改生成器和贴图等参数，完成下列题目。

（1）当材质的某一层纹理颜色过于明显时，下列操作适当的是（　　）。【多选题】

A. 调整当前图层填充的颜色，使颜色与基础层颜色更接近

B. 调整当前图层的叠加模式

C. 调整当前图层的透明度

D. 调整当前图层上纹理滤镜的平衡和对比度数值

（2）想要查看金属的反射效果，下列操作中适当的是（　　）。【多选题】

A. 调整视窗中模型的角度，查看金属表面的亮度变化

B. 调整当前环境光的方向，查看光掠过金属表面的亮度变化

C. 调整视窗中模型的位置，放大金属区域，着重观察金属部位的细微变化

D. 调整金属材质的粗糙度，以增强反射效果

（3）下列对材质最终效果的描述中，正确的是（　　）。【多选题】

A. 材质的最终效果必须与道具原画稿相同

B. 材质的最终效果应该在贴近道具原画稿的基础上，进一步深入、细化

C. 材质的最终效果应当符合国风游戏的整体风格设定

D. 材质的最终效果应当在一定程度上还原真实材料的质感和外观

7. 参考“笛子”道具材质制作截图示例（图 1-3-39），提交 Substance 3D Painter 工程文件和 Substance 3D Painter 最后的整体贴图效果、细节效果及图层面板的截图。

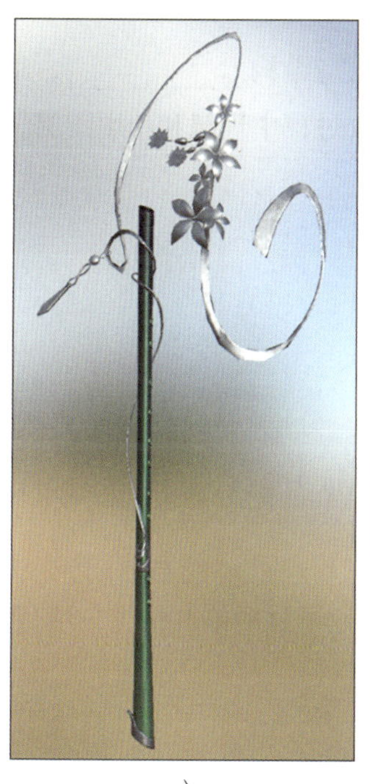
a）

b）

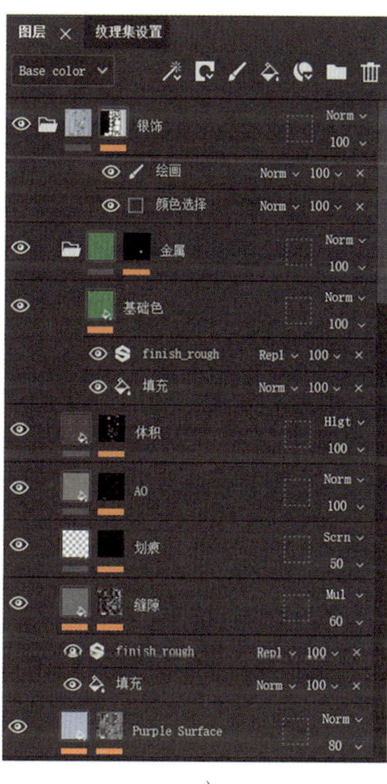

c）

图 1-3-39 “笛子”道具材质制作截图示例

a）整体贴图效果 b）细节效果 c）图层面板

十三、检查、修改、整理材质工程文件

（一）检查、修改材质，整理材质工程文件

1. 组内互相查看制作的材质效果，多角度反复观察，并对比道具原画稿查看各处细节，提出修改意见，填写“笛子”道具材质效果组内检查修改记录表，见表 1-3-38。

表 1-3-38 “笛子”道具材质效果组内检查修改记录表

材质类型	材质效果的修改意见	修改情况
示例：金属	反射过亮，缺少材质细节，体积感弱	调整金属度，添加图层，给粗糙度图层加杂色滤镜，加深遮蔽，增加边缘磨损亮度

续表

材质类型	材质效果的修改意见	修改情况

2. 根据道具制作项目规范文件、任务要求，明确工程文件整理要求，并按要求整理图层内容，给图层命名。

（1）根据工程文件整理要求，补全下列句子。

确保提交未经__________图层的原始工程文件，文件内部图层应结构__________，组织__________，图层命名__________、__________，便于在后续修改过程中理解和使用图层。

（2）在下列图层名称中，含义不明的有（　　）。【多选题】

A. 填充图层 5　　B. 图层 3　　C. 笛子金属边缘

D. 边缘磨损　　E. 111　　F. 基础色

（二）评价、完善材质制作

1. 对照过程性考核项目 7：“笛子”道具模型材质制作评价表（见表 1-3-39），完成对材质贴图制作的自评和教师评价，并根据评价结果进一步修改和完善材质贴图。

2. 按照教师对材质贴图的修改意见，对材质贴图进行修改，并记录材质修改情况，填写“笛子”道具材质贴图教师反馈意见和修改记录表，见表 1-3-40。

表 1-3-39　　过程性考核项目 7：“笛子”道具模型材质制作评价表

序号	评价项目	配分（共 15 分）	评价细则	自评（占比 20%）	教师评价（占比 80%）	得分
1	材质与道具原画稿设计相符	7	有一处违背道具原画稿设计扣 1 分，扣完为止			
2	材质风格与游戏设定相符	1	整体风格符合要求，1 分； 不符合要求，0 分			
3	细节处理	5	细节非常精致，5 分； 部分细节精致，3 分； 没有细节，0 分			
4	工程文件整理	2	有一个图层未命名或内容组未整理扣 0.5 分，扣完为止			
小计得分						
合计						

表 1-3-40 “笛子”道具材质贴图教师反馈意见和修改记录表

教师意见		修改情况
整体效果		
功能图烘焙效果		
材质细节效果		

（三）材质制作小结

1. 梳理材质贴图制作要求和技术要点，完成下列问题。

（1）在本任务中，制作材质贴图的流程是：（　　）→（　　）→（　　）→（　　）。

A. 分析道具原画稿材质的特征　　B. 根据具体情况调整智能材质

C. 选择适当的智能材质　　D. 通过遮罩控制各种材质颜色的范围

（2）使用智能材质是快速实现材质效果的一种方式，但作为初学者，应更关注智能材质内部的图层及各项设置，因为（　　）。【多选题】

A. 智能材质是有经验的设计师制作的图层及各项设置的预设组合

B. 智能材质不能模拟所有的材质效果，还需要根据具体情况手动调整

C. 要理解智能材质各个图层的工作原理，才能更灵活地使用智能材质

D. 智能材质的内部图层设置会自动优化，手动调整该设置可能会破坏预设效果

（3）若要完成出色的材质贴图效果，需要（　　）。【多选题】

A. 熟练使用软件，熟识多种常用的滤镜、纹理、生成器、智能材质

B. 敏感捕捉现实环境中的各种光影变化、纹理细节，在软件中将其重现

C. 耐心仔细，通过反复调整各项参数，认真体会参数对材质效果的影响，直到实现出色的材质效果

D. 完全依赖智能材质，在任何场景中直接应用出色的预设效果

2. 你认为在材质制作过程中的关键词条（技术要点或难点、注意事项等）是什么？

答：____

____

学习环节四　审核优化、文件提交

学习目标

1. 能根据项目制作规范，将 Substance 3D Painter 的整体效果截图提交给教师进行整体效果审核，根据反馈对模型、UV 和贴图进行修改，直至教师审核通过，修改过程应体现精益求精的工匠精神。

2. 能根据道具制作项目规范文件要求导出最终模型、贴图文件，并按照文件命名规则、项目文件归档规则整理各类文件、文件夹，打包交付，体现遵守保密协议、诚实守信的职业素养，以及充分理解项目规范文件作用的规范意识。

建议学时

2 学时

学习要求

序号	学习步骤	学习内容	学时	备注
1	提交和修改网络游戏道具整体效果	1. 道具整体效果截图的注意事项 2. 游戏美术从业者的工匠精神	1	
2	规范导出项目文件，整理、命名和交付文件、文件夹	1. 贴图文件的导出方法及命名规则 2. 项目文件包的整理方法 3. 保密协议的规定内容 4. 规范意识	1	

一、提交和修改网络游戏道具整体效果

（一）提交道具整体效果截图

1. 阅读信息页中的“提交道具整体效果截图”，在 Substance 3D Painter 中对模型整体效果进行截

图时，应当做到下列要求中的（ ）。【多选题】

A. 使用默认的视图角度和光照设置，无须调整，以节省时间

B. 确保场景中的光照能够突出模型的质感和材质效果

C. 调整视窗及模型的大小，以确保截图清晰，能够准确展示模型的细节

D. 调整模型的位置，合理利用画面空间，使道具模型位于画面正中，避免画面一侧过于拥挤或空旷

2. 在截图过程中，使用的工具是____________，截图文件保存的格式是____________。

（二）听取教师的审核意见，分析和修改模型、UV 和贴图

1. 与教师沟通，听取教师提出的审核意见，并将其记录在“笛子”道具整体效果教师审核意见和修改记录表（见表 1-4-1）中。修改模型、UV 和贴图，直至教师审核通过，在表 1-4-1 中记录对应的修改情况。

表 1-4-1 “笛子”道具整体效果教师审核意见和修改记录表

教师意见		修改情况
模型		
UV		
贴图		
截图效果		

2. 小组讨论并思考，在分析和修改网络游戏道具整体效果的过程中，哪种表现能被称为体现精益求精的工匠精神。结合下列词条提示，把你了解到的同学的优秀表现记录下来。

A. 充满热情和专注，积极主动进行修改和完善

B. 认真严谨，注重细节，仔细检查，力求做到完美无缺

C. 持续学习和进步，不断改进制作方法

D. 有耐心，有毅力，不怕困难和挫折

____

____

____

____

3. 教师对照过程性考核项目 8：“笛子”道具整体效果分析和修改评价表（见表 1-4-2），完成对学生的评分。

表 1-4-2　过程性考核项目 8："笛子"道具整体效果分析和修改评价表

序号	评价项目	配分（共 10 分）	评价细则	教师评价（占比 100%）	得分
1	对审核意见的态度	2	完全尊重、接受审核意见，2 分； 部分接受审核意见，1 分； 不接受审核意见，0 分		
2	对审核意见的理解程度	3	完全理解审核意见，3 分； 部分理解审核意见，1.5 分； 不理解审核意见，0 分		
3	修改方法的选择	2	选择的修改方法能完美解决问题，2 分； 选择的修改方法能解决问题，但不是最好选择，1 分； 选择的修改方法不能解决问题，0 分		
4	耐心细致程度	3	非常耐心，反复修改，努力做到最好，3 分； 比较耐心，修改多次，2 分； 修改得不够好，1 分； 不愿意修改，0 分		
小计得分					
合计					

二、规范导出项目文件，整理、命名和交付文件、文件夹

（一）确定道具制作项目规范文件要求，导出贴图文件

1. 以小组为单位，查阅道具制作项目规范文件、任务要求，找出提交文件的内容、格式、文件夹命名格式和层级等相关要求，规范导出项目文件。

（1）在导出的项目文件包中，应包含的最终文件有__________和__________，它们可以被导入引擎直接使用；应包含的工程文件有__________和__________，它们被用于后续的修改和编辑；还应包含的文件有__________和__________，便于快速了解文件包内容。

（2）在道具制作项目规范文件要求中找到本任务的贴图命名格式，把颜色贴图文件的名称依照"贴图 _ 道具 _ 级别 _ 名称 _ 贴图分类后缀 . 扩展名"的命名规则补充完整。

文件命名：(　　　) _ (　　　) _ (　　　) _ (　　　) _ (　　　) . (　　　)。

2. 按照道具制作项目规范文件要求，设置相关参数，导出贴图文件。

（1）打开"输出贴图"面板的快捷键是__________+__________+__________键。

（2）Substance 3D Painter 提供了多种贴图导出的颜色模式，如图 1-4-1 所示 。

图 1-4-1 贴图导出的颜色模式

其中，“Gray”包括______个色彩通道，表现为单一的灰色调；“RGB”包括______个色彩通道，分别是______、______、______，能够展现出完整的彩色效果；“R+G+B”是指把“RGB”的色彩通道分开，可以分别存储______个灰色调的贴图；“RGB+A”是指在“RGB”的基础上增加一个 A 通道，用于控制________。

（3）在设置文件名时，Substance 3D Painter 提供了 $textureSet、$mesh、$project 等方式。其中，$textureSet 是指____________。

（4）填写贴图类型及对应通道内容表（见表 1-4-3），并在 Substance 3D Painter 中进行相应设置。

表 1-4-3 贴图类型及对应通道内容表

贴图类型	颜色模式	通道内容
D		
N		
ORM		红：
		绿：
		蓝：

（二）整理、打包和提交项目文件包

1. 按照道具制作项目规范文件中的命名规范、文件夹层级等内容，根据下列图标表示的文件类型，在横线上写出压缩包、文件夹和文件的名称。

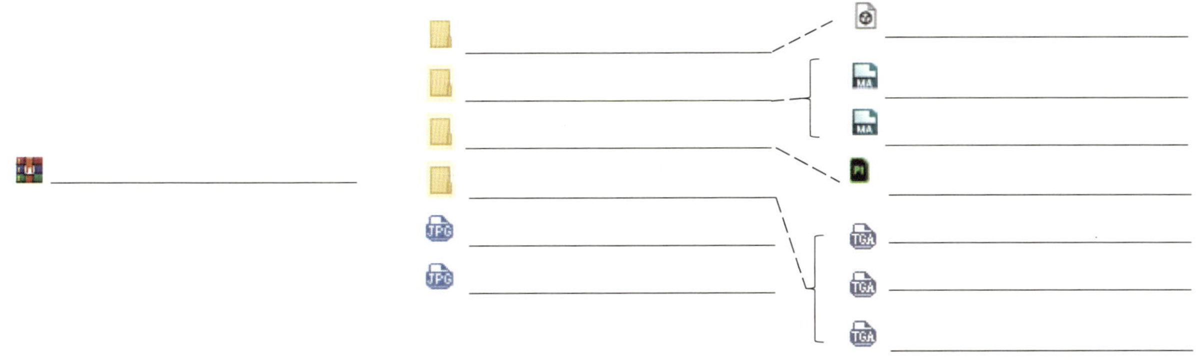

2. 整理项目文件包，检查和修改文件、文件夹的名称及其所属层级，并按教师要求提交。

3. 组内交换项目文件包，对照过程性考核项目 9：“笛子”道具模型项目文件包规范性评价表（见表 1-4-4），完成对项目文件包规范性的评价。

表 1-4-4　过程性考核项目 9："笛子" 道具模型项目文件包规范性评价表

序号	评价项目	配分（共 4 分）	评价细则	组内互评（占比 50%）	教师评价（占比 50%）	得分
1	交付文件内容完整，无多余内容	1	共有 9 个文件，缺少一个文件扣 0.2 分； 多余一个不必要的文件扣 0.2 分，扣完为止			
2	交付文件内容及格式正确	1	共有 9 个文件，一个文件内容、格式不正确扣 0.2 分，扣完为止			
3	文件、文件夹命名准确，层级关系正确	1.5	文件包内共有 4 个文件夹，一个文件命名不正确或一处层级关系错误扣 0.3 分，扣完为止			
4	交付方式正确	0.5	交付方式正确，0.5 分； 交付方式不正确，0 分			
小计得分						
合计						

4. 阅读信息页中的"保密协议的规定内容"，完成下列题目。

（1）下列对游戏数字资源开发中保密协议的描述中，正确的有（　　）。【多选题】

A. 游戏数字资源开发制作过程中涉及大量的创意构思，保密协议能有效避免竞争对手的抄袭行为或游戏内容被过早曝光，从而保护游戏在市场中的竞争优势

B. 游戏的市场价值深受市场预期及内容新颖性的影响，一旦因违反保密协议导致关键信息被提前泄露，可能对游戏的销售业绩产生负面影响

C. 保密协议只保护游戏的核心玩法，对于游戏的美术资源和音效资源等不适用

D. 违反保密协议可能导致法律诉讼和经济赔偿，对公司造成直接的财务损失，此外，相关责任人也可能面临法律责任，包括罚款、禁业等处罚

（2）以小组为单位，讨论在游戏数字资源开发制作过程中，下列行为是否违反保密协议。【判断题】

1）在游戏资源论坛上发布未经授权的道具、场景文件或截图，用来换取论坛积分或其他收益。（　　）

2）将相关的数字资源发送给朋友，用于个人学习。（　　）

3）在互联网上公开讨论相关数字资源的内容、设计思路等。（　　）

4）使用外部计算机进行数字资源制作，忘记删除临时文件，导致相关资源泄露。（　　）

5. 模型制作任务中有明确的工作规范要求，在日常工作中，也需要遵守任务保密等规范。结合实际经历，谈一谈在学习、生活中，如何培养自己的规范意识，提高自我管理能力。

答：____

____

学习环节五 展示汇报、总结反馈

学习目标

能梳理网络游戏非雕刻道具制作技术难点，总结关键词，结合道具最终效果图进行简单地阐述和分享。

建议学时

2 学时

学习要求

序号	学习步骤	学习内容	学时	备注
1	梳理网络游戏道具制作技术难点	整理技术难点关键词、问题和解决办法	1	
2	阐述网络游戏道具制作技术难点	阐述和分享技术难点	1	

一、梳理网络游戏道具制作技术难点

在任务总结时，不仅要深入地理解和掌握所学知识，还要对任务过程中出现的技术难点和关键词进行系统梳理和总结。

（一）整理技术难点关键词

将技术难点关键词整理在网络游戏道具制作各节点技术难点关键词表（见表 1–5–1）中。

表 1-5-1 网络游戏道具制作各节点技术难点关键词表

节点名称	技术难点关键词
示例：中模制作	中模细节应与道具原画稿一致
中模制作	
低模制作	
UV 拆分	
贴图烘焙	
材质制作	

（二）整理问题和解决办法

查看任务过程中的修改记录表和评价表等，小组讨论整个道具制作过程中集中出现的问题，以及解决这些问题的方法，并将其记录在网络游戏道具制作各节点问题和解决方法表（见表 1-5-2）中。

表 1-5-2 网络游戏道具制作各节点问题和解决方法表

节点名称	问题	出现次数	解决方法
示例：中模制作	造型不准确	3	调整多边形网格
中模制作			
低模制作			
UV 拆分			
贴图烘焙			
材质制作			

二、阐述网络游戏道具制作技术难点

（一）梳理技术难点

根据下列提示，简略整理技术难点阐述的内容，形成阐述文稿（约 200 字）。

1. 开场：展示学习任务完成后的效果图，提出将要探讨的技术难点词条。

例："这是我最后完成的效果图，我认为整个制作过程中最困难的是……"

---

2. 技术难点阐述：详细描述在学习过程中遇到的技术难点，结合效果图说明技术难点在作品中的具体表现、影响。分析技术难点产生的原因，如知识盲点、技能不足等。

---

3. 解决过程：介绍采取的解决措施，描述解决技术难点过程中的心路历程，或强调通过努力克服技术难点时所获得的成就感和满足感。

---

4. 总结和展望：总结在任务过程中的收获和成长，表达面对未来学习挑战的信心和期待。

（二）阐述技术难点

1. 阅读下列内容，在进行个人阐述时，挑选对你有帮助的选项，并在其后标记"√"，调整个人阐述状态，完成个人阐述。

A. 注意仪态，站立或坐着时，背部应挺直，展现出自信的姿态

B. 使用简洁、准确的语言，保持适中的语速，避免出现口头禅

C. 避免封闭或消极的肢体动作，借助手势和面部表情增强表达效果

D. 确保专业术语的使用和发音正确

E. 结合具体的事实和效果图进行描述，更直观地展示遇到的挑战和困难

2. 教师对照过程性考核项目 10："笛子"道具制作难点阐述评价表（见表 1-5-3），完成对学生的评分。

表 1-5-3　过程性考核项目 10："笛子"道具制作难点阐述评价表

序号	评价项目	配分（共 7 分）	评价细则	教师评价（占比 100%）	得分
1	效果图符合要求	2	最终效果与道具原画稿效果一致，2 分； 最终效果与道具原画稿效果基本一致，1 分； 最终效果与道具原画稿效果不一致，0 分		

续表

序号	评价项目	配分（共7分）	评价细则	教师评价（占比100%）	得分
2	技术难点关键词提取	2	技术难点关键词提取非常准确，2分； 技术难点关键词提取部分准确，1分； 不能提取技术难点关键词，0分		
3	阐述情况	2	阐述时使用正确术语，语言清晰，仪态自然，2分； 阐述时个别语句使用不准确，紧张，语言表达不连贯，1分； 完全不能阐述，0分		
4	解决办法描述情况	1	解决办法描述正确，1分； 解决办法描述部分正确，0.5分； 未描述，0分		
小计得分					
合计					

三、汇总过程性考核成绩

将本任务所有过程性考核项目的得分汇总在“网络游戏非雕刻道具制作”学习任务过程性考核成绩汇总表（见表1-5-4）中。

表1-5-4 “网络游戏非雕刻道具制作”学习任务过程性考核成绩汇总表

考核项目	配分/分	考核成绩
1. 整理、阐述任务信息（能力素养）	9	
2. 明确道具制作步骤和项目排期（学习成果）	10	
3. “笛子”道具中模制作（学习成果）	13	
4. “笛子”道具低模制作（学习成果）	12	
5. “笛子”道具UV拆分（学习成果）	10	
6. “笛子”道具模型功能图烘焙（学习成果）	10	
7. “笛子”道具模型材质制作（学习成果）	15	
8. “笛子”道具整体效果分析和修改（能力素养）	10	
9. “笛子”道具模型项目文件包规范性（学习成果）	4	
10. “笛子”道具制作难点阐述（学习成果）	7	
合计	100	

技工院校工学一体化课程教学资源

技工院校计算机动画制作专业工学一体化教材

三维非雕刻道具与场景制作工作页

主编 宋 雄

学习任务四

虚拟交互项目非雕刻场景制作

中国劳动社会保障出版社

简介

本书为技工院校计算机动画制作专业“三维非雕刻道具与场景制作”工学一体化课程的工作页，依据《计算机动画制作专业国家技能人才培养工学一体化课程标准》编写，供各地技工院校开展工学一体化教学使用。

本书主要包括网络游戏非雕刻道具制作、网络游戏非雕刻场景制作、虚拟交互项目非雕刻道具制作、虚拟交互项目非雕刻场景制作四个学习任务，每个学习任务包含接受任务、明确信息，分析任务、制订计划，实施计划、阶段检查，审核优化、文件提交，展示汇报、总结反馈五个学习环节。

完成本书中学习任务所需的相关素材可通过技工教育网（https://jg.class.com.cn）下载并使用。

图书在版编目（CIP）数据

三维非雕刻道具与场景制作工作页 / 宋雄主编 . 北京：中国劳动社会保障出版社，2025. --（技工院校工学一体化课程教学资源）（技工院校计算机动画制作专业工学一体化教材）. -- ISBN 978-7-5167-7107-5

Ⅰ. TP391.41

中国国家版本馆 CIP 数据核字第 20253FL758 号

三维非雕刻道具与场景制作工作页

SANWEI FEIDIAOKE DAOJU YU CHANGJING ZHIZUO GONGZUOYE

中国劳动社会保障出版社出版发行

（北京市惠新东街 1 号　邮政编码：100029）

*

北京市艺辉印刷有限公司印刷装订　　新华书店经销

880 毫米 ×1230 毫米　16 开本　22.25 印张　496 千字

2025 年 7 月第 1 版　　2025 年 7 月第 1 次印刷

定价：58.00 元

营销中心电话：400-606-6496

出版社网址：https://www.class.com.cn

https://jg.class.com.cn

技工院校工学一体化课程教学资源

技工院校计算机动画制作专业工学一体化教材

开发院校

牵头院校：广州市工贸技师学院

参与院校：广西机电技师学院　北京市新媒体技师学院
江苏省盐城技师学院

指导专家

张利芳　陈海娜　马　琳

本书编审人员

主　　编：宋　雄

副 主 编：陈　矗

参　　编：韦文颖　朱素莲　刘学谦　刘雯方　杨晓玲　吴云兰　张良锋
姜　欢　徐　杰　谢奇肯　蔡丽娟

审　　稿：曹　莹

指　　导：马　琳

序

技工教育的本质是就业教育，其最显著的特征是职业性，其最好的培养模式就是“在工作中学习、在学习中工作”。培育大批高技能人才，既要适应新一轮科技革命和产业变革的需要，也要遵循技能人才成长发展规律，创新技能人才培养方式。推进工学一体化技能人才培养模式改革是推进校企融合、提质培优的重要途径，是技工院校服务制造业和实体经济发展的务实举措。

2009 年，人力资源社会保障部办公厅印发了《技工院校一体化课程教学改革试点工作方案》，分三批在部分技工院校试点开展工学一体化课程教学改革工作，到 2021 年已经覆盖 31 个专业 191 所部级试点院校。经过十多年的发展，理念得到认同、试点不断扩大、学生学习兴趣明显提高，取得了显著成效。2022 年 3 月，人力资源社会保障部印发了《推进技工院校工学一体化技能人才培养模式实施方案》，提出在全国技工院校大力推进工学一体化技能人才培养模式，实现百个专业、千所院校、万名教师的“百千万”工作目标，以促进技工院校人才培养模式变革、提升技能人才培养质量、带动形成技工院校改革创新新局面。

新一轮工学一体化课程教学改革开展聚焦“课程标准”“课程资源”“教师培养”三项重点工作，为持续推进技工院校工学一体化技能人才培养模式实施奠定了坚实基础。印发《〈国家技能人才培养工学一体化课程标准〉开发技术规程》，出版《工学一体化课程开发指导手册》，分三阶段指引完成 103 个专业国家技能人才培养工学一体化课程标准与课程设置方案开发；编制《工学一体化课程教学资源开发指

南》，开发第一批 14 个专业 37 门课程工学一体化课程教学资源；印发《技工院校工学一体化教师培训标准》，出版《工学一体化教师培训指导手册》，依托工学一体化教师培训基地培育师资队伍；印发《技工院校工学一体化课堂、课程、专业、院校建设标准》，出版《工学一体化课程教学实施指导手册》，指引 1 000 所技工院校对标开展工学一体化优质课堂、精品课程、示范专业、骨干院校的建设工作，实现以评促建的目标。

教材建设是教学改革成果固化的重要载体。本次工学一体化课程教学资源按照工作逻辑呈现实践、理论知识和素养，遵循工作过程六步法，从工作向“工作 + 学习”融合，通过引导问题层层递进，实现“输入—内化—输出—考核”的学习闭环，突出学生心智技能和思维的培养，强调学生个人成长的积累。近年来，通过指导专家、几百位试点院校的骨干教师以及编辑团队共同努力，产出了教学指导用书、工作页及答案、信息页及数字资源等形式的系列教材学材，以满足技工院校的教学使用需求。

本系列教材及配套资源的出版，不仅是对本轮技工院校工学一体化技能人才培养模式改革工作的阶段性总结，也是打通从课程标准到课堂实施最后一公里的全新尝试，意义深远。希望全国技工院校将推行工学一体化技能人才培养模式作为创新人才培养模式、提高人才培养质量的重要抓手，为加快培养具有良好工作思维与习惯、自主学习意识与能力、精湛专业技艺与技能的复合型技能人才作出新的更大贡献！

技工教育和职业培训教学指导委员会

2025 年 4 月

目录

学习任务四
虚拟交互项目非雕刻场景制作

任务描述

任务情境

某大学需要制作一款虚拟交互射击模拟训练平台，主要用于大学新生开展军训射击模拟训练。现需要模型师制作虚拟场景，包含室内、室外两种类型。虚拟场景风格类似游戏《Counter-Strike》(《反恐精英》)，为写实化风格。某网络科技公司承接了此次虚拟场景制作项目，项目负责人拿到了场景原画稿，对接了制作规范、制作周期、制作标准，以及交付方式等，形成场景制作项目规范文件。项目负责人将制作规范和场景原画稿交付给模型组长，由模型组长安排每个模型师的制作任务。你作为模型师，领取了制作任务，该任务要求在 6 个工作日内完成虚拟场景制作任务并提交。

接到虚拟场景制作任务后，你需要与教师充分沟通，解读场景原画稿，按照场景制作要求和技术规范，分析虚拟交互场景制作的特点，与教师确定场景效果，分阶段完成场景模型、UV、贴图的制作，每个制作环节都需要经过教师的审核和品质把控，修改合格后，将场景整体渲染效果提交给教师进行审核，并在引擎中调试。在本任务制作过程中应遵循法律法规，模型制作符合虚拟交互场景模型制作要求，能完美呈现交互效果，达到客户要求的标准。

任务要求

1. 任务制作周期

任务制作周期为 6 个工作日。

2. 任务制作要求

（1）模型制作要求

1）模型造型准确，以场景原画稿中身高为 180 cm 的游戏角色作为建筑比例参考。

2）室内场景长、宽、高比例准确，道具和场景比例正确，布线规范精简，面数控制在 40 000 ~ 50 000 个四边面。

（2）模型 UV 要求

场景墙体 UV 摆放在 1001 象限坐标内，场景道具 UV 摆放在 1002 象限坐标内。UV 分布合理、无拉伸，以玩家视角范围来确定展开 UV 的精度级别。

（3）材质贴图要求

制作两套 2 048 × 2 048 像素的材质贴图，贴图纹理符合现实场景纹理比例关系，贴图无接缝，满足分辨率要求，颜色贴图无高光和阴影，贴图效果还原场景原画稿风格。

（4）场景渲染要求

使用 Unity 3D 测试场景制作效果，导出场景漫游视频，时长不超过 10 s，视频格式为 *.mov，高清，分辨率为 1 920 × 1 080 像素。

（5）文件规范要求

依据场景制作项目规范文件提交虚拟交互场景展示效果图，提交所有源文件（包括 *.mb、*.ma 等格式的模型原文件，以及 *.psd、*.tif 等格式的贴图原文件）。

任务资料

1. 场景制作任务单

场景制作任务单

制作时间：6 个工作日（包含制作模型、贴图）

制作软件：要求使用 Maya、Substance 3D Painter

制作要求：

（1）模型制作要求：以场景原画稿中身高为 180 cm 的游戏角色作为建筑比例参考，面数控制在 40 000 ~ 50 000 个四边面。

（2）模型 UV 要求：UV 分布合理、无拉伸，以玩家视角范围来确定展开 UV 的精度级别。

（3）材质贴图要求：制作两套 2 048 × 2 048 像素的材质贴图。

（4）场景渲染要求：使用 Unity 3D 测试场景制作效果，导出场景漫游视频，时长不超过 10 s，视频格式为 *.mov，高清，分辨率为 1 920 × 1 080 像素。

2. 场景原画稿

场景原画稿如图 4-0-1 所示。

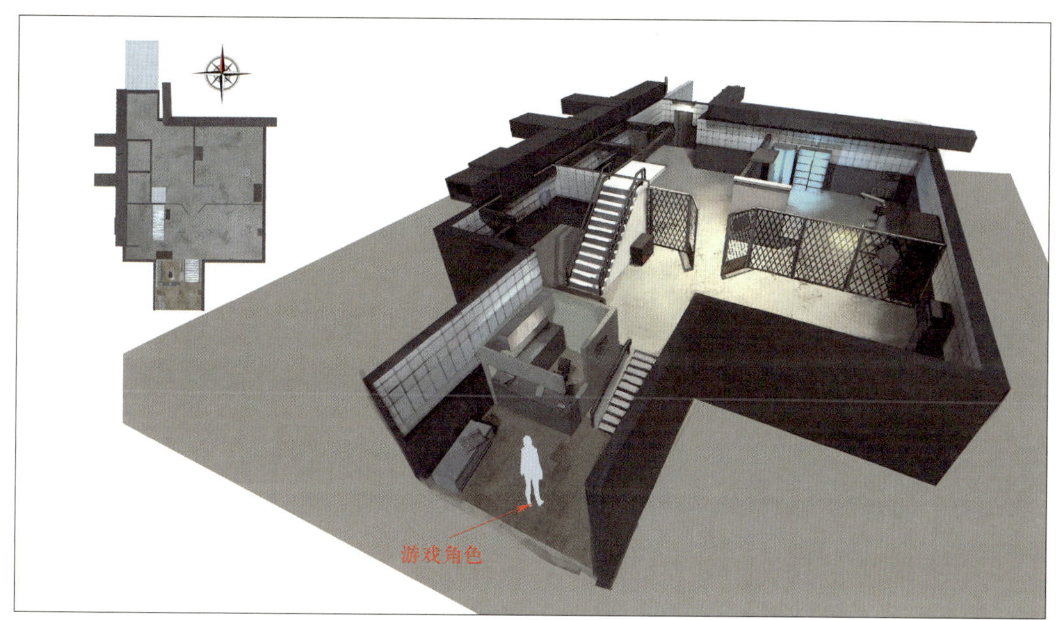

图 4-0-1　场景原画稿

3. 场景制作项目规范文件

场景制作项目规范文件如图 4-0-2 所示。

图 4-0-2　场景制作项目规范文件

学习目标及学时

1. 能运用专业术语与教师就任务信息和要求进行沟通，明确场景制作任务的交付要求，设计和提交场景制作任务信息海报。

2. 能梳理场景制作任务的流程，采用甘特图的方式记录场景制作计划，具备根据任务量制订精细计划的规划能力。

3. 能分析场景的尺寸、比例，运用多边形建模方法完成场景中的门、窗等具有交互功能模型的制作，进行场景中的墙体、道具的 UV 制作及自检，处理、合成贴图素材，自主完成材质贴图的绘制和 AO 贴图烘焙，导出命名规范、尺寸正确的两套场景 PBR 贴图文件。

4. 能完成场景数字资产的搭建和保存工作，按照命名规则整理和归档文件并打包交付，具有评判和把握场景效果的审美素养。

5. 能梳理场景制作过程中的技术难点、解决方法和交付标准，进行展示汇报，具有清晰梳理和分析技术要点的信息处理能力，以及与人有效沟通交流的能力。

建议学时

72 学时

学习路径

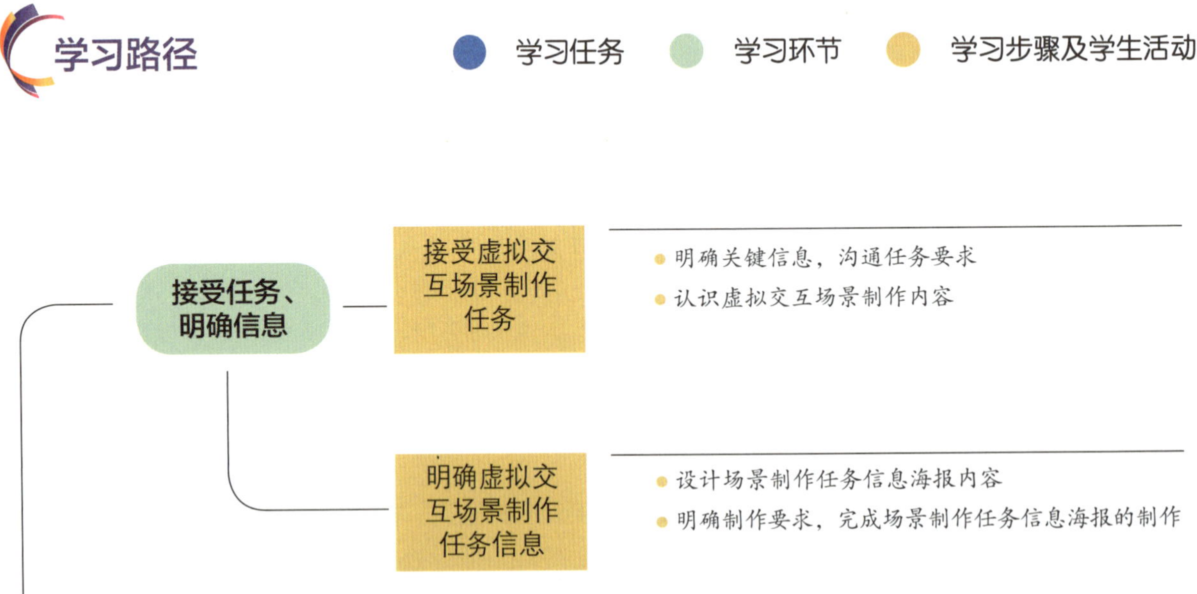

虚拟交互项目非雕刻场景制作

- **分析任务、制订计划**
  - 解析虚拟交互场景制作流程
    - 解析制作内容，明确场景制作精度
    - 标注场景原画稿中未表现的部分，收集参考图片
    - 梳理虚拟交互场景制作流程
    - 分析技术要点，判断任务重点、难点
  - 制订虚拟交互场景制作计划
- **实施计划、阶段检查**
  - 明确虚拟交互场景制作要求
  - 制作虚拟交互场景建筑模型
    - 制作建筑地面和墙体模型
    - 制作排风管道模型
    - 制作其他建筑模型
  - 制作虚拟交互场景附属建筑物模型
    - 制作前台柜模型
    - 制作前台其他部件模型
  - 制作虚拟交互场景道具模型并摆放
    - 学习牙科综合治疗台模型的制作方法
    - 制作其他摆放道具模型
  - 清理、优化和提交虚拟交互场景模型
    - 清理和优化模型
    - 提交模型
  - 分析虚拟交互场景 UV 制作规范和要点
  - 制作虚拟交互场景 UV
    - 展开虚拟交互场景 UV
    - 摆放虚拟交互场景 UV

虚拟交互项目非雕刻场景制作

- 检查和优化虚拟交互场景 UV
  - 自查虚拟交互场景 UV
  - 优化和提交虚拟交互场景 UV
- 明确虚拟交互场景的贴图特征
- 制作虚拟交互场景贴图
- 检查和优化虚拟交互场景贴图
  - 检查虚拟交互场景贴图
  - 优化和提交虚拟交互场景贴图

审核优化、文件提交

- 导入虚拟交互场景资源
  - 虚拟交互场景资源的导入
  - 学习 Unity 3D 的基本操作
  - 导出虚拟交互场景模型，将其导入虚拟引擎
  - 赋予模型文件材质贴图
- 调试虚拟交互场景光影效果
  - 观察场景原画稿，总结光影效果
  - 检查 Unity 3D 中的场景效果
- 验收和优化虚拟交互场景制作项目
  - 调试虚拟交互场景效果
  - 审核和优化虚拟交互场景
  - 提交并归档完整的工程文件

展示汇报、总结反馈

- 回顾和展示汇报
  - 明确回顾的概念、目的和流程，完成任务回顾
  - 任务展示汇报与评价
- 汇总过程性考核成绩

学习环节一 接受任务、明确信息

学习目标

1. 能通过阅读场景制作任务单等任务资料，自主分析任务信息，运用专业术语与教师就任务信息和要求进行沟通，具备良好的信息处理能力，以及与人有效沟通交流的能力。

2. 能快速地明确场景制作周期、技术细节要求、保密要求等，总结任务关键信息，设计和提交场景制作任务信息海报。

建议学时

4 学时

学习要求

序号	学习步骤	学习内容	学时	备注
1	接受虚拟交互场景制作任务	1. 沟通任务信息和要求的方法 2. 语言表达能力	1	
2	明确虚拟交互场景制作任务信息	1. 场景制作任务信息海报的设计 2. 信息处理能力	3	

一、接受虚拟交互场景制作任务

（一）明确关键信息，沟通任务要求

1. 参考信息页中的“专业术语列表”，从下列词语中选出适用于本学习任务的专业术语，并在对应选项前的□内打“√”。

□ UV	□ OBJ 模型文件	□像素
□贴图	□ AO	□ JPG
□效果图	□ Logo	□ UI 设计
□精度	□面数	□分辨率
□切块	□切线	□拉伸
□摆放	□场景原画稿	□材质球
□光影	□烘焙	□渲染
□引擎	□虚拟交互	□组建
□展开图	□肌理	□质感
□绑定	□灯光	□漫游

2. 仔细阅读场景制作任务单，在上述专业术语中选用合适的词语，与教师就任务信息和要求进行沟通，并找出关键信息，填写虚拟交互场景制作任务信息表，见表 4–1–1。

表 4–1–1　虚拟交互场景制作任务信息表

项目	任务信息		
使用软件	□ Maya　□ Photoshop　□ Substance Painter □ 3ds Max　□ Arnold　□ Unity		
风格类型	□国风　□欧美　□日韩 □写实风格　□卡通风格　□半写实风格		
材质种类	□木头　□石材　□布料　□陶瓷　□金属　□塑料　□玻璃		
精度要求	□低精度 □中高精度 □高精度	模型面数	
		UV 要求	
		贴图分辨率	
制作周期	________年________月________日—________年________月________日 第________学习周—第________学习周，共________天 /________学时		

3. 项目委托创作合同中的保密协议条款主要起保护项目信息、技术和商业利益的作用，体现了契约精神。通过阅读信息页中的“委托创作合同示例”，理解保密协议条款的主要内容和作用，回答下列问题。

（1）在游戏制作项目中，保密协议条款的主要作用不包括（　　）。**【单选题】**

A. 防止信息被泄露给未经授权的第三方　　B. 吸引更多的投资者

C. 维护合作双方之间的信任关系　　D. 确保合作双方遵守法律义务

（2）游戏制作项目中的保密协议条款通常规定了对（　　）的保密要求，以确保这些敏感信息不被泄露给未经授权的第三方。【多选题】

A. 游戏内容　　B. 技术细节　　C. 商业机密　　D. 各自利益

（二）认识虚拟交互场景制作内容

查阅信息页中的“虚拟交互类游戏的概念、类型，以及道具的特征”，回答下列有关虚拟交互场景的问题。

1. 虚拟交互射击场模拟训练平台具有（　　）等显著特点。【多选题】

A. 沉浸式体验　　B. 高度互动性

C. 优化用户体验　　D. 造型可爱

2. 现已进入数字时代，在互联网上搜索和观看“虚拟交互应用领域”相关视频，思考并讨论下列关于虚拟交互在不同行业领域的应用场景问题。

（1）虚拟交互场景和道具等制作产物都属于数字资产，下列选项中属于虚拟交互数字资产应用领域的有（　　）。【多选题】

A. 工业生产　　B. 食品包装设计　　C. 融合媒体　　D. 教育培训

E. 体育健康　　F. 商贸创意　　G. 智慧城市

（2）游戏“虚拟现实迷宫探险”中的玩家可通过 VR 设备进入一个充满神秘和未知的三维迷宫中。迷宫内部设计精巧，道路错综复杂，充满了各种谜题和障碍。玩家需要利用 VR 设备提供的视觉、听觉甚至触觉反馈，与迷宫环境实时互动。这种虚拟交互游戏场景在当今的游戏市场中具有代表性，为玩家带来了全新的游戏体验。列举几款你熟悉的虚拟交互类游戏。

____

____

____

____

（3）随着科技的飞速发展，三维建模师将面对哪些机遇和挑战？为了适应市场需求、抓住机遇、实现自己的职业梦想，三维建模师应该提升哪些职业能力？

____

____

____

____

（4）在三维建模方面，随着虚拟交互模型技术的不断进步，对模型资源控制和细节质量的要求也越来越高。根据你的体会，你应该怎么做？（　　）【多选题】

A. 不断提升自己的建模技能，学习和掌握更先进的建模工具和技巧

B. 不断实践和创新，创造更加逼真、生动的虚拟场景和角色

C. 多观察生活中的事物，提升观察能力和创新能力

D. 多玩游戏，思考游戏的制作方式，提升对虚拟交互游戏的认识

（5）优秀的三维建模师应该具备（　　）特质。【多选题】

A. 审美素养　　B. 数字素养　　C. 精益求精

D. 严谨专注　　E. 合作精神　　F. 爱岗敬业

二、明确虚拟交互场景制作任务信息

（一）设计场景制作任务信息海报内容

1. 仔细观察场景原画稿，分析室内场景的结构特征。根据场景原画稿中的台阶数、瓷砖尺寸，判断此场景的长、宽和高度。此场景楼层有________层，平面结构为________，室内场景长________、宽________、高________。

2. 填写场景原画稿分析表，见表 4-1-2。

表 4-1-2　场景原画稿分析表

场景各部件	色彩	部件内容	材质
道具	□ □ □ □ □	□柜体 □仪器 □管线 □家具 □海报	□石材 □金属 □木头 □塑料
地面	□ □ □	□地面	□陶瓷 □金属 □木头 □塑料

续表

场景各部件	色彩	部件内容	材质
墙体	□ □ □	□墙面 □楼梯 □栏杆 □电线 □海报	□石材 □金属 □木头 □玻璃 □塑料

（二）明确制作要求，完成场景制作任务信息海报的制作

1. 查看信息页中有关信息海报的概念、用途和参考图样的内容，说明信息海报的作用：________

____

2. 综合上述信息，查阅场景制作项目规范文件，以小组为单位，合作列出信息海报需要的内容。

项目名称：

____

风格：

____

建模阶段规范要求、注意事项和使用软件：

____

____

UV 阶段规范要求、注意事项和使用软件：

____

____

贴图阶段规范要求、注意事项和使用软件：

____

____

场景测试阶段规范要求、注意事项和使用软件：

____

____

3. 以小组为单位，使用彩色马克笔填写场景制作任务信息海报中各制作阶段的规范要求、注意

事项、风格特征等信息（或根据教师引导，自行设计信息海报），场景制作任务信息海报示例图如图 4–1–1 所示。

图 4–1–1 场景制作任务信息海报示例图

4. 根据过程性考核项目 1：虚拟交互场景制作任务信息海报制作评价表（见表 4-1-3）的评价指标进行自评，教师进行教师评价。

表 4-1-3 过程性考核项目 1：虚拟交互场景制作任务信息海报制作评价表

序号	评价项目	配分（共 10 分）	评价细则	自评（占比 40%）	教师评价（占比 60%）	得分
1	建模阶段面数选择正确	1	填错得 0 分			
2	建模阶段检查方式填写正确	1	少填一项或填错一项扣 0.5 分			
3	UV 阶段摆放规范	1	少填一项或填错一项得 0 分，表述不清扣 0.5 分			
4	UV 阶段 UV 断开规则正确	1	填错得 0 分			
5	UV 阶段利用率选择正确	1	填错得 0 分			
6	贴图阶段贴图软件选择正确	1	填错得 0 分			
7	贴图阶段贴图质量正确	1	填错得 0 分，单位写错扣 0.5 分			
8	贴图阶段贴图风格正确	1	填错得 0 分			
9	场景测试阶段贴图导出类型正确	1	填错得 0 分			
10	场景测试阶段虚幻引擎软件名称填写正确	1	填错得 0 分			
小计得分						
合计						

学习环节二 分析任务、制订计划

学习目标

1. 能分析场景原画稿，根据场景制作项目规范文件和任务要求，参考玩家第一人称视角，规划部件面数、制作进度，梳理场景制作任务的流程。

2. 能采用甘特图的方式记录场景制作计划，具备根据任务量制订精细计划的规划能力。

建议学时

4 学时

学习要求

序号	学习步骤	学习内容	学时	备注
1	解析虚拟交互场景制作流程	1. 解析制作内容 2. 梳理虚拟交互场景制作流程	2	
2	制定虚拟交互场景制作计划	1. 甘特图的定义 2. 虚拟交互场景制作计划甘特图的制作 3. 信息处理能力	2	

一、解析虚拟交互场景制作流程

（一）解析制作内容，明确场景制作精度

与教师沟通，结合虚拟交互场景各部件分析图（图 4–2–1）解析场景原画稿中需要制作的内容，并根据玩家第一人称视角来判断场景各部件所需模型面数，填写虚拟交互场景制作内容和面数规划表，见表 4–2–1。

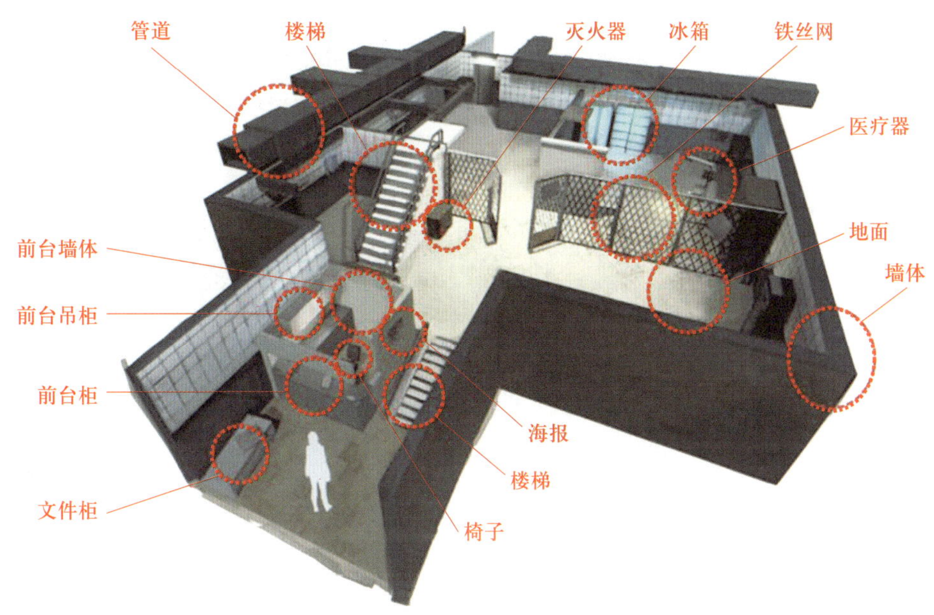

图 4-2-1 虚拟交互场景各部件分析图

表 4-2-1 虚拟交互场景制作内容和面数规划表

建筑			附属建筑物			摆放的道具		
序号	部件名称	规划面数	序号	部件名称	规划面数	序号	部件名称	规划面数
1	墙体		1	前台墙体		1	灭火器	
2	地面		2	前台柜		2	文件柜	
3	铁丝网		3	前台吊柜		3	冰箱	
4	楼梯					4	医疗器	
5	管道					5	海报	
						6	椅子	

（二）标注场景原画稿中未表现的部分，收集参考图片

1. 审查场景原画稿中的近景、中景和远景墙体、部件是否清晰可辨，用红笔圈出下列场景原画稿（图 4-2-2）中难以辨清的被遮挡物品，用序号①、②、③……标注，并将对应名称填入场景被遮挡物品明细表（见表 4-2-2）中。

2. 参照表 4-2-2 中的被遮挡物品名称，利用素材库或互联网收集与之匹配的高清参考图片，收集完毕在表 4-2-2 的“收集结果”列中对应位置打“√”。

（三）梳理虚拟交互场景制作流程

查阅场景制作项目规范文件，结合之前的工作经验，梳理虚拟交互场景制作流程，补充虚拟交互场景制作流程图，如图 4-2-3 所示。

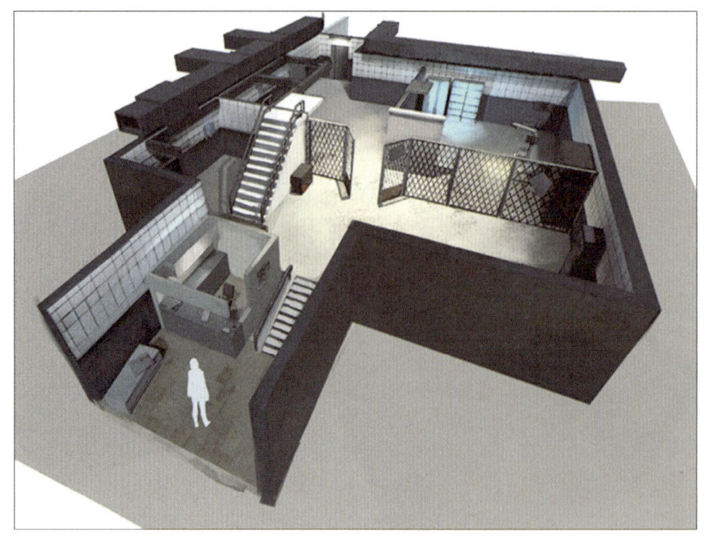

图 4-2-2　场景原画稿

表 4-2-2　　场景被遮挡物品明细表

序号	被遮挡物品名称	收集结果	序号	被遮挡物品名称	收集结果
1			4		
2			5		
3			6		

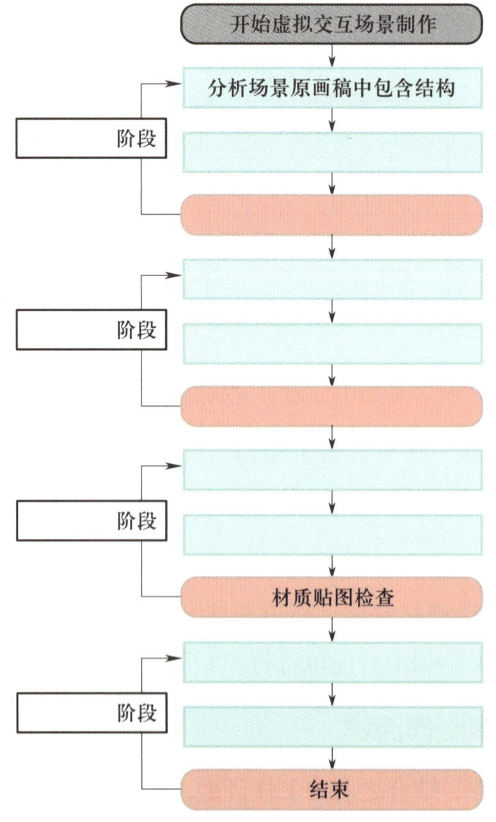

图 4-2-3　虚拟交互场景制作流程图

（四）分析技术要点，判断任务重点、难点

1. 查阅场景制作项目规范文件，结合之前的工作经验，分析、对比各个制作阶段的技术要点和任务重点、难点，填写虚拟交互场景制作与其他不同制作项目对比分析表，见表 4-2-3。

表 4-2-3　　虚拟交互场景制作与其他不同制作项目对比分析表

对比项目		网络游戏道具制作	网络游戏场景制作	虚拟交互道具制作	虚拟交互场景制作
模型制作	模型结构和制作内容	结构简单；装饰物多	结构复杂；独立建筑	结构复杂；单一模型	结构简单；多个模型
	模型精度				
	面数要求				
UV 制作	摆放要求				
	精度要求				
	空间占用率				
贴图制作	贴图风格				
	贴图节点				
	导出设置				
场景测试	使用软件				
	贴图还原效果				

2. 根据过程性考核项目 2：虚拟交互场景制作任务技术要点判断表（见表 4-2-4）的评价指标对表 4-2-3 的填写情况进行自评，教师进行教师评价。

表 4-2-4　　过程性考核项目 2：虚拟交互场景制作任务技术要点判断表

序号	评价项目	配分（共 10 分）	评价细则	自评（占比 20%）	教师评价（占比 80%）	得分
1	模型制作技术要点分析	3	技术要点分析明确，每缺失一个要点，扣 1 分，扣完为止			
2	UV 制作技术要点分析	3	技术要点分析明确，每缺失一个要点，扣 1 分，扣完为止			
3	贴图制作技术要点分析	3	技术要点分析明确，每缺失一个要点，扣 1 分，扣完为止			
4	场景测试技术要点分析	1	技术要点分析明确，每缺失一个要点，扣 1 分，扣完为止			
小计得分						
合计						

二、制订虚拟交互场景制作计划

1. 听取教师对甘特图概念、要素的讲解，参考信息页中的“甘特图样例”，回答下列问题。

（1）甘特图又称“条线图”，是一种流行的（　　）工具，主要用于表示工作的开始、持续与完成时间，显示与进度有关的信息。【单选题】

A. 项目规划　　B. 项目监督　　C. 项目管理　　D. 项目实施

（2）甘特图主要包括（　　）、关系、进度、成果等基本要素，还可以根据需要添加其他信息，如资源分配、成本预算等。【单选题】

A. 名称、效果　　B. 规格、型号　　C. 规格、数量　　D. 任务、时间

（3）甘特图用于制订（　　），以提高学习效率，并培养良好的自我管理能力和有效的时间规划技巧。【单选题】

A. 人员分配计划　　B. 任务分配计划

C. 时间进度计划　　D. 收益分配计划

2. 以小组为单位，按照虚拟交互场景制作流程和周期，在虚拟交互场景制作计划甘特图（见表 4-2-5）右侧的“时间安排进度条”中用彩色马克笔填涂时间分配情况，并在表格左侧填写“计划学时”，提升项目规划意识。

表 4-2-5　　虚拟交互场景制作计划甘特图

编号	阶段	内容	计划学时	实际学时	时间安排进度条（每格为 2 学时）																													
					1	2	3	4	5	6	7	8	9	10	11	12	13	14	15	16	17	18	19	20	21	22	23	24	25	26	27	28	29	30
1	建模阶段	分析场景原画稿中包含结构																																
2		模型制作																																
3		模型自检与优化																																
4	UV 阶段	明确 UV 制作要求																																
5		UV 展开																																
6		UV 摆放																																
7		UV 检查与修正																																

续表

编号	阶段	内容	计划学时	实际学时	时间安排进度条（每格为 2 学时）																													
					1	2	3	4	5	6	7	8	9	10	11	12	13	14	15	16	17	18	19	20	21	22	23	24	25	26	27	28	29	30
8	贴图阶段	材质贴图制作																																
9		材质贴图检查与修正																																
10	场景测试阶段	模型资产输出																																
11		模型资产导入																																
12		材质还原																																
13		灯光设置																																
14		摄像机设置																																
15		场景测试与优化																																
16		虚拟交互场景输出																																

3. 根据过程性考核项目 3：虚拟交互场景制作计划甘特图制作评价表（见表 4-2-6）中的评价指标进行组内互评，教师进行教师评价。

表 4-2-6　过程性考核项目 3：虚拟交互场景制作计划甘特图制作评价表

序号	评价项目	配分（共 10 分）	评价细则	组内互评（占比 20%）	教师评价（占比 80%）	得分
1	整体时间规划	1	完成所有时间分配，1 分			
2	建模阶段时间进度分配	2	有一阶段细分项时间进度分配不合理，扣 0.5 分，扣完为止			
3	UV 阶段时间进度分配	2	有一阶段细分项时间进度分配不合理，扣 0.5 分，扣完为止			
4	贴图阶段时间进度分配	2	有一阶段细分项时间进度分配不合理，扣 0.5 分，扣完为止			

续表

序号	评价项目	配分（共10分）	评价细则	组内互评（占比20%）	教师评价（占比80%）	得分
5	场景测试阶段时间进度分配	3	有一阶段细分项时间进度分配不合理，扣0.5分，扣完为止			
小计得分						
合计						

4. 小组讨论，根据教师对本小组虚拟交互场景制作计划甘特图的最终评价，自主优化学习计划。

学习环节三 实施计划、阶段检查

学习目标

（一）建模阶段

1. 能根据场景制作项目规范文件的要求，结合场景原画稿，按照场景原画稿中身高为 180 cm 的游戏角色分析出虚拟交互场景的尺寸、比例，完成场景框架模型的搭建。

2. 能独立运用多边形建模方法，完成虚拟交互场景建筑模型制作，模型面数不超过项目规范文件的要求。

3. 能独立运用多边形建模方法，完成虚拟交互场景附属建筑物模型制作，理解具有交互功能的模型的制作注意事项。

4. 能通过小组讨论，根据以往制作经验，梳理并陈述模型制作顺序和思路，并能独立运用多边形建模方法制作墙体、地面、门窗、铁丝网等具有交互功能的模型，以及椅子、柜子、墙体海报等道具模型；能独立进行模型的自检和优化，改进场景模型的比例、结构和造型，使其最终与场景原画稿相符，并符合虚拟交互场景的整体风格。

5. 能根据虚拟交互场景模型清理表，逐条清理场景模型，并能总结场景模型的清理要点和作用，通过组内合作，提交优化后的场景模型文件。

（二）UV 阶段

1. 能通过分析虚拟交互场景的 UV 制作规范和要点，明确 UV 摆放和共享的特征；能通过观察案例场景中 UV 切割线规律，查阅场景制作项目规范文件，明确虚拟交互场景 UV 切割线位置。

2. 能依据 UV 制作要求，对场景墙体、道具进行 UV 制作；根据 UV 检查要点完成对 UV 的自检，按照教师检查意见优化 UV，做到 UV 展开无拉伸，UV 精度级别符合规划要求，UV 摆放符合规范；并能规范完成虚拟交互场景墙体、道具 UV 展开图，导出完整的虚拟交互场景 OBJ 模型文件。

3. 能依据虚拟交互场景 UV 自查表，检查场景模型 UV 切块、UV 切线，UV 展开是否存在拉伸情况，UV 摆放是否规范；能通过小组合作，听取教师反馈，完成最终 UV 的修正；能正确提交虚拟交互场景 UV 文件和虚拟交互场景 OBJ 模型文件。

（三）材质贴图阶段

1. 能根据场景原画稿的整体光影特征、材质特点，以及写实风格特征，自主分析场景中各部件的材质属性和物体表面痕迹效果，准确判断环境光影、材质特点，以及痕迹类型。

2. 能使用 Substance 3D Painter、Photoshop 等软件完成贴图素材的处理与合成；能自主完成虚拟交互场景材质贴图的绘制和 AO 贴图的烘焙，最终导出命名规范、尺寸正确的两套虚拟交互场景 PBR 贴图文件。

3. 能填写虚拟交互场景材质贴图自检表，使贴图效果符合虚拟交互场景整体要求，能根据教师的反馈意见，优化和改进场景贴图，体现一定的贴图手绘能力和审美素养。

建议学时

52 学时

学习要求

<table>
<tr><th>序号</th><th colspan="2">学习步骤</th><th>学习内容</th><th>学时</th><th>备注</th></tr>
<tr><td>1</td><td rowspan="5">建模阶段</td><td>明确虚拟交互场景制作要求</td><td>虚拟交互场景比例、尺寸判断的依据</td><td>2</td><td></td></tr>
<tr><td>2</td><td>制作虚拟交互场景建筑模型</td><td>1. 虚拟交互场景模型布线基本原则
2. 虚拟交互场景建筑模型的制作</td><td>4</td><td></td></tr>
<tr><td>3</td><td>制作虚拟交互场景附属建筑物模型</td><td>虚拟交互场景附属建筑物模型的制作</td><td>4</td><td></td></tr>
<tr><td>4</td><td>制作虚拟交互场景道具模型并摆放</td><td>1. 虚拟交互场景中具有交互功能的模型的制作
2. 虚拟交互场景中各道具模型的制作和摆放</td><td>10</td><td></td></tr>
<tr><td>5</td><td>清理、优化和提交虚拟交互场景模型</td><td>虚拟交互场景模型的清理规范</td><td>4</td><td></td></tr>
</table>

续表

序号	学习步骤		学习内容	学时	备注
6	UV 阶段	分析虚拟交互场景 UV 制作规范和要点	1. 虚拟交互场景 UV 展开的分析要点（UV 摆放和共享） 2. 虚拟交互场景各模型 UV 精度判断的原则	2	
7		制作虚拟交互场景 UV	1. 判断 UV 切割线的基本规律 2. 虚拟交互场景墙体、道具的 UV 展开和摆放	8	
8		检查和优化虚拟交互场景 UV	虚拟交互场景 UV 检查内容和规范	6	
9	贴图阶段	明确虚拟交互场景的贴图特征	1. 写实贴图的特征 2. 虚拟交互场景贴图纹理的判断 3. 虚拟交互场景中各部件痕迹的判定 4. 环境光影影响的判断	2	
10		制作虚拟交互场景贴图	1. 虚拟交互场景写实风格贴图痕迹的绘制 2. 虚拟交互场景贴图的判断 3. 自主学习意识 4. 审美素养 5. 创新意识	6	
11		检查和优化虚拟交互场景贴图	1. 虚拟交互场景检查要点 2. 自主学习意识 3. 审美素养	4	

一、明确虚拟交互场景制作要求

查看场景制作项目规范文件，从中筛选建模阶段的注意事项和规范要求，了解本次学习任务的制作重点，对照虚拟交互场景制作内容和面数规划表（见表 4–2–1），回答下列问题。

1. 填写文件柜模型细节制作分析表（见表 4–3–1），观察表右侧的文件柜图片素材，标注文件柜的哪些细节不需要单独制作。

表 4-3-1　　文件柜模型细节制作分析表

序号	部件名称	是否需要单独制作	依据	在哪个环节制作细节	文件柜图片素材
1	门把手	□是 □否	□面数限制 □剪影判断 □规范要求 □布线要求	□建模阶段 □ UV 阶段 □贴图阶段	
2	排风口	□是 □否	□面数限制 □剪影判断 □规范要求 □布线要求	□建模阶段 □ UV 阶段 □贴图阶段	
3	柜门锁	□是 □否	□面数限制 □剪影判断 □规范要求 □布线要求	□建模阶段 □ UV 阶段 □贴图阶段	
4	柜门	□是 □否	□面数限制 □剪影判断 □规范要求 □布线要求	□建模阶段 □ UV 阶段 □贴图阶段	

2. 查看场景原画稿分析表（见表 4-1-2），判断本项目中虚拟交互场景的大概长、宽、高，按照判断结果，使用几何体模型搭建出建筑的框架。观察场景原画稿中的门和墙体截图（图 4-3-1），回答下列问题。

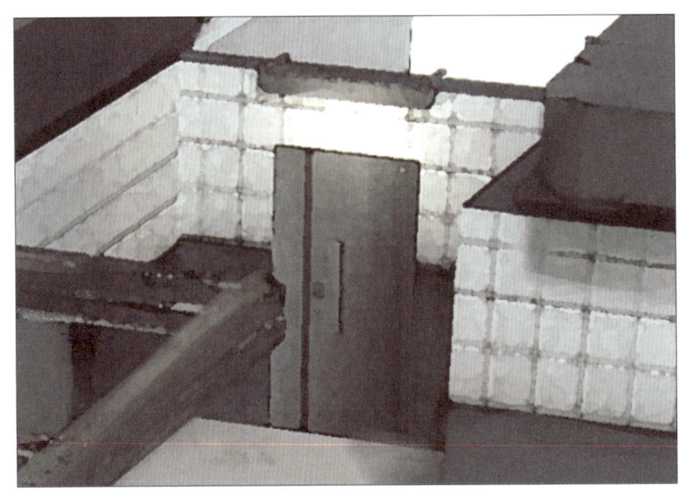

图 4-3-1　场景原画稿中的门和墙体截图

（1）在现实世界中，教室单开门的宽度和高度大约为（　　）。【单选题】

A. 90 cm × 200 cm　　B. 120 cm × 250 cm

C. 50 cm × 120 cm　　D. 70 cm × 180 cm

（2）在图 4–3–1 中，根据门的长、宽、高，推断墙体的高度大约为（　　）。【单选题】

A. 200 cm　　B. 280 cm　　C. 120 cm　　D. 180 cm

（3）在图 4–3–1 中，能根据门的高度推断出建筑的大致高度。在场景原画稿中查找还可以通过哪些附属建筑物判断场景的高度和宽度？（　　）【多选题】

A. 楼梯的阶数和每阶楼梯的大致高度

B. 地面瓷砖或墙面瓷砖的数量及其尺寸

C. 参考身高为 180 cm 的游戏角色并对比现实世界中建筑的尺寸

D. 通过螺丝钉等小部件在原画稿中的面积占比判断建筑的尺寸

（4）模型师若要养成良好的职业习惯，需要（　　）。【多选题】

A. 不在意身边任何场景

B. 关注生活中各场景的附属部件或常规部件

C. 关注生活中各物品的大概结构和比例

D. 不在意任何物品尺寸

（5）根据上述对场景原画稿中场景尺寸的判断，使用几何体模型搭建场景框架。此时，如何确定搭建的场景框架尺寸是准确的？（　　）【多选题】

A. 利用场景中的物品数量判断　　B. 利用测量工具测量判断

C. 查看几何体属性栏参数　　D. 对比场景中的虚拟人物

（6）根据场景原画稿，对虚拟交互场景的重要建筑模型进行尺寸预估，并填写重要建筑模型尺寸预估表，见表 4–3–2。

表 4–3–2　　重要建筑模型尺寸预估表

序号	建筑模型名称	尺寸（长 × 宽 × 高）
1	门	
2	单阶楼梯台阶	
3	单块地砖	
4	排风管道	

二、制作虚拟交互场景建筑模型

（一）制作建筑地面和墙体模型

1. 根据上述场景尺寸的预估结果，按照写实风格要求，在场景框架中完成建筑地面模型的制作，建筑地面模型参考效果图如图 4-3-2 所示。

图 4-3-2　建筑地面模型参考效果图

2. 查看场景原画稿，分析建筑墙体模型的制作方法，完成建筑墙体模型布线分析表，见表 4-3-3。

表 4-3-3　建筑墙体模型布线分析表

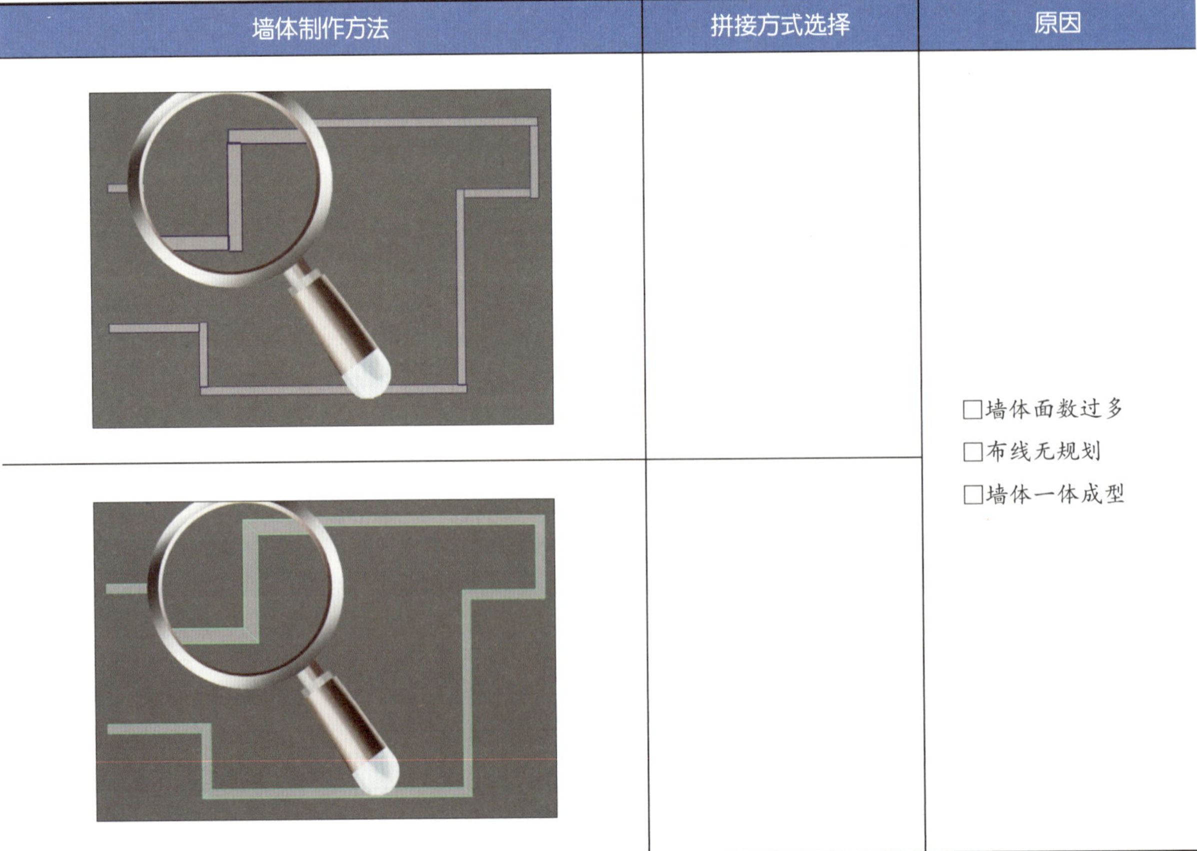

墙体制作方法	拼接方式选择	原因
		□墙体面数过多 □布线无规划 □墙体一体成型

3. 制作建筑地面模型时，按照墙体的长、宽设置平面的长、宽，再使用吸附工具完成地面与墙体的无缝对接，地面与墙体模型布线参考效果图如图 4–3–3 所示。

图 4–3–3　地面与墙体模型布线参考效果图

（二）制作排风管道模型

观察场景原画稿中排风管道截图（图 4–3–4），回答下列问题。

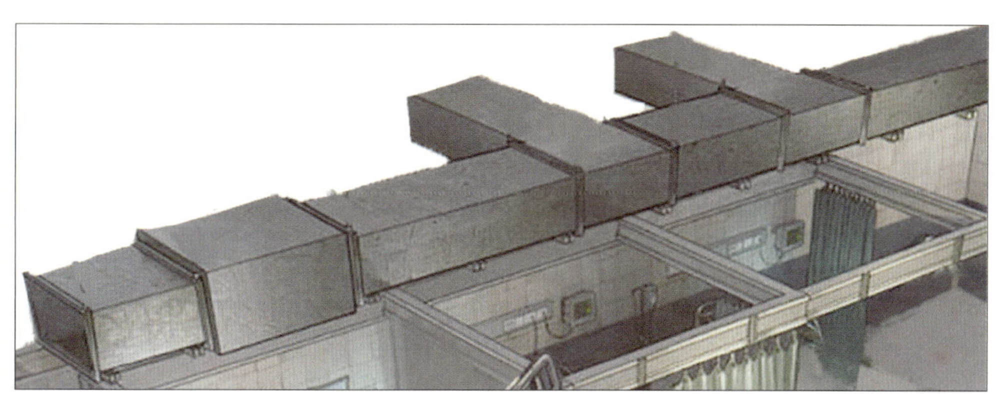

图 4–3–4　场景原画稿中排风管道截图

1. 根据前面两个模型的制作经验，分析排风管道模型制作的基本思路。观察下列各制作步骤，正确的制作顺序为：（　　）→（　　）→（　　）→（　　）→（　　）→（　　）。

A. 由立方体挤压制作　　B. 分析排风管道尺寸

C. 查看面数要求　　D. 判断细节制作程度

E. 优化排风管道布线　　F. 检查模型面数是否过多

2. 查看场景原画稿，分析在制作排风管道模型时需要使用的方法，完成排风管道模型制作技术分析表，见表 4–3–4。

表 4-3-4　　排风管道模型制作技术分析表

部分示意图	使用的方法
	T 形部分使用哪种建模方法更优： □主管上卡线，使用“挤出”命令 □合并两个方形，缝合顶点 □两个方形之间使用“桥接”命令
	L 形部分使用哪种建模方法更优： □主管上卡线，使用“挤出”命令 □合并两个方形，缝合顶点 □两个方形之间使用“桥接”命令

3. 回顾以往建模经验，分析下列三种建模方法，填写每种方法的特点，完成排风管道模型制作方法特点分析表，见表 4-3-5。

表 4-3-5　　排风管道模型制作方法特点分析表

制作方法	特点（制作效率、优缺点等）
在一个管道上使用“挤出”命令，挤出拐角管道，然后调整管道的布线	
将两个管道合并成拐角管道组，使用“缝合顶点”命令使其变成一个拐角管道	
对两个管道使用“桥接”命令，形成一个拐角管道	

（三）制作其他建筑模型

1. 观察铁丝网模型效果图，如图 4-3-5 所示，在制作铁丝网模型时并没有制作出铁丝网栅格，这样制作是否正确？（□是 □否）

图 4-3-5 铁丝网模型效果图

想一想这样制作的原因：

写一写解决此制作问题的方法：

---

2. 完成楼梯模型的制作，制作完成后的楼梯模型效果图如图 4-3-6 所示。

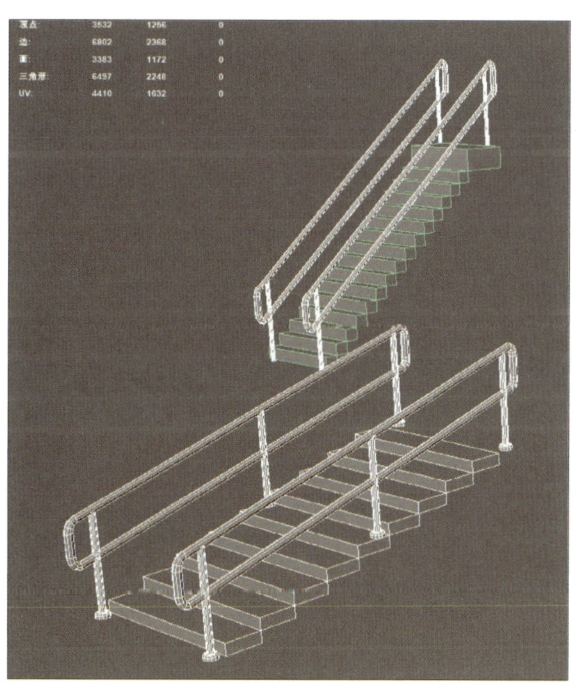

图 4-3-6 楼梯模型效果图

三、制作虚拟交互场景附属建筑物模型

（一）制作前台柜模型

1. 查看场景原画稿中的前台截图（图 4-3-7），前台模型制作内容包括（　　）。【多选题】

A. 前台隔断墙体　　B. 前台柜　　C. 台阶

D. 椅子　　E. 桌面上的小文件夹

图 4-3-7　场景原画稿中的前台截图

2. 对照场景原画稿和收集的参考素材，完成前台柜模型的制作。前台柜面上的模型较多，使用（　　），可以让制作完成的各物品被准确地摆放在对应位置。【多选题】

A. 点吸附　　B. 线吸附

C. 移动工具　　D. 捕捉对齐对象选项

3. 检查前台柜的模型面数，在模型面数没有超过规范要求的情况下，可优先优化桌面上的一些小道具模型，再优化椅子模型。优化面数的方法包括（　　）。【多选题】

A. 删减模型与地面重叠的面

B. 增加一些不必要的细节

C. 删减模型与模型重叠的面

D. 减少在玩家视角中看不到的模型部分的面

（二）制作前台其他部件模型

1. 在制作椅子扶手模型时，可以使用的方法包括（　　）。【多选题】

A. 扫描网格　　B. 挤出　　C. 删除　　D. 倒角

2. 在制作场景中其他部件的模型时，（　　）操作可使模型师既不会误选其他模型，又可以编辑当前模型。【单选题】

A. 将制作完的所有模型在属性栏中锁定

B. 将制作完的所有模型放在图层里并锁定

C. 将制作完的所有模型隐藏起来

D. 细心选择

3. 完成虚拟交互场景建筑模型制作，参考效果图如图 4–3–8 所示。

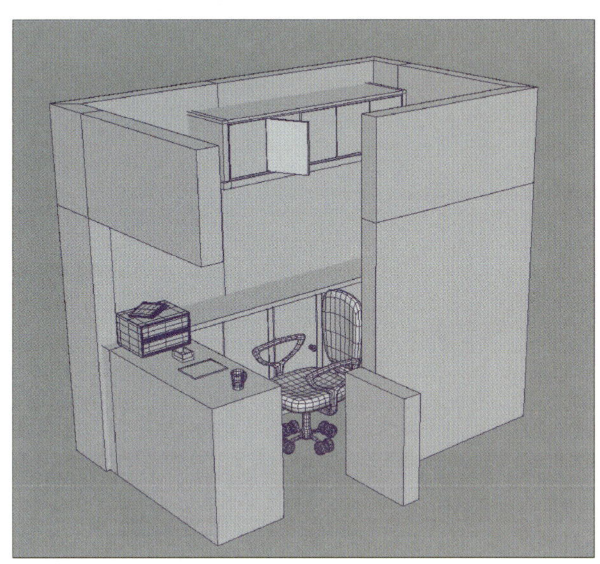

图 4–3–8 参考效果图

四、制作虚拟交互场景道具模型并摆放

（一）学习牙科综合治疗台模型的制作方法

1. 面对场景原画稿中不清晰的未知设备结构，为了能顺利制作出符合场景原画稿的模型，并保证模型结构合理，前期必须采用（　　）方法，深入了解设备结构、各部件关系和尺寸，为后续模型制作提供参考。【单选题】

A. 与组长沟通，明确设备名称，利用互联网查找相关设备资料

B. 不处理玩家视角看不到的部分

C. 要求原画师单独绘制设备结构图

2. 分析场景原画稿中摆放的道具模型的比例和结构，通过（　　）等有效的学习手段，为模型制作收集参考。【多选题】

A. 自主查看微课视频

B. 查阅与目标设备相关的书籍和互联网资料

C. 询问行业导师或学长

D. 根据自己的经验推断

3. 查看场景原画稿和牙科综合治疗台示例图（图 4–3–9），明确治疗台的结构部件。观看“牙科综合治疗台模型制作”视频，根据视频中的制作步骤，填写牙科综合治疗台模型制作步骤分析表，见表 4–3–6。

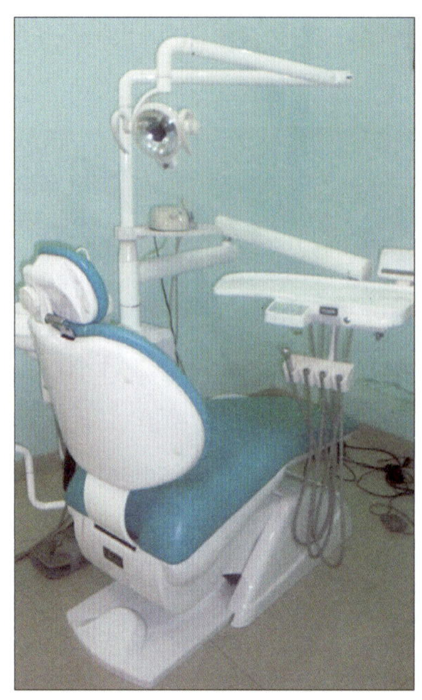

图 4-3-9　牙科综合治疗台示例图

表 4-3-6　　牙科综合治疗台模型制作步骤分析表

序号	制作步骤	建模命令	注意事项
1	设备各部件几何体模型搭建		
2	座椅模型制作	制作座椅弧形模型： 制作座椅靠背弧形模型：	
3	仪器模型制作		
4	优化设备各部件模型的连接和布线情况	制作管线：	

（二）制作其他摆放道具模型

1. 按照制作牙科综合治疗台模型的思路和步骤，逐个完成场景中灭火器、文件柜、冰箱等道具模型的制作，完成场景摆放道具模型制作规划表，见表 4-3-7。制作前，在表中填写对应道具模型的数量，完成制作后，在表中“完成情况”列的对应位置打“√”，培养严谨治学的作风。

表 4-3-7　　场景摆放道具模型制作规划表

序号	名称	数量	完成情况
1	灭火器		
2	文件柜		
3	冰箱		
4	医疗器		
5	海报		

2. 在制作具有交互功能的模型（图 4–3–10）时，需要将模型轴心点调整到指定位置，从下列选项中选出场景中带交互属性的部件或道具模型，并将其模型轴心点调整到指定位置。（　　）【多选题】

A. 门　　B. 窗　　C. 文件柜

D. 灯　　E. 窗帘

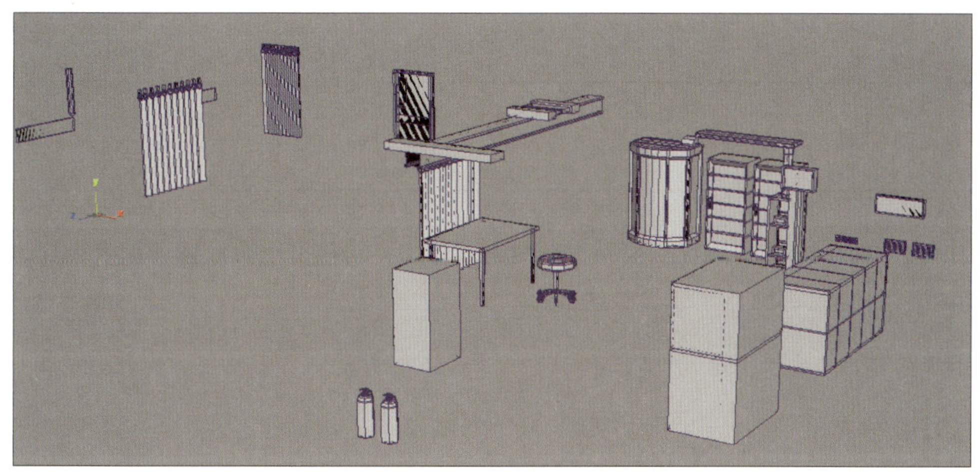

图 4–3–10　具有交互功能的模型

五、清理、优化和提交虚拟交互场景模型

（一）清理和优化模型

1. 填写虚拟交互场景模型清理表（见表 4–3–8），对照清理项目，分析场景模型清理使用的命令或方法。

表 4–3–8　虚拟交互场景模型清理表

序号	清理项目	使用的命令或方法
1	多余的点、线、面	
2	大纲视图	
3	历史记录	
4	模型冻结	
5	多余图层	
6	物体轴心移位	
7	多余模型	

填写虚拟交互场景模型清理情况记录表，见表 4-3-9。

表 4-3-9 虚拟交互场景模型清理情况记录表

制作内容	情况记录
建筑	□墙体 □地面 □铁丝网 □楼梯 □管道
附属建筑物	□前台墙体 □前台柜 □前台吊柜
摆放的道具	□灭火器 □文件柜 □冰箱 □医疗器 □海报 □椅子

2. 使用上述命令或方法清理场景模型，在清理过程中，对模型进行成组或结合操作，但对于具有交互功能的铁门模型，应（　　）。【单选题】

A. 与组长沟通，由组长决定处理方式

B. 不做处理

C. 与相同模型结合，重新命名模型

D. 不与别的模型结合，按照规范命名模型，将其轴心点移动到门轴转动的位置

（二）提交模型

1. 以小组为单位，将场景模型提交给组长检查，虚拟交互场景模型提交参考样例图如图 4-3-11 所示，根据反馈的检查意见进行模型优化，完成虚拟交互场景模型修改和优化情况记录表，见表 4-3-10。

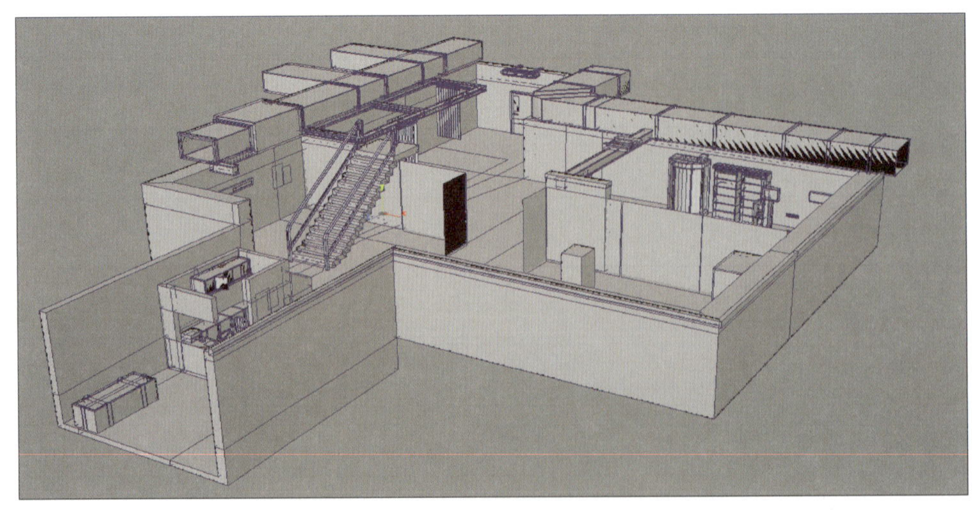

图 4-3-11 虚拟交互场景模型提交参考样例图

表 4-3-10　　虚拟交互场景模型修改和优化情况记录表

序号	检查项目	问题内容	修改方案	优化结果
1	整体尺寸、比例			
2	各部件及道具摆放位置、尺寸、比例			
3	模型清理项目是否有缺失			
4	模型面数是否超标			
5	具有交互功能的模型制作是否正确			
6	场景完成度			
7	场景还原度			

2. 组长复检组员模型，若仍存在问题，与组员进行沟通，找到解决方案，要求组员修改，最终使模型达到标准。

（1）如果你是组长，当组员的模型存在问题时，你会（　　）。【单选题】

A. 与组员沟通，要求组员按照你的方式修改

B. 直接上报教师

C. 与组员沟通，找出解决问题的方法

D. 与组员沟通，若找不出解决问题的方法，则不用进行修改

（2）作为组员，面对组长反馈的问题，你的态度是（　　）。【单选题】

A. 与组长沟通，由组长决定如何处理

B. 与组长沟通，共同找出解决问题的方法

C. 忽视组长反馈的问题

D. 若找不到解决方法，就直接放弃

3. 通过小组成员相互沟通，优化自己的模型，列举小组成员沟通过程中出现的问题及其改善措施，提高表达能力，提升语言组织能力。

____

____

4. 根据过程性考核项目 4：虚拟交互场景模型制作评价表（见表 4-3-11）中的评价指标进行自评，教师进行教师评价。

表 4-3-11　　过程性考核项目 4：虚拟交互场景模型制作评价表

序号	评价项目	配分（共 15 分）	评价细则	自评（占比 80%）	教师评价（占比 20%）	得分
1	模型尺寸	2	没有放置虚拟游戏角色扣 0.5 分； 场景长、宽、高在标准尺寸上下浮动范围为 100 cm 以下扣 0.2 分； 场景长、宽、高在标准尺寸上下浮动范围为 200 cm 以下、100 cm 以上扣 0.5 分； 场景长、宽、高在标准尺寸上下浮动范围为 200 cm 以上扣 1 分； 门窗尺寸在标准尺寸上下浮动范围为 10 cm 以下扣 0.2 分； 门窗尺寸在标准尺寸上下浮动范围为 20 cm 以下、10 cm 以上扣 0.5 分； 门窗尺寸在标准尺寸上下浮动范围为 20 cm 以上扣 1 分			
2	模型布线	5	五边及以上面，每有一个扣 0.5 分，直到扣完 2 分； 有多余或重叠的点、线、面，每有一个扣 0.1 分，直到扣完 2 分； 模型布线不规范，扣 1 分			
3	模型面数	2	场景总面数超过 50 000 个四边面，扣 0.5 分； 场景总面数在标准数量上下浮动 5% 的扣 0.2 分； 场景总面数在标准数量上下浮动 10% 以下、5% 以上的扣 0.5 分； 场景总面数在标准数量上下浮动超过 10% 的扣 2 分			
4	模型组件	3	模型组件摆放到位，3 分； 摆放位置每有一个不正确扣 0.2 分，直到扣完 1 分； 场景组件每缺失一个扣 0.2 分，直到扣完 2 分			

续表

序号	评价项目	配分（共 15 分）	评价细则	自评（占比 80%）	教师评价（占比 20%）	得分
5	模型造型	3	场景墙体中门、窗、栏杆、插头、装饰的造型有一个不准扣 0.2 分，扣完为止			
小计得分						
合计						

六、分析虚拟交互场景 UV 制作规范和要点

1. 查看虚拟交互场景的 UV 制作规范和要点，回答下列问题。

（1）回顾模型 UV 要求，将合适的专业名词填写在虚拟交互场景 UV 制作规范文件中。

虚拟交互场景 UV 制作规范文件

场景建筑及附属部件________在 1001 象限坐标内，场景道具________在 1002 象限坐标内，UV 不能超过或压在象限坐标边界；UV 利用率达 80%；UV 分布合理、无拉伸；以玩家视角来确定展开________；________在 8 像素上下；同类型材质与贴图模型________在一起。

（2）把上面填写的专业名词填写在下列对应空白处，并与其对应的作用连线。

UV 专业名词	作用
	使资源最大化，让主要物体占用相对较大的空间，提高物体贴图的分辨率
	合理利用 UV 象限空间，把同类物品或同类材质叠放在一起，最大化利用贴图
	最大化利用空间，又可避免 UV 的重叠
	方便贴图的绘制和定位

2. 查看场景原画稿，根据任务要求和 UV 共享原则，找出可堆叠在一起的物体模型或 UV 块，并将其记录在模型 UV 共享分析表（见表 4-3-12）中。

UV 共享原则：对于写实贴图风格，有些玩家视角可见的地方不能共享，这样会出现重复图案，如做旧痕迹在现实里是不会看起来都一样的，因此，需要判断模型摆放位置、视角中心内图案或纹理是否能重复，如不能重复就不能共享。

表 4-3-12 模型 UV 共享分析表

名称	共享原则	挑选物品
楼梯（2 个） 排风管道（2 组） 墙体 地面 铁丝网（2 块） 灭火器（2 个） 前台（1 个） 文件柜（3 个） 冰箱（3 台） 医疗器（1 台） 海报（4 张） 椅子（1 把） 排风口（2 个）	模型是复制体，模型网格一致	挑出同类、可共享在一起的模型：
	在同一个物体里，模型是镜像体，左右或上下一致	挑出物体中可共享在一起的 UV 块：

七、制作虚拟交互场景 UV

（一）展开虚拟交互场景 UV

1. 在使用 Maya 自带的 UV 编辑器对场景排风管道模型进行 UV 展开时，观察排风管道模型 UV 图（图 4-3-12），会发现模型 UV 已经展开，但存在一些问题，包括（　　）。【多选题】

A. UV 切割线不对　　B. UV 存在正反面

C. UV 切割块不对　　D. UV 摆放不对

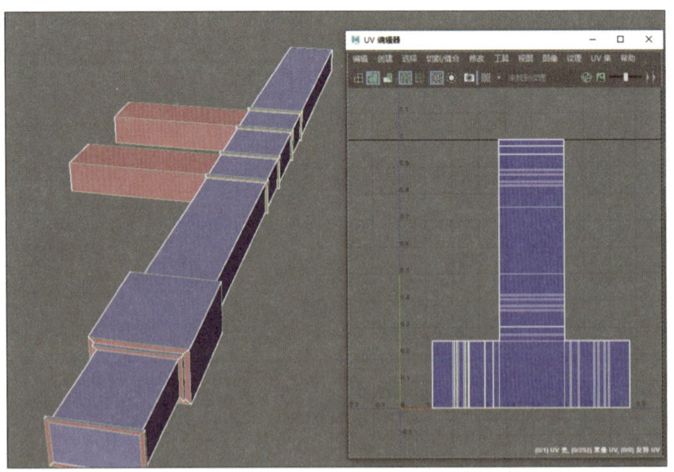

图 4-3-12　排风管道模型 UV 图

2. 在 RIZOM UV 官网观看使用 RIZOM UV 制作 UV 的相关视频，对比 Maya 自带的 UV 编辑器，在 RIZOM UV 中，UV 会自行展开，但展开结果并不符合 UV 制作规范，因此，需要将模型 UV

(　　)。把制作好的模型导入到 UV 插件进行编辑时，模型 UV 是没有展开和切割的。【多选题】

A. 删除　　B. 缝合　　C. 平面映射　　D. 基于摄像机映射

3. 按照 UV 切割线隐藏原则，尝试在下列排风管道 UV 展开示意图（图 4-3-13）上标注出切割块，画出切割线。

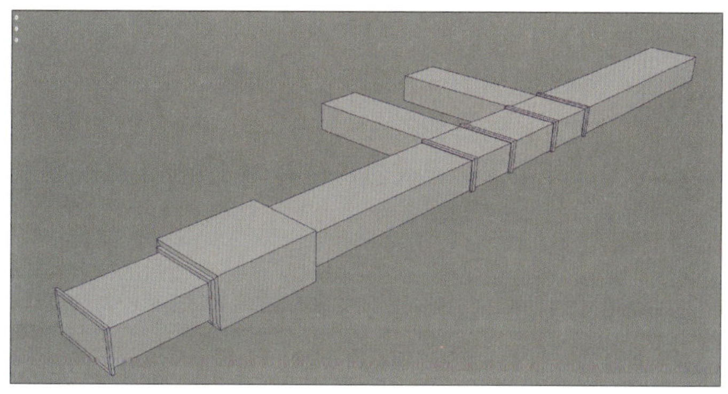

图 4-3-13　排风管道 UV 展开示意图

4. 查看排风管道 UV 展开效果标准样例图（图 4-3-14），排风管道模型 UV 都是横平竖直的，打直 UV 的作用是（　　）。【单选题】

A. 方便摆放 UV　　B. 方便纹理贴图制作

C. 使 UV 摆放美观　　D. 基于摄像机映射

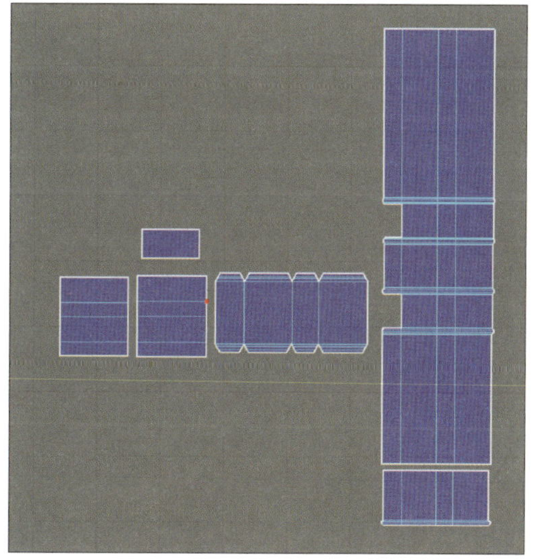

图 4-3-14　排风管道 UV 展开效果标准样例图

5. 根据前面标注的 UV 切割线和块，使用 UV 编辑器中的“剪切”和“展开”命令完成排风管道 UV 展开，然后检查模型的棋盘格贴图效果，检查内容包括（　　）。【多选题】

A. UV 是否有拉伸　　B. UV 分辨率是否一致

C. UV 摆放是否规范　　D. UV 间隔是否标准

6. 根据上述排风管道的制作步骤，分析下列虚拟交互场景 UV 的制作步骤，其正确排序是：（　　）→（　　）→（　　）→（　　）→（　　）→（　　）→（　　）。

A. 分析模型 UV 的切割线和块　　B. 调整模型 UV

C. 展开模型 UV　　D. 切割模型 UV

E. 缝合或映射模型 UV　　F. 检查展开的模型 UV

G. 打开并查看模型 UV

7. 按照虚拟交互场景 UV 的制作步骤，完成前台建筑、附属建筑物模型 UV 的展开。

（二）摆放虚拟交互场景 UV

1. 在摆放模型 UV 前，根据以往的制作经验，判断下列模型 UV 摆放图（图 4–3–15）中存在的问题，问题是（　　）。【单选题】

A. UV 精度级别不对　　B. UV 有拉伸

C. UV 摆放不合规范　　D. UV 间隔不标准

图 4–3–15　模型 UV 摆放图

2. 完成虚拟交互场景各模型的 UV 展开后，根据 UV 制作规范，把 UV 摆放在 1001 象限坐标内。根据玩家视角来确定展开 UV 的精度级别，完成虚拟交互场景 UV 精度级别判断表，见表 4–3–13。

UV 精度级别判断依据：

（1）一级：具有交互功能的道具、场景模型，模型面积占比大，并处于游戏玩家的第一视角；

（2）二级：模型面积占比较小，可以使用贴图体现细节；

（3）三级：模型面积占比最小，在游戏玩家的第一视角容易被忽略。

表 4-3-13　　虚拟交互场景 UV 精度级别判断表

序号	名称	精度级别	原因
1	墙体（含门、窗）		□所处视角　□模型面积占比
2	地面		□所处视角　□模型面积占比
3	铁丝网		□所处视角　□模型面积占比
4	楼梯		□所处视角　□模型面积占比
5	管道		□所处视角　□模型面积占比
6	前台墙体		□所处视角　□模型面积占比
7	前台柜		□所处视角　□模型面积占比
8	前台吊柜		□所处视角　□模型面积占比
9	椅子		□所处视角　□模型面积占比
10	灭火器		□所处视角　□模型面积占比
11	文件柜（3 个）		□所处视角　□模型面积占比
12	冰箱（3 台）		□所处视角　□模型面积占比
13	医疗器（1 台）		□所处视角　□模型面积占比
14	海报（4 张）		□所处视角　□模型面积占比

3. 观察下列 UV 摆放样图（图 4-3-16）中 UV 的摆放，其存在的问题是（　　）。【多选题】

A. UV 精度级别不对　　　　B. UV 间隔太大

C. UV 空间利用率太低　　　D. UV 间隔不标准

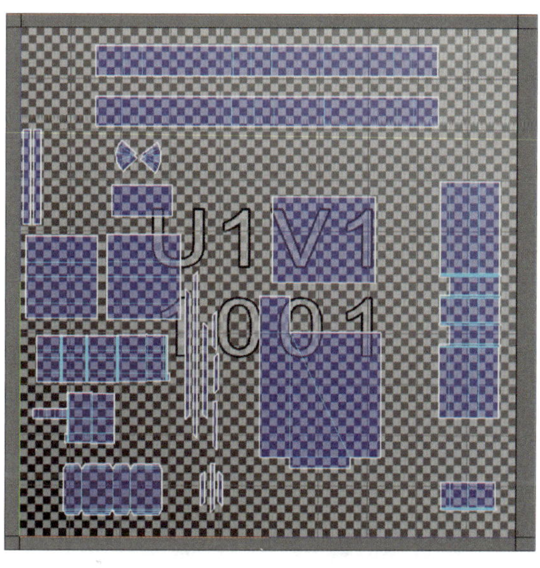

图 4-3-16　UV 摆放样图

4. 参考 Maya 自带的 UV 编辑器功能，从下列 UV 摆放思路关键词中，分析模型 UV 摆放流程顺序：(　　)→(　　)→(　　)→(　　)。

A. 查看 UV 摆放要求　　B. 按要求将同一象限模型成组

C. 摆放过程中注意精度级别和 UV 块间隔　　D. 检查模型 UV 摆放效果

5. 根据场景各部分的摆放思路和注意事项，完成虚拟交互场景模型的摆放，将 UV 摆放在象限 1002 中，摆放时注意 UV 块是否重叠，是否按要求进行 UV 间隔。

八、检查和优化虚拟交互场景 UV

(一) 自查虚拟交互场景 UV

根据虚拟交互场景 UV 自查表（见表 4-3-14）的内容自查场景 UV，检查各项内容有无缺漏，修正存在的问题。

表 4-3-14　　虚拟交互场景 UV 自查表

序号	虚拟交互场景 UV 自查项目	勾选完成的项目	修正方案
1	UV 是否有拉伸部分	□是　□否	
2	UV 是否有共享部分	□是　□否	
3	UV 精度级别是否正确	□是　□否	
4	UV 块间隔是否符合标准	□是　□否	
5	UV 空间利用率是否符合标准	□是　□否	
6	各模型 UV 是否按规范摆放在相应的象限坐标内	□是　□否	

(二) 优化和提交虚拟交互场景 UV

1. 根据虚拟交互场景 UV 制作要求，将场景中所有模型按照不同的 UV 象限整理成组，并规范命名，提交给组长检查。大纲视图示例图如图 4-3-17 所示，虚拟交互场景 UV 提交参考示例图如图 4-3-18 所示。

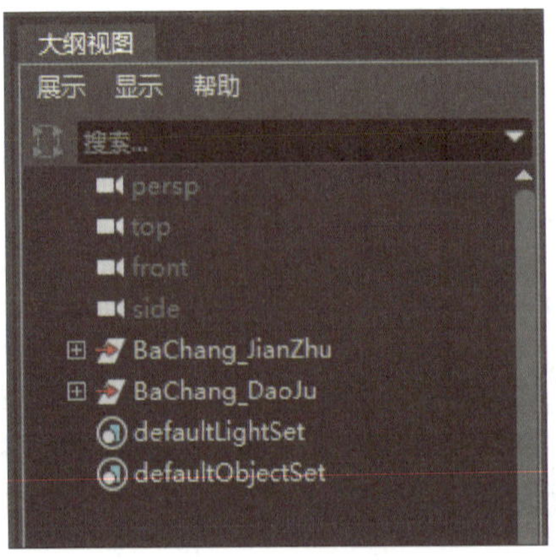

图 4-3-17　大纲视图示例图

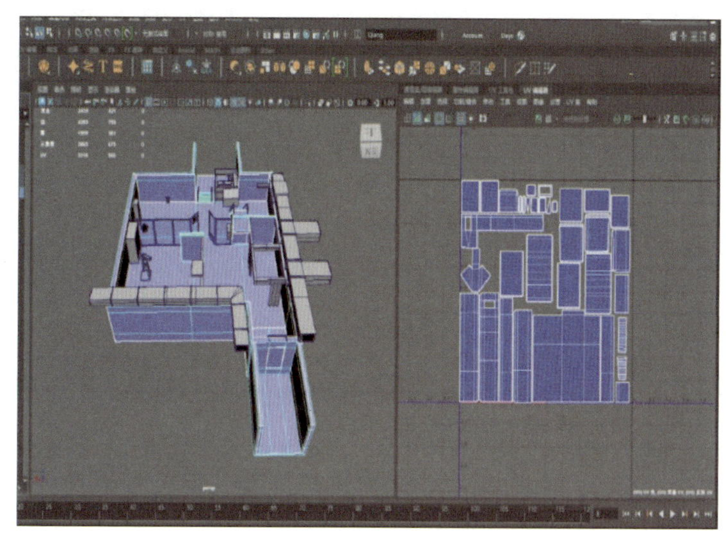

图 4-3-18　虚拟交互场景 UV 提交参考示例图

2. 根据过程性考核项目 5：虚拟交互场景 UV 制作评价表（见表 4-3-15）的评价指标进行 UV 自检，完成自评。

表 4-3-15　　过程性考核项目 5：虚拟交互场景 UV 制作评价表

序号	评价项目	配分（共 15 分）	评价细则	自评（占比 100%）	得分
1	UV 切割质量	3	UV 切割到位，没有缺漏，UV 切割线隐藏在视角盲区，UV 切割线错一处扣 0.2 分，直到扣完 1 分； UV 切割有缺失，缺失一处扣 0.2 分，直到扣完 2 分		
2	UV 拉伸质量	3	检查棋盘格贴图效果，查看 UV 是否有拉伸，UV 拉伸或扭曲变形一处扣 0.2 分，扣完为止		
3	UV 精度级别	3	查看棋盘格贴图效果，棋盘格子大小不得大于单个多边形平均面积的 2～4 倍，每超一处扣 0.5 分，扣完为止		
4	UV 摆放	3	UV 超过或压在象限坐标边界扣 0.2 分； UV 利用率低于 80%、高于 70% 扣 0.2 分； UV 利用率低于 70%、高于 60% 扣 0.4 分； UV 利用率低于 60% 扣 1 分； UV 间隔大于 8 个像素或小于 5 个像素，出现一处扣 0.2 分，直到扣完 1.2 分		

续表

序号	评价项目	配分（共15分）	评价细则	自评（占比100%）	得分
5	UV完成度	3	场景模型UV完成度约为场景模型UV总量的80%～90%，扣0.5分； 约为场景模型UV总量的70%～80%，扣1.5分； 约为场景模型UV总量的60%～70%，扣2.5分； 低于场景模型UV总量的50%，扣3分		
小计得分					
合计					

3. 为虚拟交互场景UV的制作做小结。

（1）在模型制作的所有模块中，UV制作模块的命令最少，完成虚拟交互场景UV制作小结表（见表4-3-16），在表中勾选出你认为的项目制作难点，以及今后的改进措施。

表4-3-16　虚拟交互场景UV制作小结表

序号	阶段名称	难点	改进措施
1	UV切割线的判断	□复杂模型的切割线判断不准 □不会判断UV切割线	□多做练习 □多看优秀作品 其他：________
2	UV的展开	□模型过多、操作烦琐 □太无聊、无成就感	□培养耐心 □优化UV制作方案或提升UV制作技术 其他：________
3	UV的摆放	□模型过多、操作烦琐 □注意事项太多	□培养自身耐心 □优化UV制作方案或提升UV制作技术 其他：________

（2）通过互联网查找和观看行业内流行的“UV制作插件”有关视频教程。结合之前学习的内容，思考这些插件在传统制作流程的哪些具体步骤上进行了优化，从而提高了工作效率。

____

____

（3）在UV制作阶段，需要具备怎样的职业态度？

____

____

九、明确虚拟交互场景的贴图特征

1. 查看场景原画稿和贴图规范要求，分析虚拟交互场景贴图的风格特点，确定本项目风格特征。

（1）阅读虚拟交互场景贴图规范要求，在其中找出本项目贴图的风格特点，标注出特征关键词。

> 虚拟交互场景贴图规范要求
>
> 制作两套 2 048 × 2 048 像素的材质贴图，贴图符合________________，贴图无接缝、满足分辨率要求，颜色贴图无高光和阴影，贴图效果还原场景原画稿风格。

（2）查看游戏《Counter-Strike》三维场景贴图（图 4-3-19），利用你对本项目贴图的风格特征关键词的理解，分析下列各选项的贴图风格，选择一个与本项目风格最相近的选项。（　　）**【单选题】**

图 4-3-19　游戏《Counter-Strike》三维场景贴图

A.

B.

C.

D.

（3）分析本项目贴图的风格特征，选择符合贴图风格特点的关键词：（　　）。【多选题】

A. 现代场景　　B. 写实风格　　C. 国风场景　　D. 绘制（漫画）风格

2. 根据之前总结的贴图风格，完成写实风格贴图案例分析表，见表 4–3–17，分析表中参考样例给出的贴图风格。

表 4–3–17　　写实风格贴图案例分析表

参考样例	观察点	特征
	纹理	□砖纹理 □大理石纹理 □木纹理
	痕迹	□水迹 □划痕 □印迹
	环境模拟	□室外晴天早上 □室外晴天中午 □室外晴天下午

3. 虚拟交互场景贴图是数字资产的一部分，在选择参考素材时，应注意（　　）等贴图内容是否为原创。【多选题】

A. 来源于正规授权网站的图片　　B. 人物肖像

C. 产品商标　　D. 产品内部材质

4. 三维建模师可以从（　　）等方面着手提高自身法律素养。【多选题】

A. 严守保密协议　　B. 抄袭他人作品

C. 提升维权意识　　D. 了解《中华人民共和国著作权法》

5. 下列权利中，保护期不受限制的有（　　）。【多选题】

A. 署名权　　B. 修改权　　C. 保护作品完整权　　D. 发表权

6. 利用互联网或贴图资源库收集本次任务需要的贴图素材。在筛选贴图素材时，需要注意的事项包括（　　）。【多选题】

A. 纹理真实　　B. 有光影变化

C. 贴图高清　　D. 贴图无缝

E. 有法线和灰度图

十、制作虚拟交互场景贴图

1. 根据前面三个任务 PBR 贴图的制作经验，梳理 PBR 贴图制作思路。观察下列各制作思路关键词，正确的贴图制作思路为：（　　）→（　　）→（　　）→（　　）→（　　）→（　　）→（　　）→（　　）。

A. 查看 PBR 贴图制作要求　　B. 将模型导入贴图绘制软件

C. 烘焙模型　　D. 选择合适的材质球

E. 调节材质节点参数　　F. 选择环境光

G. 导出贴图　　H. 分析材质特征

2. 查阅信息页中的“场景墙体模型 PBR 贴图制作”，使用 Substance 3D Painter 制作虚拟交互场景建筑模型 PBR 贴图，完成 PBR 贴图的绘制。

（1）分析场景原画稿中的光源类型和环境光色调，光源为（□室内人照光 □室内自然光 □室外自然光），环境光色调为（□冷色调 □暖色调）。

（2）观察场景原画稿中的地面和墙体材质特点，分析它们的特征，完成写实风格贴图特征分析表，见表 4-3-18。

表 4-3-18　写实风格贴图特征分析表

部分场景原画稿	观察点	特征
	材质	
	纹理	
	时间痕迹	□雨痕 □划痕 □青苔 □污迹 □腐蚀 □磨损

续表

部分场景原画稿	观察点	特征
	材质	①________；②________
	纹理	①________；②________
	时间痕迹	□雨痕 □划痕 □青苔 □污迹 □腐蚀 □磨损
	材质	
	纹理	
	时间痕迹	□雨痕 □划痕 □青苔 □污迹 □腐蚀 □磨损

（3）根据前面对地面和墙体材质特点的观察，结合实际生活经验，分析污迹一般会集中在墙体的哪个部分。

____

磨损一般会集中在墙体和地面的哪个部分？

____

（4）在 Substance 3D Painter 自带的材质球中，找到符合水泥材质的材质球，将其应用到模型上。思考：仅将材质球应用到模型上，就完成制作了吗？

____

（5）观察使用的材质球，找到下列场景原画稿中地面缺少的特殊颜色、磨损和污迹，标注出它们应在的位置。

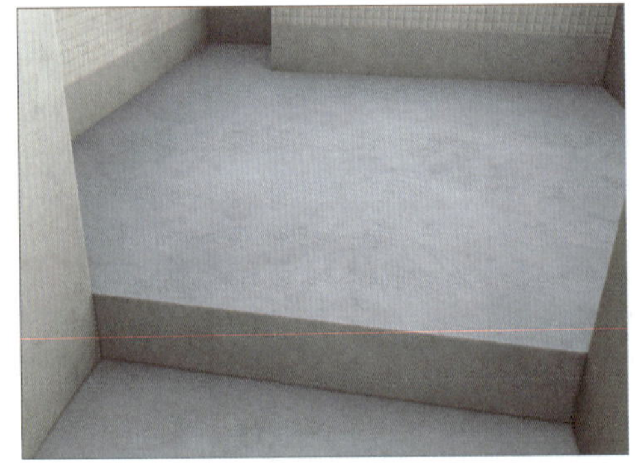

（6）磨损、污迹和特殊颜色的制作方法是（　　）。【单选题】

A. 在添加图层上，使用 Substance 3D Painter 中的笔刷，直接在图层中进行绘制

B. 使用填充图层，利用遮罩在遮罩节点下使用“添加绘制”功能进行绘制

C. 使用填充图层，利用遮罩在遮罩节点下使用“添加填充”功能进行绘制

D. 在添加图层上，使用 Substance 3D Painter 中的痕迹类型笔刷，直接在图层中进行绘制

（7）仔细观察绘制好的磨损、污迹和特殊颜色，会发现它们浮在表面上，面对这种情况，（　　）。【单选题】

A. 不需要改进

B. 需要改进，应更改图层叠加方式

C. 需要改进，应重新选择笔刷绘制

D. 需要改进，应重新收集与场景原画稿一致的贴图素材

3. 根据上述贴图制作步骤和思路，查看下列墙体贴图涂鸦效果图，如图 4-3-20 所示，想一想如何使用 Substance 3D Painter 制作这幅涂鸦。

图 4-3-20　墙体贴图涂鸦效果图

4. 完成虚拟交互场景模型 PBR 贴图的绘制，填写虚拟交互场景模型 PBR 贴图绘制清单，见表 4-3-19。

表 4-3-19　虚拟交互场景模型 PBR 贴图绘制清单

序号	名称	完成情况	备注
1	墙体（含门窗）		
2	地面		

续表

序号	名称	完成情况	备注
3	铁丝网		
4	楼梯		
5	管道		
6	前台墙体		
7	前台柜		
8	前台吊柜		
9	灭火器		
10	文件柜		
11	冰箱		
12	医疗器		
13	海报		
14	椅子		

十一、检查和优化虚拟交互场景贴图

（一）检查虚拟交互场景贴图

1. 根据虚拟交互场景材质贴图自检表（见表 4–3–20）完成材质贴图自检，及时解决从中发现的问题。

表 4–3–20 虚拟交互场景材质贴图自检表

序号	名称	自检项目	修正方案
1	墙体（含门窗）	□贴图色调符合场景原画稿 □贴图纹理比例符合现实世界规律 □贴图痕迹符合实际物体规律 □材质质感正确	
2	地面	□贴图色调符合场景原画稿 □贴图纹理比例符合现实世界规律 □贴图痕迹符合实际物体规律 □材质质感正确	
3	铁丝网	□贴图色调符合场景原画稿 □贴图纹理比例符合现实世界规律 □贴图痕迹符合实际物体规律 □材质质感正确	

续表

序号	名称	自检项目	修正方案
4	楼梯	□贴图色调符合场景原画稿 □贴图纹理比例符合现实世界规律 □贴图痕迹符合实际物体规律 □材质质感正确	
5	管道	□贴图色调符合场景原画稿 □贴图纹理比例符合现实世界规律 □贴图痕迹符合实际物体规律 □材质质感正确	
6	前台墙体	□贴图色调符合场景原画稿 □贴图纹理比例符合现实世界规律 □贴图痕迹符合实际物体规律 □材质质感正确	
7	前台柜	□贴图色调符合场景原画稿 □贴图纹理比例符合现实世界规律 □贴图痕迹符合实际物体规律 □材质质感正确	
8	前台吊柜	□贴图色调符合场景原画稿 □贴图纹理比例符合现实世界规律 □贴图痕迹符合实际物体规律 □材质质感正确	
9	灭火器	□贴图色调符合场景原画稿 □贴图纹理比例符合现实世界规律 □贴图痕迹符合实际物体规律 □材质质感正确	
10	文件柜	□贴图色调符合场景原画稿 □贴图纹理比例符合现实世界规律 □贴图痕迹符合实际物体规律 □材质质感正确	
11	冰箱	□贴图色调符合场景原画稿 □贴图纹理比例符合现实世界规律 □贴图痕迹符合实际物体规律 □材质质感正确	
12	医疗器	□贴图色调符合场景原画稿 □贴图纹理比例符合现实世界规律 □贴图痕迹符合实际物体规律 □材质质感正确	

续表

序号	名称	自检项目	修正方案
13	海报	□贴图色调符合场景原画稿 □贴图纹理比例符合现实世界规律 □贴图痕迹符合实际物体规律 □材质质感正确	
14	椅子	□贴图色调符合场景原画稿 □贴图纹理比例符合现实世界规律 □贴图痕迹符合实际物体规律 □材质质感正确	

2. 分析下列 PBR 材质贴图制作步骤关键词，将属于写实风格 PBR 材质贴图制作步骤的选项排序：(　　)→(　　)→(　　)→(　　)→(　　)。

A. 分析材质贴图特征　　B. 制作痕迹　　C. 烘焙模型

D. 选择合适的材质球　　E. 调节纹理参数　　F. 测试环境光

(二) 优化和提交虚拟交互场景贴图

1. 根据提交要求，按照规范为贴图文件命名。若导出的贴图文件命名并不规范，下列操作中正确的是(　　)。【单选题】

A. 更改材质球　　B. 更改主要着色器

C. 在导出贴图设置中更改名称　　D. 在保存文件时按照规范命名

2. 按照贴图导出规范导出贴图到相应位置，截取四张不同角度的贴图，将其提交给组长检查。虚拟交互场景贴图提交参考样例如图 4-3-21 所示。

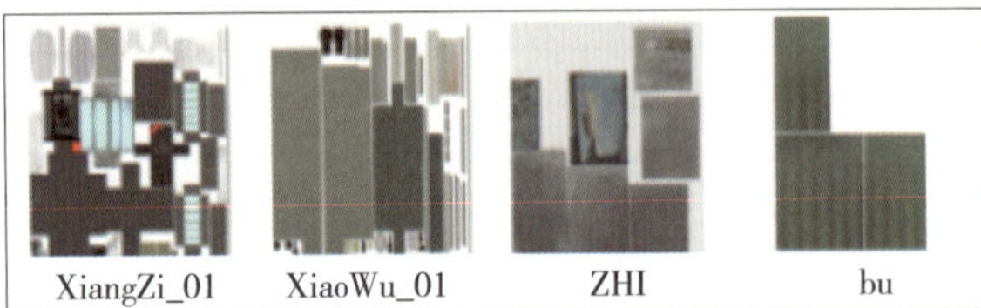

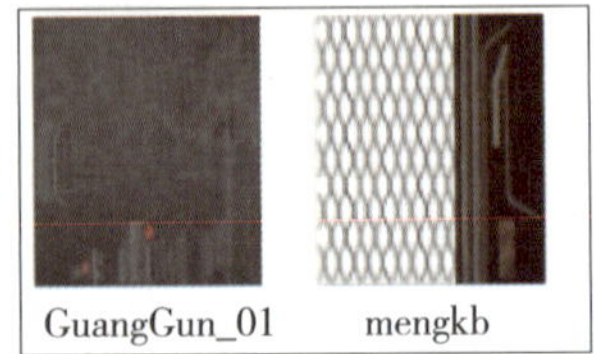

图 4-3-21　虚拟交互场景贴图提交参考样例

3. 根据过程性考核项目 6：虚拟交互场景模型贴图制作评价表（见表 4–3–21）中的评价指标进行自评和组内互评。

表 4-3-21　　过程性考核项目 6：虚拟交互场景模型贴图制作评价表

序号	评价项目	配分（共 15 分）	评价细则	自评（占比 10%）	组内互评（占比 90%）	得分
1	写实贴图痕迹绘制	5	痕迹少做或做错一处扣 0.2 分，扣完为止			
2	不同材质质感制作	5	质感不对或少做一处扣 0.2 分，扣完为止			
3	贴图导出	3	贴图命名不规范扣 1 分； 导出贴图类型缺失一个扣 0.2 分，直到扣完 2 分； 导出尺寸不正确扣 1 分； 导出格式不正确扣 1 分			
4	贴图完成度	2	贴图完成度约为场景贴图总量的 80%～90%，扣 0.5 分； 约为场景贴图总量的 70%～80%，扣 1 分； 约为场景贴图总量的 60%～70%，扣 1.5 分； 低于场景贴图总量的 50%，扣 2 分			
小计得分						
合计						

学习环节四

审核优化、文件提交

学习目标

1. 能根据教师的演示和视频指导，参考场景原画稿和任务要求，对场景模型进行测试，使其达到场景原画稿中的光影效果，符合场景整体风格。

2. 能运用 Unity 3D，将输出的场景测试视频提交给教师审核，根据反馈对整体效果进行优化和调整，直至教师审核通过。

3. 能根据客户信息反馈表，验收虚拟交互场景制作项目，最终完成虚拟交互场景展示视频和虚拟交互场景制作项目文件的提交，体现审美素养。

建议学时

8 学时

学习要求

序号	学习步骤	学习内容	学时	备注
1	导入虚拟交互场景资源	1. Unity 3D 虚拟交互场景数字资产的导入 2. Unity 3D 的基本操作 3. 虚拟引擎的概念、类型和用途	1	
2	调试虚拟交互场景光影效果	1. Unity 3D 灯光的基本操作 2. 审美素养 3. Unity 3D 场景效果的检查 4. Unity 3D 导出视频的步骤	5	
3	验收和优化虚拟交互场景制作项目	虚拟交互场景整体效果的判断和优化	2	

一、导入虚拟交互场景资源

（一）虚拟交互场景资源的导入

1. 观看“虚拟引擎的概念和运用”相关视频，分析虚拟引擎的运用场景和作用，回答下列问题。

（1）下列描述中，（　　）不是虚拟引擎的常见运用场景。【单选题】

A. 游戏开发　　B. 影视特效制作

C. 文本编辑器　　D. VR 体验

（2）下列描述中，（　　）属于虚拟引擎的作用。【多选题】

A. 提高效率　　B. 降低成本

C. 增强体验　　D. 减少制作环节

2. 行业中常用的虚拟引擎软件有（　　）。【多选题】

A. Unity　　B. Unreal Engine　　C. Godot

D. Defold　　E. Solar 2D

3. 观看“将数字资产导入 Unity 3D”相关视频，分析将模型资产导入引擎前的预处理内容有哪些。

____

____

（二）学习 Unity 3D 的基本操作

观看“Unity 3D 基本操作”相关视频，学习 Unity 3D 的基本操作，判断导航控制（即向前、向后、向左、向右移动）的快捷键分别是______、______、______。

（三）导出虚拟交互场景模型，将其导入虚拟引擎

1. 将场景模型从 Maya 中导出时，需要明确导出的格式为（　　）。【单选题】

A. OBJ　　B. FBX

C. MOV　　D. MA

2. 根据项目要求，为 1∶1 还原真实场景比例，在导出模型时需要设置场景在不同软件中保持正确的尺寸比。查看模型导出设置参数图（图 4-4-1），判断需要进行哪些设置，并在对应位置打“√”。

3. 根据“将数字资产导入 Unity 3D”相关视频，把导出的 FBX 场景模型文件导入 Unity 3D 中。判断在导入文件时需要设置的参数，在下列参数设置图（图 4-4-2）的对应位置打“√”。

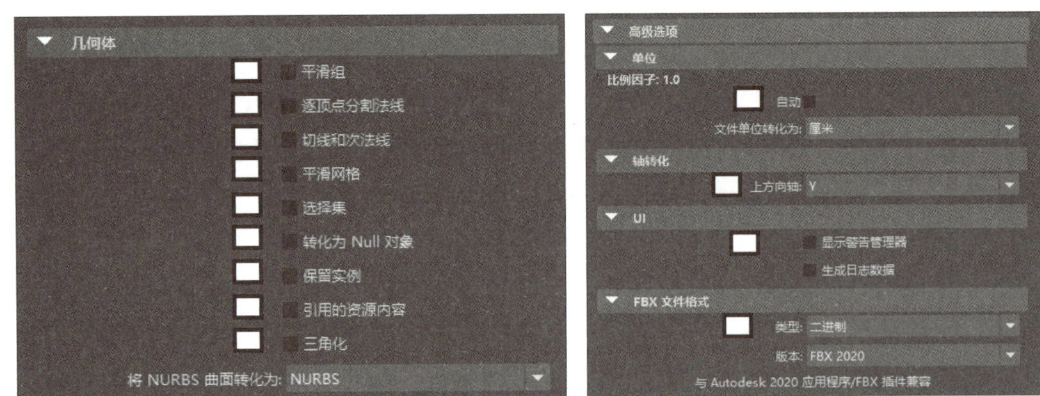

图 4-4-1 模型导出设置参数图

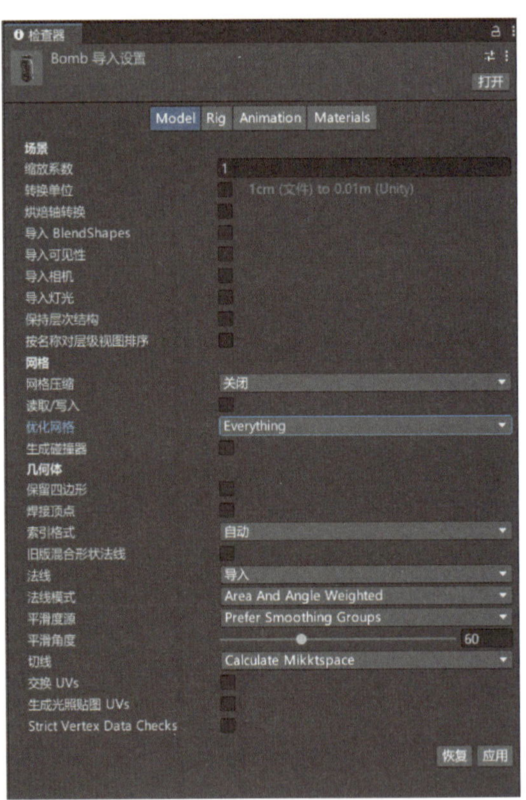

图 4-4-2 参数设置图

（四）赋予模型文件材质贴图

1. 观看“在虚拟引擎赋予模型文件材质贴图”相关视频，学习赋予模型文件材质贴图的方法，完成虚拟交互场景模型文件材质贴图的赋予工作。

（1）在导出材质贴图时，一般可以按颜色、金属度、粗糙度、法线和 OA 五个类型导出。但有些项目会要求把金属度、粗糙度和 OA 三个类型的材质贴图合并为一张，其目的是（　　）。【单选题】

A. 节省资源　　B. 方便操作　　C. 减少贴图类型　　D. 满足客户要求

（2）分析颜色材质贴图是否可以与金属度、粗糙度和 OA 三个类型的材质贴图合成一张贴图，为什么？（　　）【单选题】

A. 不能　它不是灰度图

B. 能　它们都是图片

C. 不能　它不是 RGB 图

D. 能　通道有位置就可以

2. 根据“在虚拟引擎赋予模型文件材质贴图”视频，尝试把贴图文件导入引擎中，并将其与材质连接，然后将其赋予虚拟交互场景模型。

（1）观察场景原画稿，可发现冰箱门有发光效果，能否直接使用标准模板实现该效果？（□是　□否）

（2）标准模板的使用是否不受软件版本的影响？（□是　□否）

二、调试虚拟交互场景光影效果

（一）观察场景原画稿，总结光影效果

1. 分析场景原画稿中的光影效果，在场景灯光标注图（图 4-4-3）中写出环境色调、主灯光的类型和特征，归纳场景中辅助灯光的数量和位置。

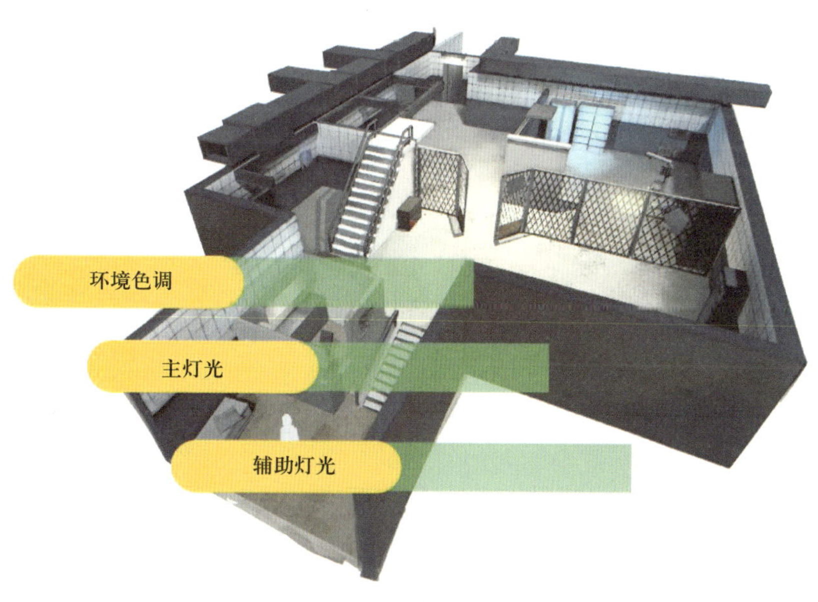

图 4-4-3　场景灯光标注图

2. 在分析场景原画稿中的光影效果时，需要具备（　　）。【多选题】

A. 观察力　　B. 审美素养　　C. 软件操作能力　　D. 灯光知识

3. 观看“虚拟引擎灯光的设置和使用”相关视频，分析天空盒、方向光的区别和作用，回答下列问题。

（1）在虚拟引擎中，（　　）元素主要用于模拟天空和背景环境。【单选题】

A. 方向光　　B. 天空盒　　C. 点光源　　D. 聚光灯

（2）方向光主要用于模拟（　　）类型的光源。【单选题】

A. 太阳光　　B. 灯光　　C. 火光　　D. 闪电

（3）在虚拟引擎中，（　　）元素可以影响整个场景的光照和氛围。【单选题】

A. 方向光　　B. 天空盒　　C. 点光源　　D. 聚光灯

4. 根据“虚拟引擎灯光的设置和使用”相关视频，分析灯光的相关参数，回答下列问题。

（1）尝试调节灯光属性的各项设置，判断下列选项中属于指数高度雾作用的是（　　）。【单选题】

A. 调节场景整体色调　　B. 增加场景层次感

C. 增加场景氛围感　　D. 增加场景空间感

（2）在场景中添加天空大气层的作用是增加（　　）。【单选题】

A. 美观度　　B. 环境色　　C. 真实感　　D. 空间感

（3）后期处理体积的作用是（　　）。【单选题】

A. 优化最终呈现效果　　B. 减少运算

C. 节省灯光效果　　D. 减少内存占用

（4）在本虚拟交互场景中，需要在后期处理体积的部分勾选（　　）参数。【单选题】

A. Ambient Cubemap　　B. 天光

C. 室内光　　D. 聚光灯

（5）在对场景进行光影效果设置时，会使用比特率、折射、反射等参数，在设置时，（　　）。【多选题】

A. 应实现现实灯光的效果

B. 应将灯光调亮

C. 渲染器越好，光影的模拟效果就越好

D. 光影的调试对计算机的配置要求较高

（二）检查 Unity 3D 中的场景效果

1. 以小组为单位，对测试阶段场景的光影效果进行屏幕快照，提交至组长处。组长将场景画面的比例、结构、色彩及质感与场景原画稿逐一比对，标出存在问题的地方，并给出修改意见，填写场景效果组内检查表，见表 4-4-1。

表 4-4-1　场景效果组内检查表

检查项目	检查标准	组员 1	组员 2	组员 3	……
画面比例、结构	画面和谐，具有观赏性				
整体环境色调	整体色调符合原画稿				
整体光影效果	光影效果正确				
辅助光效果	辅助光颜色、强度和影响范围准确				
检查人：		检查日期：			

2. 在教师指导下，完成整体光影效果的修改，根据虚拟交互场景提交文件示例图（图 4-4-4），完成场景渲染效果截图和展示视频，提交给教师审核。

图 4-4-4　虚拟交互场景提交文件示例图

三、验收和优化虚拟交互场景制作项目

（一）调试虚拟交互场景效果

1. 在进行最后的渲染出图时，需要对整个场景进行光照构建和烘焙。光照构建的作用是（　　）。【多选题】

A. 营造场景氛围　　B. 模拟真实环境

C. 提升模型可塑性　　D. 优化性能

2. 虚拟引擎最主要的作用是实现交互体验、发布任务，让客户更加直观地感受本次任务的制作质量。下列选项中属于对虚拟引擎中发布功能的正确描述的是（　　）。【单选题】

A. 发布是将开发中的项目保存为工程文件

B. 发布是将项目打包成可执行文件或特定平台的指定格式，供用户安装和运行

C. 发布是为了测试项目功能是否完整

D. 发布是调整项目美术资源

（二）审核和优化虚拟交互场景

根据过程性考核项目 7：虚拟交互场景展示效果评价表（见表 4-4-2）进行成果汇报，组内互评，教师进行教师评价。

表 4-4-2　　过程性考核项目 7：虚拟交互场景展示效果评价表

序号	评价项目	配分（共 15 分）	评分细则	组内互评（占比 40%）	教师评价（占比 60%）	得分
1	图片展示	4	图片清晰度不足，扣 1 分； 场景展示不到位，扣 2 分； 图片数量不足，扣 1 分			
2	材质效果	3	场景贴图材质的还原有错漏，每错漏一处扣 1 分； 场景材质不正确，每错一处扣 1 分，直到扣完 3 分			
3	光影效果	4	灯光设置不符合场景原画稿光影，扣 2 分； 灯光设计不符合实际，扣 2 分			
4	镜头视角	4	镜头视角不合理，扣 2 分； 美观性差，扣 2 分			
小计得分						
合计						

（三）提交并归档完整的工程文件

在教师指导下，完成项目的最终修改，并根据虚拟交互场景工程文件归档检查表（见表 4-4-3）提交和归档，每归档一份文件，在表中对应位置打“√”。

表 4-4-3　　虚拟交互场景工程文件归档检查表

序号	文件名称	是否完成
1	场景制作任务信息海报	
2	虚拟交互场景制作计划甘特图	
3	虚拟交互场景建筑模型	

续表

序号	文件名称	是否完成
4	虚拟交互场景附属建筑物模型	
5	虚拟交互场景摆放的道具模型	
6	虚拟交互场景模型 UV	
7	虚拟交互场景 UV 制作小结表	
8	虚拟交互场景贴图	
9	虚拟交互场景制作项目文件	

学习环节五

展示汇报、总结反馈

学习目标

1. 能听取教师讲解回顾的概念、目的和流程，通过回顾各个学习环节，梳理虚拟交互场景制作任务阶段成果和工作流程。

2. 能参考展示汇报要求，结合回顾表进行展示汇报。

建议学时

4 学时

学习要求

序号	学习步骤	学习内容	学时	备注
1	回顾和展示汇报	1. 回顾的概念、目的和流程 2. 虚拟交互场景制作任务阶段成果和工作流程的梳理 3. 与人有效沟通交流 4. 自主学习	4	

一、回顾和展示汇报

（一）明确回顾的概念、目的和流程，完成任务回顾

1. 查阅信息页中的“回顾的概念、目的和流程”，听取教师的讲解，回答下列问题。

（1）回顾时，应分析整个任务的（　　）、成果、遇到的（　　）和解决方法，总结经验教训，

优化工作流程并提升团队的技能水平。【单选题】

A. 流程　　B. 效果

C. 规划　　D. 问题

（2）回顾的意义包括（　　）。【多选题】

A. 积累经验、提高认识、改进工作　　B. 调动人的积极性

C. 汇报工作、交流经验　　D. 帮助团队共同提高

（3）归纳总结的方法包括（　　）。【多选题】

A. 精华提炼法　　B. 渐进式总结法

C. 图表总结法　　D. 游戏总结法

2. 回顾整个学习任务，总结各个阶段成果。

（1）建模阶段

以小组为单位，对照场景原画稿和项目规范文件中的建模标准，评价各小组的任务成果，用下列三个评价标准选出最优组别。

A. 场景造型

场景模型整体比例、尺寸准确，建筑结构完整，模型布线工整。

1 组 □差 □合格 □好

2 组 □差 □合格 □好

3 组 □差 □合格 □好

4 组 □差 □合格 □好

5 组 □差 □合格 □好

6 组 □差 □合格 □好

B. 道具造型

场景中各道具比例、尺寸和造型准确，符合场景原画稿风格。

1 组 □差 □合格 □好

2 组 □差 □合格 □好

3 组 □差 □合格 □好

4 组 □差 □合格 □好

5 组 □差 □合格 □好

6 组 □差 □合格 □好

C. 模型风格

模型造型符合写实风格。

1 组 □差 □合格 □好

2 组 □差 □合格 □好

3 组 □差 □合格 □好

4 组 □差 □合格 □好

5 组 □差 □合格 □好

6 组 □差 □合格 □好

（2）UV 阶段

以小组为单位，对照场景原画稿和项目规范文件中的 UV 制作标准，评价各小组的任务成果，用下列三个评价标准选出最优组别。

A. UV 打直

模型打直与叠放判断合理。

1 组 □差 □合格 □好

2 组 □差 □合格 □好

3 组 □差 □合格 □好

4 组 □差 □合格 □好

5 组 □差 □合格 □好

6 组 □差 □合格 □好

B. UV 块

UV 块数量合理，切割线隐藏位置判断准确。

1 组 □差 □合格 □好

2 组 □差 □合格 □好

3 组 □差 □合格 □好

4 组 □差 □合格 □好

5 组 □差 □合格 □好

6 组 □差 □合格 □好

C. UV 平铺

每个 UV 块分辨率基本保持一致。

1 组 □差 □合格 □好

2 组 □差 □合格 □好

3 组 □差 □合格 □好

4 组 □差 □合格 □好

5 组 □差 □合格 □好

6 组 □差 □合格 □好

（3）材质贴图阶段

以小组为单位，对照场景原画稿和项目规范文件中的贴图制作标准，评价各小组的任务成果，用下列三个评价标准选出最优组别。

A. 色彩

各个部件的贴图色彩与场景原画稿相符。

1 组 □差 □合格 □好

2 组 □差 □合格 □好

3 组 □差 □合格 □好

4 组 □差 □合格 □好

5 组 □差 □合格 □好

6 组 □差 □合格 □好

B. 质感

贴图质感符合现实物体特征，纹理比例准确，细节清晰。

1 组 □差 □合格 □好

2 组 □差 □合格 □好

3 组 □差 □合格 □好

4 组 □差 □合格 □好

5 组 □差 □合格 □好

6 组 □差 □合格 □好

C. 风格

贴图风格为写实风格。

1 组 □差 □合格 □好

2 组 □差 □合格 □好

3 组 □差 □合格 □好

4 组 □差 □合格 □好

5 组 □差 □合格 □好

6 组 □差 □合格 □好

（4）场景测试阶段

以小组为单位，对照场景原画稿和项目规范文件中的效果图要求，评价各小组的任务成果，用下列三个评价标准选出最优组别。

A. 光影效果

效果图光影真实，与场景原画稿光影一致。

1 组 □差 □合格 □好
2 组 □差 □合格 □好
3 组 □差 □合格 □好
4 组 □差 □合格 □好
5 组 □差 □合格 □好
6 组 □差 □合格 □好

B. 氛围效果

效果图符合场景原画稿设计意图，整体氛围基调准确。

1 组 □差 □合格 □好
2 组 □差 □合格 □好
3 组 □差 □合格 □好
4 组 □差 □合格 □好
5 组 □差 □合格 □好
6 组 □差 □合格 □好

C. 视角

效果图视角能体现场景关键特征，符合审美要求。

1 组 □差 □合格 □好
2 组 □差 □合格 □好
3 组 □差 □合格 □好
4 组 □差 □合格 □好
5 组 □差 □合格 □好
6 组 □差 □合格 □好

3. 回顾整个学习任务，梳理工作流程。

结合虚拟交互场景制作计划甘特图，梳理各个阶段的工作流程和交付标准，完成虚拟交互场景制作项目思维导图，参考案例如图 4-5-1 所示。

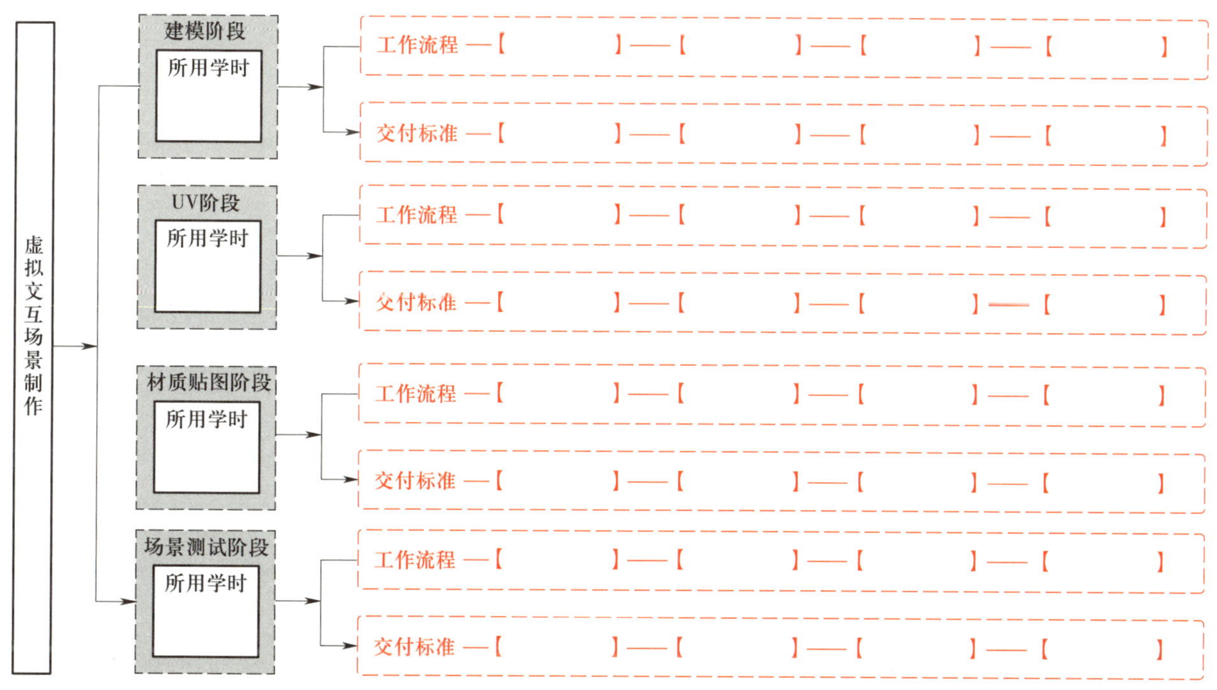

图 4-5-1 参考案例

（二）任务展示汇报与评价

以小组为单位，每组选派一名组员进行任务展示汇报，根据过程性考核项目 8：任务展示汇报评价表（见表 4-5-1）进行自评，教师进行教师评价。

表 4-5-1　　过程性考核项目 8：任务展示汇报评价表

序号	评价项目	配分（共 10 分）	评价细则	自评（占比 15%）	教师评价（占比 85%）	得分
1	阶段成果展示	4	阶段成果有一项差，扣 0.5 分			
2	工作流程展示	4	工作流程填写不正确，每项扣 0.5 分； 交付标准填写不正确，每项扣 0.5 分； 工作流程与交付标准不对应，每项扣 0.5 分			
3	与人有效沟通交流	2	表述逻辑不清晰，扣 1 分； 声音不够洪亮，扣 1 分			
小计得分						
合计						

二、汇总过程性考核成绩

将本任务所有过程性考核项目的得分汇总在“虚拟交互项目非雕刻场景制作”学习任务过程性考核成绩汇总表（见表 4-5-2）中。

表 4-5-2　“虚拟交互项目非雕刻场景制作”学习任务过程性考核成绩汇总表

考核项目	配分 / 分	考核成绩
1. 虚拟交互场景制作任务信息海报制作（能力素养）	10	
2. 虚拟交互场景制作任务技术要点判断（能力素养）	10	
3. 虚拟交互场景制作计划甘特图制作（学习成果）	10	
4. 虚拟交互场景模型制作（学习成果）	15	
5. 虚拟交互场景 UV 制作（学习成果）	15	
6. 虚拟交互场景模型贴图制作（学习成果）	15	

续表

考核项目	配分 / 分	考核成绩
7. 虚拟交互场景展示效果（能力素养）	15	
8. 任务展示汇报（学习成果）	10	
合计	100	

技工院校工学一体化课程教学资源
技工院校计算机动画制作专业工学一体化教材

三维非雕刻道具与场景制作工作页

主编 宋 雄

学习任务二
网络游戏非雕刻场景制作

中国劳动社会保障出版社

简介

本书为技工院校计算机动画制作专业“三维非雕刻道具与场景制作”工学一体化课程的工作页，依据《计算机动画制作专业国家技能人才培养工学一体化课程标准》编写，供各地技工院校开展工学一体化教学使用。

本书主要包括网络游戏非雕刻道具制作、网络游戏非雕刻场景制作、虚拟交互项目非雕刻道具制作、虚拟交互项目非雕刻场景制作四个学习任务，每个学习任务包含接受任务、明确信息，分析任务、制订计划，实施计划、阶段检查，审核优化、文件提交，展示汇报、总结反馈五个学习环节。

完成本书中学习任务所需的相关素材可通过技工教育网（https://jg.class.com.cn）下载并使用。

图书在版编目（CIP）数据

三维非雕刻道具与场景制作工作页 / 宋雄主编 .
北京 : 中国劳动社会保障出版社，2025. --（技工院校工学一体化课程教学资源）（技工院校计算机动画制作专业工学一体化教材）. -- ISBN 978-7-5167-7107-5

Ⅰ. TP391.41

中国国家版本馆 CIP 数据核字第 20253FL758 号

三维非雕刻道具与场景制作工作页

SANWEI FEIDIAOKE DAOJU YU CHANGJING ZHIZUO GONGZUOYE

中国劳动社会保障出版社出版发行

（北京市惠新东街 1 号　邮政编码：100029）

*

北京市艺辉印刷有限公司印刷装订　　新华书店经销

880 毫米 ×1230 毫米　16 开本　22.25 印张　496 千字

2025 年 7 月第 1 版　　2025 年 7 月第 1 次印刷

定价：58.00 元

营销中心电话：400-606-6496

出版社网址：https://www.class.com.cn

https://jg.class.com.cn

技工院校工学一体化课程教学资源
技工院校计算机动画制作专业工学一体化教材

开发院校

牵头院校：广州市工贸技师学院

参与院校：广西机电技师学院　北京市新媒体技师学院
江苏省盐城技师学院

指导专家

张利芳　陈海娜　马　琳

本书编审人员

主　　编：宋　雄

副 主 编：陈　矗

参　　编：韦文颖　朱素莲　刘学谦　刘雯方　杨晓玲　吴云兰　张良锋
姜　欢　徐　杰　谢奇肯　蔡丽娟

审　　稿：曹　莹

指　　导：马　琳

序

技工教育的本质是就业教育，其最显著的特征是职业性，其最好的培养模式就是“在工作中学习、在学习中工作”。培育大批高技能人才，既要适应新一轮科技革命和产业变革的需要，也要遵循技能人才成长发展规律，创新技能人才培养方式。推进工学一体化技能人才培养模式改革是推进校企融合、提质培优的重要途径，是技工院校服务制造业和实体经济发展的务实举措。

2009 年，人力资源社会保障部办公厅印发了《技工院校一体化课程教学改革试点工作方案》，分三批在部分技工院校试点开展工学一体化课程教学改革工作，到 2021 年已经覆盖 31 个专业 191 所部级试点院校。经过十多年的发展，理念得到认同、试点不断扩大、学生学习兴趣明显提高，取得了显著成效。2022 年 3 月，人力资源社会保障部印发了《推进技工院校工学一体化技能人才培养模式实施方案》，提出在全国技工院校大力推进工学一体化技能人才培养模式，实现百个专业、千所院校、万名教师的“百千万”工作目标，以促进技工院校人才培养模式变革、提升技能人才培养质量、带动形成技工院校改革创新新局面。

新一轮工学一体化课程教学改革开展聚焦“课程标准”“课程资源”“教师培养”三项重点工作，为持续推进技工院校工学一体化技能人才培养模式实施奠定了坚实基础。印发《〈国家技能人才培养工学一体化课程标准〉开发技术规程》，出版《工学一体化课程开发指导手册》，分三阶段指引完成 103 个专业国家技能人才培养工学一体化课程标准与课程设置方案开发；编制《工学一体化课程教学资源开发指

南》，开发第一批 14 个专业 37 门课程工学一体化课程教学资源；印发《技工院校工学一体化教师培训标准》，出版《工学一体化教师培训指导手册》，依托工学一体化教师培训基地培育师资队伍；印发《技工院校工学一体化课堂、课程、专业、院校建设标准》，出版《工学一体化课程教学实施指导手册》，指引 1 000 所技工院校对标开展工学一体化优质课堂、精品课程、示范专业、骨干院校的建设工作，实现以评促建的目标。

教材建设是教学改革成果固化的重要载体。本次工学一体化课程教学资源按照工作逻辑呈现实践、理论知识和素养，遵循工作过程六步法，从工作向“工作 + 学习”融合，通过引导问题层层递进，实现“输入—内化—输出—考核”的学习闭环，突出学生心智技能和思维的培养，强调学生个人成长的积累。近年来，通过指导专家、几百位试点院校的骨干教师以及编辑团队共同努力，产出了教学指导用书、工作页及答案、信息页及数字资源等形式的系列教材学材，以满足技工院校的教学使用需求。

本系列教材及配套资源的出版，不仅是对本轮技工院校工学一体化技能人才培养模式改革工作的阶段性总结，也是打通从课程标准到课堂实施最后一公里的全新尝试，意义深远。希望全国技工院校将推行工学一体化技能人才培养模式作为创新人才培养模式、提高人才培养质量的重要抓手，为加快培养具有良好工作思维与习惯、自主学习意识与能力、精湛专业技艺与技能的复合型技能人才作出新的更大贡献！

技工教育和职业培训教学指导委员会

2025 年 4 月

目录

学习任务二
网络游戏非雕刻场景制作

任务描述

任务情境

某网络游戏是一款国风计算机端多人三维网络游戏，为使游戏既呈现逼真的视觉效果，又能提供流畅的游戏体验，需要单独制作游戏中的中模场景美术资产。某数字科技公司承接了该网络游戏项目的游戏场景美术资产制作任务，项目总负责人向项目经理和模型组长交接了场景制作任务单、场景原画稿和场景制作项目规范文件，商定了制作内容、制作规范、制作周期、制作标准等，项目经理和模型组长共同确定了项目进度和人员分配情况。你作为模型师，领取了部分游戏场景美术资产制作任务，具体制作内容为“中式箭楼”，该任务要求在 4 个工作日内完成制作并提交。

接到“中式箭楼”场景制作任务后，你需要与教师充分沟通，解读场景原画稿和场景制作项目规范文件，分析任务量和技术要点，梳理制作流程，根据场景原画稿进行“中式箭楼”的中模制作、UV 展开、材质贴图制作，在每个阶段进行自检、教师检查并优化改进，最后将场景整体渲染效果提交给教师审核，按照项目制作规范和标准进行工程文件命名、输出和整理，提交并完成验收。在本任务制作过程中应遵守保密协议，不泄露项目机密信息。

任务要求

1. 任务制作周期

任务制作周期为 4 个工作日。

2. 任务制作要求

（1）模型制作要求

1）模型造型准确，以场景原画稿中身高为 180 cm 的游戏角色作为建筑比例参考。

2）模型结构准确，还原场景原画稿中的中式箭楼建筑设计。

3）建模无重叠面，布线合理，符合中模面数要求（10 000 ~ 15 000 个四边面）。

（2）模型 UV 要求

保证模型 UV 比例一致、均匀舒展，避免出现拉伸 UV 的情况；接缝的位置隐蔽，避免把接缝放在结构复杂的区域；充分利用 UV，合理分配各区域面积，无大面积空白或无用区域；UV 间保持统一的、较小的间距，不能重叠；UV 摆放工整，排列在第一象限内；UV 壳内无断裂；UV Sets 里只有一个 UV。

（3）材质贴图要求

1）贴图分为基本色贴图、金属度贴图、粗糙度贴图，材料质感表现准确。

2）贴图无接缝，满足分辨率要求，颜色贴图无高光和阴影，贴图效果符合场景原画稿风格。

3）贴图分辨率为 2 048 × 2 048 像素，格式为 *.tga。

（4）文件规范要求

1）根据场景制作项目规范文件进行游戏场景工程文件的输出、命名、整理和提交。

2）遵守合同规定的保密协议，确保不泄露项目机密信息。

任务资料

1. 场景制作任务单

场景制作任务单

制作时间： 4 个工作日

使用软件： 要求使用 Maya、Substance 3D Painter、Photoshop

美术风格：

地域文化类型：国风

艺术表现类型：卡通和半写实结合（可参考《守望先锋》《风暴英雄》《刀塔 2》等游戏的美术风格）

制作要求：

（1）严格按照场景原画稿的场景造型制作，比例准确。

（2）以场景原画稿中身高为 180 cm 的游戏角色作为建筑比例参考。

（3）模型能准确表达木头、石头和布料的质感。

（4）对于场景原画稿中不明确的部分，可依据自己的经验进行完善。

（5）中模制作精度为 10 000 ~ 15 000 个四边面，面数不宜过多，模型精简，没有多余的点、线、面。

（6）UV 分辨率为 2 048 × 2 048 像素。

（7）法线贴图尽量避免出现彩虹色渐变，划分好中模光滑组和软、硬边。

（8）贴图能清晰表达各材料的质感，不要使用过多的黑色。

2. 场景原画稿

场景原画稿如图 2-0-1 所示。

图 2-0-1 场景原画稿

3. 场景制作项目规范文件

场景制作项目规范文件如图 2-0-2 所示。

图 2-0-2　场景制作项目规范文件

学习目标及学时

1. 能通过阅读场景制作任务单，从中提取并明确关键信息，分析场景原画稿和场景制作项目规范文件，完成网络游戏场景制作任务信息表。

2. 能列出项目制作流程，明确本任务技术要点，进行任务工作量分析，制订网络游戏场景制作计划，进行展示和汇报，并确定计划的合理性和可行性，具有时间意识。

3. 能对场景原画稿进行分析，运用多边形建模方法进行模型制作和优化，对模型进行 UV 分析，完成 UV 展开和优化，进行场景原画稿色彩和材质特点的分析，进行网络游戏场景模型 PBR 材质贴图的制作和优化。

4. 能使用 Substance 3D Painter 进行场景的多角度渲染，对场景的整体效果进行审核和优化，按照命名规则整理和归档文件并打包交付，体现诚实守信的品质。

5. 能梳理场景制作过程中的技术难点和解决方法，制作和展示网络游戏非雕刻场景制作任务成果展示图，分享和交流技术难点的解决方法和心得体会。

建议学时

72 学时

学习路径

学习任务　学习环节　学习步骤及学生活动

网络游戏非雕刻场景制作

- 接受任务、明确信息
  - 接受网络游戏场景制作任务
    - 获取任务信息，完成任务信息表
    - 认识游戏场景的概念和类型
    - 认识游戏场景的美术风格
  - 明确网络游戏场景制作任务要求
    - 分析场景原画稿，明确中式箭楼的特征
    - 识读规范文件，明确制作要求
- 分析任务、制订计划
  - 梳理网络游戏场景制作流程
    - 识读场景制作项目规范文件，列出制作流程
    - 对比其他学习任务制作流程
  - 分析网络游戏场景制作任务技术要点
    - 对比其他学习任务技术要点
    - 明确技术要点
  - 制订网络游戏场景制作计划
    - 分析和确定工作量
    - 制订制作计划
  - 展示和评价网络游戏场景制作计划
    - 展示制作计划
    - 评价和思考
- 实施计划、阶段检查
  - 分析场景原画稿
    - 明确场景原画稿中建筑的造型特点
    - 完成网络游戏场景建模结构分析表
  - 确定场景制作建模方法
    - 确定建模流程和建模方法
    - 规划模型布线

网络游戏非雕刻场景制作

实施计划、阶段检查

确定场景的尺寸和比例
- 确定场景的尺寸和比例的工具
- 绘制网络游戏场景和人物比例参照图

制作场景模型
- 制作场景模型单个部件，记录过程中的问题
- 完成场景建模

检查和优化场景模型
- 明确检查方法，自检和优化模型
- 场景模型制作过程性考核

分析场景模型
- 分析模型，确定共用 UV
- 确定 UV 优先级

展开 UV
- 展开模型单个部件的 UV
- 完成模型 UV 展开

检查和优化场景 UV
- 明确检查要求，自检和优化 UV
- 模型 UV 展开过程性考核

分析场景原画稿风格，收集贴图素材
- 分析原画稿色彩和材质特点
- 收集和遴选纹理贴图素材

贴图素材的再处理
- 审核贴图素材
- 明确贴图素材再处理方法，完成贴图素材处理

制作场景材质贴图
- 制作场景单个材质贴图
- 完成场景材质贴图制作

检查和优化材质贴图
- 自检和优化三维模型材质贴图
- 三维模型材质贴图过程性考核

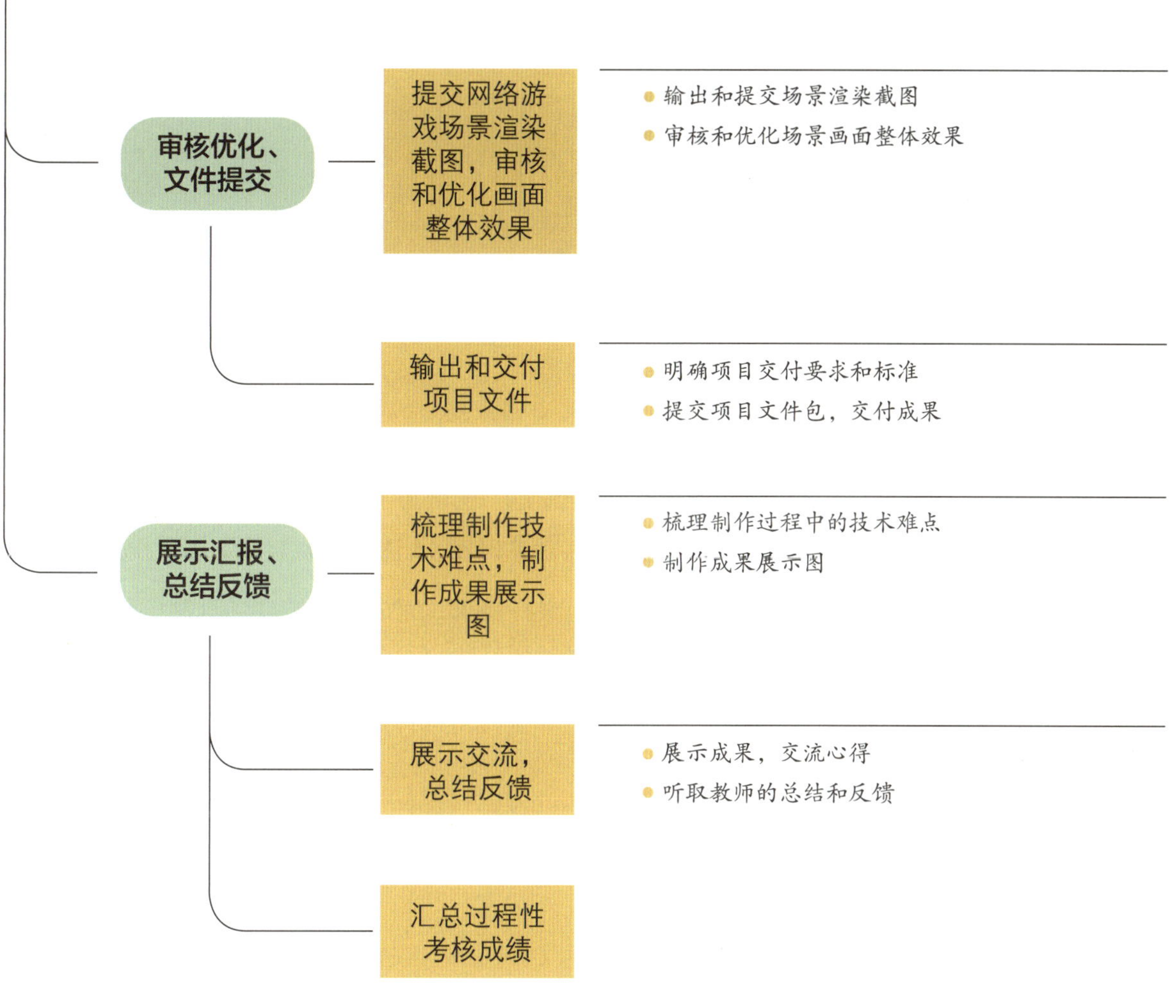
审核优化、文件提交
提交网络游戏场景渲染截图，审核和优化画面整体效果
输出和提交场景渲染截图
审核和优化场景画面整体效果
输出和交付项目文件
明确项目交付要求和标准
提交项目文件包，交付成果
展示汇报、总结反馈
梳理制作技术难点，制作成果展示图
梳理制作过程中的技术难点
制作成果展示图
展示交流，总结反馈
展示成果，交流心得
听取教师的总结和反馈
汇总过程性考核成绩

学习环节一　接受任务、明确信息

学习目标

1. 能通过阅读场景制作任务单，从中提取关键信息，明确游戏场景的概念、类型和美术风格，确定本任务要求的场景特征和风格，培养“国风出海”意识和文化自信。

2. 能分析场景原画稿，识读场景制作项目规范文件要求，完成网络游戏场景制作任务信息表，阐述任务信息，具有倾听、理解任务信息和与人有效沟通交流的能力。

建议学时

3 学时

学习要求

序号	学习步骤	学习内容	学时	备注
1	接受网络游戏场景制作任务	1. 网络游戏场景制作任务信息的提取 2. 游戏场景的概念和类型 3. 游戏场景的美术风格 4.“国风出海”意识和文化自信	2	
2	明确网络游戏场景制作任务要求	1. 场景原画稿的解读 2. 场景制作项目规范文件的识读	1	

一、接受网络游戏场景制作任务

（一）获取任务信息，完成任务信息表

仔细阅读场景制作任务单，找出关键信息，补全网络游戏场景制作任务信息表 1（基本任务信息），见表 2–1–1。

表 2-1-1　　网络游戏场景制作任务信息表 1（基本任务信息）

<table>
<tr><th>项目</th><th colspan="3">基本任务信息</th></tr>
<tr><td>使用软件</td><td colspan="3">名称：__________ 名称：__________ 名称：__________</td></tr>
<tr><td>风格类型</td><td colspan="3">地域文化类型：□国风　□欧美　□日韩
艺术表现类型：□写实风格　□半写实风格　□卡通风格</td></tr>
<tr><td>表现材质</td><td colspan="3">□木头　□石材　□布料　□陶瓷　□金属　□塑料　□玻璃</td></tr>
<tr><td rowspan="3">制作精度</td><td rowspan="3">□低精度
□中高精度
□高精度</td><td>模型面数</td><td></td></tr>
<tr><td>UV 要求</td><td></td></tr>
<tr><td>贴图分辨率</td><td></td></tr>
<tr><td>制作时间</td><td colspan="3">____年____月____日—____年____月____日，
第____学习周—第____学习周，共____天 / ____学时</td></tr>
</table>

（二）认识游戏场景的概念和类型

通过之前的学习，我们已知游戏中的美术资产包含道具、场景等，阅读信息页中的“游戏场景的概念”，理解游戏场景的概念和类型，回答下列问题。

1. 在下列美术资产中哪一个属于场景，属于场景的在□中打“√”，不属于场景的在□中打“×”。

□

□

□

□

2. 古代城市防御型建筑如中式城墙的箭楼、欧式城堡的箭楼，以及中西合璧的碉楼，其主要功能是为守城军队在战斗中提供射击位置和身体保护。观察下列图片，与场景原画稿匹配的现实世界中的防御性建筑是（　　）。【单选题】

A. 碉楼

B. 中式箭楼

C. 欧式箭楼

3. 游戏场景包含建筑、植被、地貌、天气等内容，本学习任务的游戏场景属于（　　）类型。【单选题】

A. 建筑　　B. 植被　　C. 地貌　　D. 天气

（三）认识游戏场景的美术风格

阅读信息页中的“游戏场景的美术风格”，回答下列问题。

1. 游戏场景的美术风格按地域文化的不同可分为__________、__________、__________等，按艺术表现的不同可分为__________、__________、__________等。

2. 判断下列场景的地域文化风格，并将答案填写在横线上。

A. ______________

B. ______________

C. ______________

3. 近年来，中国游戏产业蓬勃发展，经常发生中国游戏在其他国家游戏市场的排行榜上“抱团霸榜”的情形。阅读信息页中的“国风游戏出海”，通过互联网搜索有关中国游戏产业发展的资料，思考并讨论下列关于中国游戏产业的内容。

（1）“国风”是中国游戏的独特文化标识，其以中式的视觉画面表现，承载了丰富的中国传统文化内涵。根据信息页指引，查询互联网资料，举出 2～3 个案例，说一说中国的传统文化是如何借助游戏载体实现“文化出海”的？

案例 1：____

____

案例 2：____

____

案例 3：____

____

（2）3A 游戏是指投入大量时间（A lot of time）、大量资源（A lot of resources）、大量开支（A lot of money）制作的高质量、高投入游戏，往往代表着顶级的游戏开发和制作水平。下列是在国际市场上比较热门的 3A 游戏，通过互联网查阅资料，分辨这些游戏来源于哪些国家，填写 3A 游戏信息表，见表 2-1-2。

表 2-1-2　　3A 游戏信息表

游戏名称	制作国家
龙之信条 2	
黑神话：悟空	
最终幻想Ⅶ：重生	
塞尔达传说：王国之泪	
艾尔登法环	
赛博朋克 2077	

（3）近年来，中国游戏产业有了显著的进步，助力中华文化被更多其他国家的人所了解。作为一名计算机动画（游戏）制作专业的学生，你认为应该在学习中采取哪些行动来传承中华优秀传统文化？

答：____

____

____

____

____

4. 本学习任务的艺术表现风格是半写实风格，此外，艺术表现风格还包括写实风格和卡通风格等。根据你以往的绘画经验，尝试为图 2–1–1 所示的广州中信广场画出写实、半写实和卡通风格的手绘图。

图 2–1–1　广州中信广场

手绘区域

手绘区域

5. 写实与半写实、半写实与卡通风格虽然界限不是特别的分明，但都有各自不同的表现特征。将下列图片与其对应的艺术表现形式和特征进行连线。

图片	艺术表现形式	特征
	卡通	追求客观现实的绘画表现形式，强调对物体、人物和环境的真实描绘
	半写实	一种介于写实风格与卡通风格之间的风格，主要特点是在写实基础上进行夸张变形，抽象表现部分元素
	写实	色彩丰富，造型夸张，线条简洁，充满趣味和创意

二、明确网络游戏场景制作任务要求

（一）分析场景原画稿，明确中式箭楼的特征

阅读信息页中的“中国古代建筑屋顶形制”，仔细观察中式箭楼各部分示意图，如图 2–1–2 所示，分析中式箭楼的结构特征，填写中式箭楼各部分色彩、材质和造型分析表，见表 2–1–3。

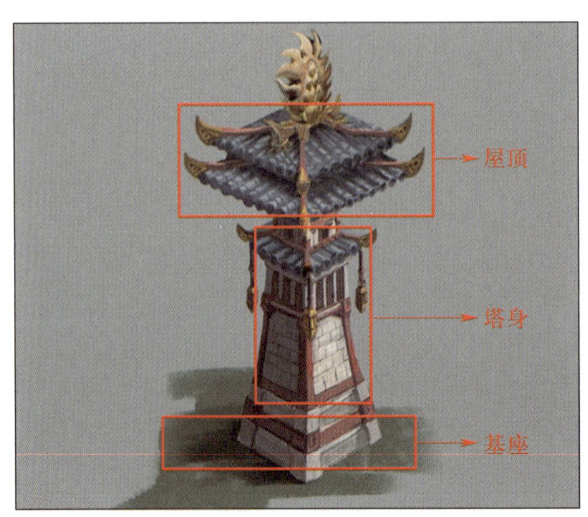

图 2–1–2　中式箭楼各部分示意图

表 2-1-3　　中式箭楼各部分色彩、材质和造型分析表

各部分名称	色彩	材质	造型
屋顶	□ □ □ □ □	□石材 □金属 □木头	 悬山顶  □　硬山顶  □　庑殿顶  □ 歇山顶  □　攒尖顶 □
塔身	□ □ □ □ □	□石材 □金属 □木头	 □　□　□
基座	□ □ □ □ □	□石材 □金属 □木头	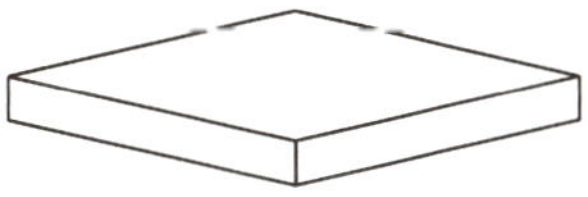 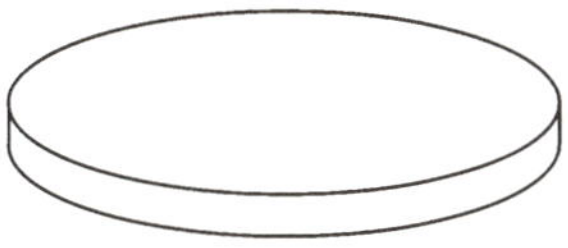 □ □

（二）识读规范文件，明确制作要求

1. 仔细阅读场景制作项目规范文件，提取制作要求信息，填写网络游戏场景制作任务信息表 2（具体制作要求），见表 2-1-4。

表 2-1-4　　网络游戏场景制作任务信息表 2（具体制作要求）

项目	具体制作要求	
模型制作	场景原画稿没有表现到的地方	□需补充完善　□严格按原画稿还原　□需沟通

续表

项目	具体制作要求	
模型制作	模型布线	□疏密得当　□节奏合理　□平整
	模型检查	□多边面检查　□视觉检查
UV 制作	UV 是否断开	硬边：□必须断开　□视情况断开 软边：□必须断开　□视情况断开
	UV 摆放	□符合观察习惯　□相同材质尽量放在一起
	UV 利用率	□不低于 80%　□不低于 60%　□ 100%
	优先级	□模型视觉中心部分 UV 优先 □非重点局部 UV 优先
贴图制作	贴图要求	□还原原画稿效果　□参考原画稿效果
	图层要求	□命名清晰　□层级清晰　□思路明确 □图层顺序符合逻辑

2. 各小组间根据表 2–1–1、表 2–1–4 的填写情况，按过程性考核项目 1：任务信息提取评价表（见表 2–1–5）的评价指标进行互评，教师进行教师评价。

表 2–1–5　　过程性考核项目 1：任务信息提取评价表

序号	评价项目	配分（共 10 分）	评价细则	组内互评（占比 40%）	教师评价（占比 60%）	得分
1	团队成员沟通和信息理解	2	沟通过程中表达清晰，信息理解准确，2 分； 沟通过程中参与度较低，未能准确表达意见，1 分； 未参与沟通，0 分			
2	任务信息提取	3	共 5 项任务信息，每项错误扣 1 分，扣完为止			
3	任务制作要求提取	5	共 9 项任务要求，每项错误扣 1 分，扣完为止			
小计得分						
合计						

学习环节二　分析任务、制订计划

学习目标

1. 能识读场景制作项目规范文件，明确场景制作流程。

2. 能通过对比其他学习任务的技术要点，明确本任务的技术要点，完成网络游戏场景制作任务技术要点分析表。

3. 能通过对比其他学习任务的工作量，分析本任务的工作量，完成网络游戏场景制作计划，具有时间意识。

4. 能清楚地展示、评价和思考网络游戏场景制作计划。

建议学时

3 学时

学习要求

序号	学习步骤	学习内容	学时	备注
1	梳理网络游戏场景制作流程	网络游戏场景制作流程的明确	1	
2	分析网络游戏场景制作任务技术要点	网络游戏场景制作任务技术要点的确定	1	
3	制订网络游戏场景制作计划	1. 网络游戏场景制作任务工作量的分析和确定 2. 网络游戏场景制作计划的制订 3. 时间意识	0.5	
4	展示和评价网络游戏场景制作计划	网络游戏场景制作计划的展示和评价	0.5	

一、梳理网络游戏场景制作流程

（一）识读场景制作项目规范文件，列出制作流程

在互联网上搜索如“《黑神话：悟空》场景制作视频”“中国传统建筑 Maya 游戏场景制作视频”等关键词，观看视频并梳理场景制作流程，完成网络游戏场景制作流程图，如图 2-2-1 所示。在图 2-2-1 右侧选择正确的关键词，并将其填写在左侧的对应方框中。

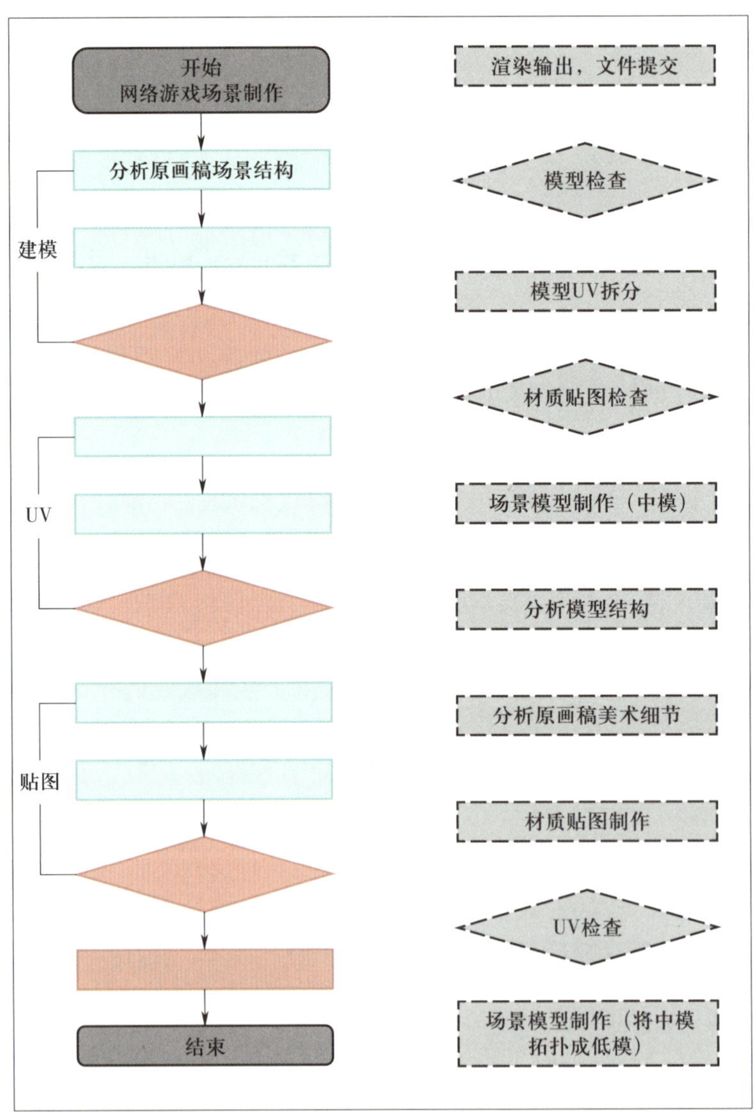

图 2-2-1　网络游戏场景制作流程图

（二）对比其他学习任务制作流程

网络游戏场景制作流程一般根据项目规范确定，图 2-2-2 所示为学习任务一的网络游戏道具制作流程图，对比并分析学习任务一和学习任务二的制作流程，与小组同学讨论，在图 2-2-2 中圈出两个制作流程的不同部分，并写下你认为产生这种不同的理由。

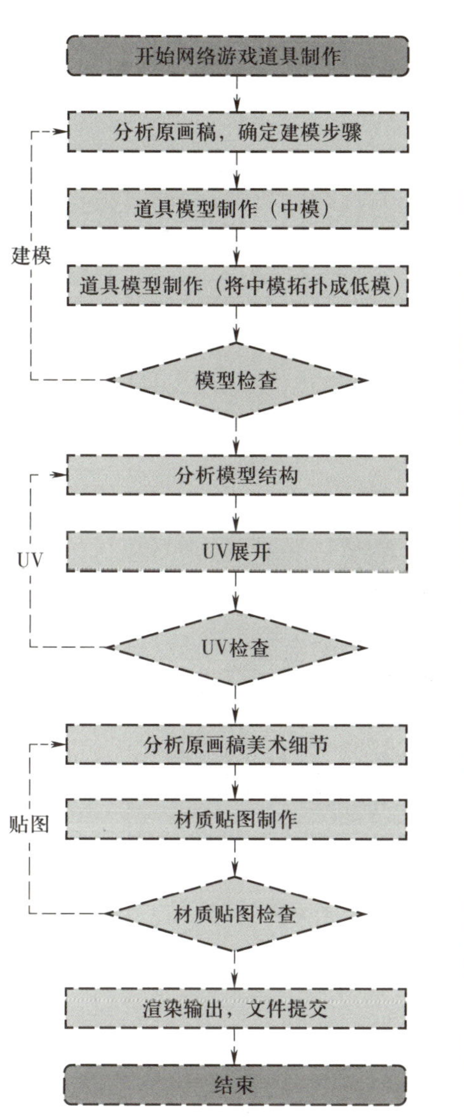

图 2–2–2　网络游戏道具制作流程图

二、分析网络游戏场景制作任务技术要点

（一）对比其他学习任务技术要点

1. 参考游戏场景部件划分示例图，如图 2–2–3 所示，以小组为单位，使用彩色马克笔划分出学习任务一道具原画稿（图 2–2–4）和学习任务二场景原画稿（图 2–2–5）中的各个部件，在图边描述两者制作难度的差异，并回答下列问题，为技术要点的分析做准备。

（1）两者的模型结构谁更简单，谁更复杂？

答：____。

（2）两者的体量谁比较大？

答：____。

（3）两者的色彩类型分别有多少？

答：____。

（4）两者的材质类型分别有多少？

答：____。

图 2-2-3　游戏场景部件划分示例图

图 2-2-4　学习任务一道具原画稿

图 2-2-5　学习任务二场景原画稿

2. 分析网络游戏场景制作任务技术要点，整体把握制作过程中出现的技术难点，对工作量做出预估和判断，可为确定制作计划打下基础。回顾学习任务一制作过程中涉及的关键命令、工具、操作和分析方法等技术要点，在学习任务一技术要点分析图（图 2–2–6）中将熟悉的技术要点用“√”标记出来，将不熟悉或感到运用困难的用“☆”标记出来，及时复习整理。

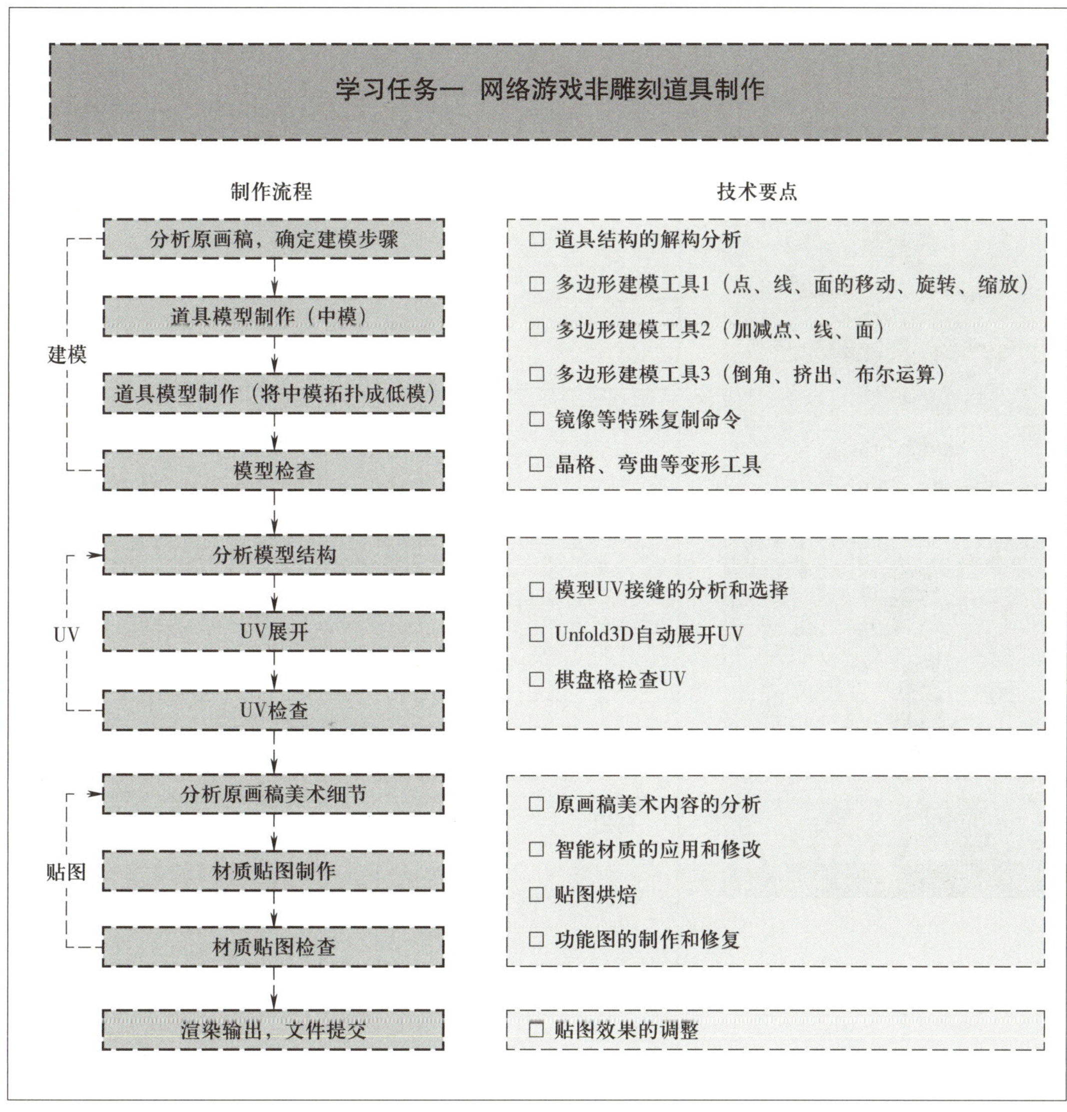

图 2–2–6　学习任务一技术要点分析图

（二）明确技术要点

参考场景制作项目规范文件和学习任务一的技术要点，以小组为单位，对下列场景的各部分进行分析，讨论并确定本次任务的模型、UV 和贴图制作三个阶段涉及的技术要点和难点，填写在网络游戏场景制作任务技术要点分析表（见表 2–2–1）中。如不确定某个部分应该如何制作，可将其作为技术难点记录下来。

表 2-2-1 网络游戏场景制作任务技术要点分析表

场景	技术要点	技术难点
	模型：	模型：
	UV：	UV：
	贴图：	贴图：

三、制订网络游戏场景制作计划

（一）分析和确定工作量

1. 回顾学习任务一中各流程所需制作时间，并在各学习任务制作时间分析图（图 2–2–7）中补充学习任务一各流程的制作时长。根据学习任务二的制作流程、技术要点和难点情况，对照学习任务一，确定在学习任务二的每个阶段是否需要增加或减少时间，将其填写在图 2–2–7 中。

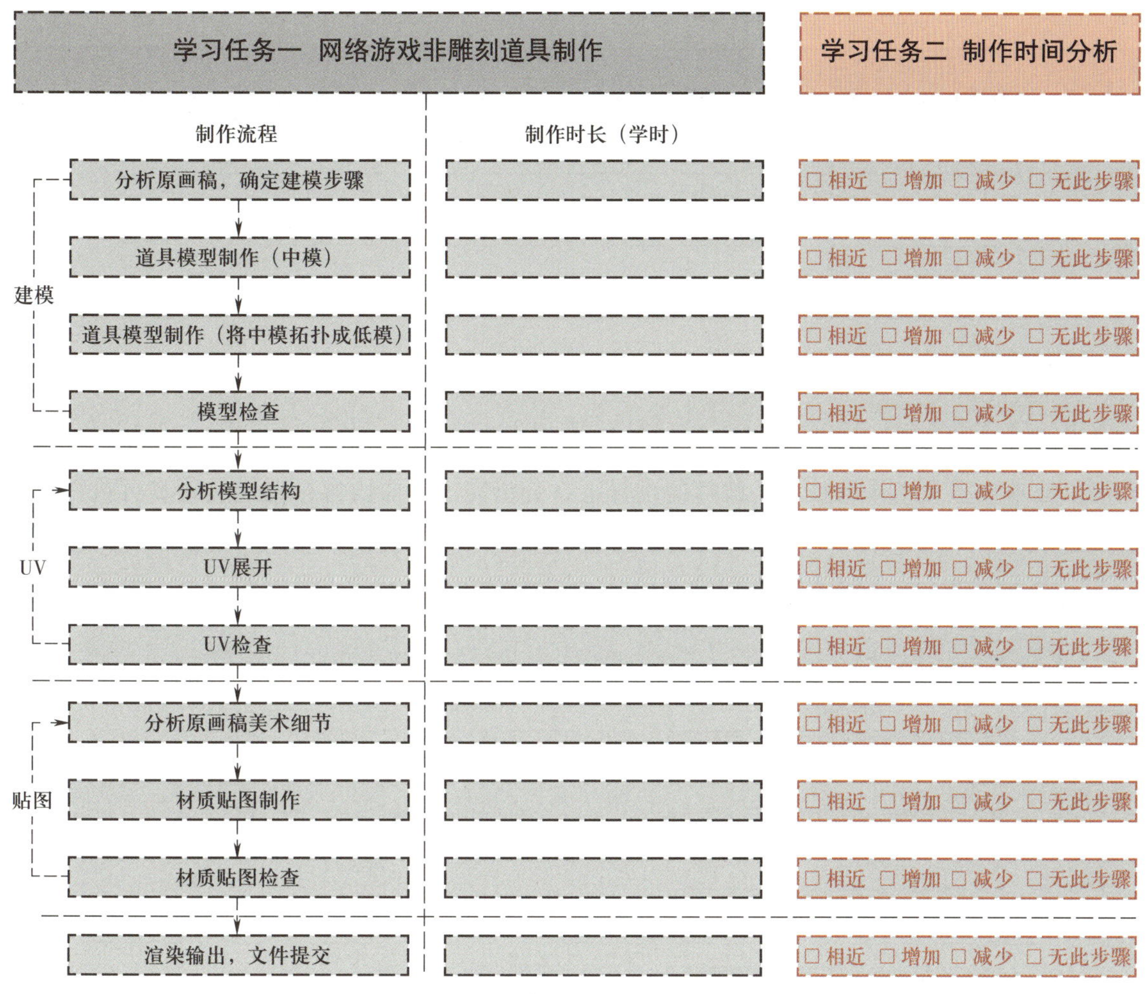

图 2-2-7 各学习任务制作时间分析图

2. 根据图 2-2-7，小组讨论并确定每个制作流程所需的制作时长，填写网络游戏场景制作任务制作时间分析表（见表 2-2-2）。

表 2-2-2 网络游戏场景制作任务制作时间分析表

制作流程		制作时长	备注
建模	场景分析		
	模型制作		
	模型检查		
UV	模型分析		
	UV 展开		
	UV 检查		

续表

制作流程		制作时长	备注
贴图	美术分析		
	贴图制作		
	贴图检查		

（二）制订制作计划

网络游戏场景制作计划示例图如图 2–2–8 所示，制作计划由三个主要部分组成，分别为制作流程、技术要点和制作时长。在教师的引导下，分步完成对应内容，形成完善和可执行的制作计划。

图 2–2–8　网络游戏场景制作计划示例图

以小组为单位，与教师沟通如何安排制作时长，确定并统一本小组各成员的制作时间节点，修改和优化网络游戏场景制作任务制作时间分析表（见表 2–2–2）。综合之前的网络游戏场景制作流程图（图 2–2–1）、网络游戏场景制作任务技术要点分析表（见表 2–2–1），将网络游戏场景制作计划（图 2–2–9）填写完整。

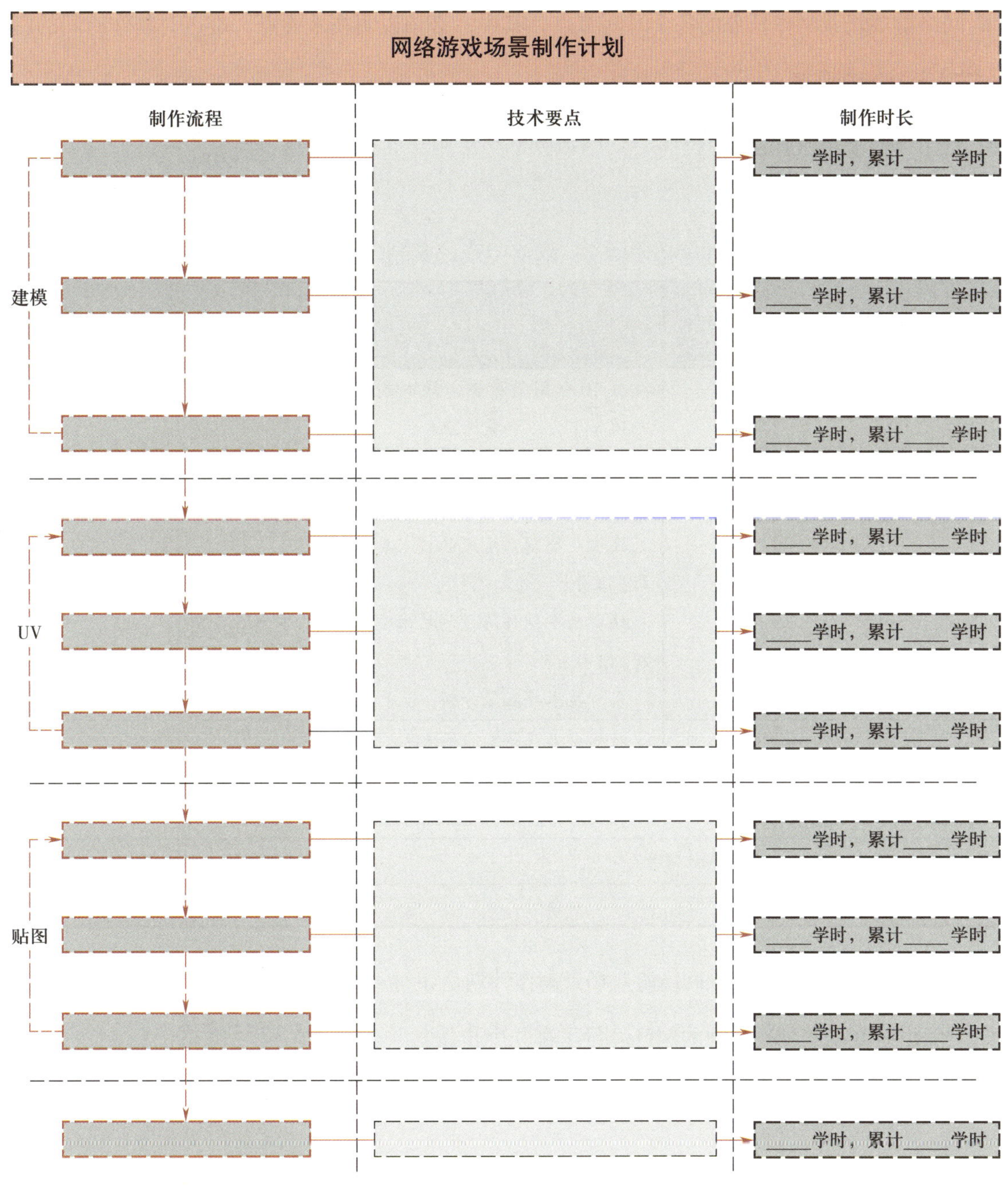

图 2-2-9　网络游戏场景制作计划

四、展示和评价网络游戏场景制作计划

（一）展示制作计划

各小组派代表用白板展示本组填写的网络游戏场景制作计划，必须包含下列内容。

1. 网络游戏场景制作流程。
2. 网络游戏场景制作任务技术要点。
3. 网络游戏场景制作任务技术难点。

4. 网络游戏场景制作任务的各个时间节点，其中，必须说明技术要点、难点对制作时间的影响。

（二）评价和思考

1. 各小组间根据过程性考核项目 2：网络游戏场景制作计划评价表（见表 2-2-3）的评价指标进行互评，教师进行教师评价。

表 2-2-3　　过程性考核项目 2：网络游戏场景制作计划评价表

序号	评价项目	配分（共 10 分）	评价细则	组间互评（占比 40%）	教师评价（占比 60%）	得分
1	制作流程安排	4	共 10 个制作步骤，缺失或错误一项扣 1 分，扣完为止			
2	技术要点总结	4	三个制作阶段都有技术要点分析，4 分； 缺少一个制作阶段的技术要点分析，3 分； 缺少两个制作阶段的技术要点分析，2 分； 未对技术要点做分析，0 分			
3	制作时间安排	2	时间安排符合工作量情况，2 分； 时间安排基本合理，1 分； 时间安排与工作量不符，0 分			
小计得分						
合计						

2. 以小组为单位，一起回顾网络游戏场景制作计划是如何一步步完成的，需要关注哪些影响因素。

（1）网络游戏场景制作计划的制订经过了哪几个步骤？

答：____

____

____

____

（2）制订计划时你关注了哪些影响时间进度的因素？

答：____

____

____

____

学习环节三 实施计划、阶段检查

学习目标

（一）建模阶段

1. 能分析场景原画稿，完成网络游戏场景建模结构分析表。

2. 能查阅资料，确定建模方法和建模流程，根据模型的建筑结构和特点规划模型布线，完成网络游戏场景建模方法示意图。

3. 能参考场景原画稿中场景和人物的比例，明确场景尺寸，使用Photoshop绘制网络游戏场景和人物比例参照图。

4. 能运用多边形建模方法进行模型制作并记录问题，完成中式箭楼建筑场景的完整建模，提交4张不同预览角度的截图文件。

5. 能根据模型检查的流程和要点，对照场景原画稿和场景制作项目规范文件对模型进行自检，并根据自检结果和教师现场检查的修改意见对模型进行修改，完成网络游戏场景模型修改和优化情况记录表，提交优化后的场景模型文件。

（二）UV阶段

1. 能通过小组合作分析模型，确定共用UV和UV优先级，完成中式箭楼三维模型的爆炸图分析。

2. 能根据示例，使用Unfold3D完成网络游戏场景UV展开，排布UV，在过程中注意思考和记录总结，提交截图。

3. 能根据展开UV的规范和要求进行UV自检，与教师沟通UV分布情况，并根据教师意见优化UV，完成网络游戏场景模型UV修改和优化情况记录表，提交优化后的UV展开图。

（三）材质贴图阶段

1. 能根据场景原画稿和参考素材，分析原画稿的色彩和材质特点，能根据分析结果收集并整理贴图素材包，培养分析原画稿风格的能力。

2. 能使用Photoshop完成贴图素材的再处理，培养判断色彩和材质特点的能力。

3. 能使用 Substance 3D Painter 进行场景模型的 PBR 材质贴图制作，培养把控贴图真实自然效果的能力。

4. 能进行三维模型材质贴图的自检和优化，完成网络游戏场景模型材质贴图修改和优化情况记录表，提交模型材质贴图效果图。

建议学时

60 学时

学习要求

序号	学习步骤		学习内容	学时	备注
1	建模阶段	分析场景原画稿	1. 场景原画稿中建筑的风格、类型、结构等造型特点的分析 2. 中国传统建筑的特点 3. 场景原画稿中建筑单个部件的结构和特点	1	
2		确定场景制作建模方法	1. 建模流程和建模方法的确定 2. 多边形建模方法的各种技巧和用途 3. 模型布线的规划	1	
3		确定场景的尺寸和比例	场景的尺寸和比例的确定方法	2	
4		制作场景模型	1. 多边形建模和曲面建模方法的综合运用 2. 控制多边形面数的方法 3. 特殊角度模型的修改、预判和处理方法	18	
5		检查和优化场景模型	1. 检查非流形几何体的方法 2. 检查顶点面的方法 3. 整理场景大纲视图的方法 4. 模型检查的流程和要点 5. 审美素养	2	
6	UV 阶段	分析场景模型	1. 确定共用 UV 的方法 2. 确定 UV 优先级的方法	1	
7		展开 UV	1. 场景模型 UV 展开的方法 2. UV 翻转的方法	14	
8		检查和优化场景 UV	1. UV 分布情况 2. 展开 UV 的规范和要求	1	

续表

序号	学习步骤		学习内容	学时	备注
9	贴图阶段	分析场景原画稿风格，收集贴图素材	1. 原画稿色彩和材质特点的判断 2. 贴图素材的收集和遴选 3. 素材网站的使用 4. 场景材质的类型和特点 5. 审美素养	1	
10		贴图素材的再处理	1. 贴图素材的再处理方法 2. 审美素养	2	
11		制作场景材质贴图	1. 制作 PBR 材质贴图的方法 2. 审美素养	16	
12		检查和优化材质贴图	1. 材质贴图的自检方法 2. 贴图整体效果的评估方法 3. 场景贴图检查的要点 4. 审美素养	1	

一、分析场景原画稿

（一）明确场景原画稿中建筑的造型特点

本任务需要制作一个传统建筑样式的中式箭楼，了解场景原画稿中中式箭楼的精细结构，有助于高效准确地完成建模。同时，学习中国传统建筑也能帮助我们深入了解中国建筑美学特征。仔细阅读信息页中的“中国传统建筑结构特征”，并查阅互联网资料，分析中国传统建筑样式，如图 2-3-1 所示，回答下列问题。

图 2-3-1 中国传统建筑样式

1. 中国传统建筑的造型特点通常包括（　　）。【多选题】

A. 层叠式的屋顶，其边缘通常翘起

B. 檐角装饰简单，很少使用雕塑

C. 支柱和横梁结构复杂，常有精美装饰

D. 对称性的设计，沿中心轴对称布局

E. 主要使用黑色和白色作为建筑颜色

F. 门窗常有特殊造型，如方形、圆形及带有传统花纹

G. 建筑通常置于平坦的地面上，无需基座

H. 墙面、柱子和屋顶上有丰富的装饰性图案

2. 下列选项中属于中国传统建筑特点的是（　　）。【单选题】

A. 将金属作为主要建筑材料

B. 建筑结构中广泛使用榫卯技术

C. 主要采用开放式布局，无围墙

D. 屋顶普遍由玻璃覆盖

3. 根据中国传统建筑特点，本学习任务中的中式箭楼结构大致包含（　　）。【多选题】

A. 屋顶：包含屋脊、瓦片、飞檐

B. 中层建筑：由木制柱子横梁框架、立面装饰组成

C. 下层建筑：通常是基座或台基，由石材建造

4. 本学习任务中的中式箭楼的整体外观造型最接近于（　　）。【单选题】

A. 圆柱体　　B. 立方体

C. 圆锥　　D. 金字塔形

5. 本学习任务中的中式箭楼的屋顶造型为（　　）。【单选题】

A. 平顶　　B. 圆顶

C. 坡顶　　D. 尖顶

6. 本学习任务中的中式箭楼每一层建筑的基础造型是（　　）。【单选题】

A. 圆形　　B. 椭圆形

C. 矩形　　D. 三角形

7. 本学习任务中的中式箭楼屋檐的设计在视觉上是（　　）的。【单选题】

A. 向内倾斜　　B. 平行于地面

C. 向外延伸并稍微翘起　　D. 垂直向下

（二）完成网络游戏场景建模结构分析表

根据以上对中式箭楼的分析，完成网络游戏场景建模结构分析表，见表 2–3–1。

表 2-3-1 网络游戏场景建模结构分析表

主体结构	各部分模型信息	外观结构特点
屋顶	屋顶造型	□坡顶 □圆顶 □平顶
	屋顶上的宝顶造型	□类似风火轮 □葫芦型 □球形
	屋顶边缘是否有翘角设计	□是 □否
塔身	塔身部分有多少层	□一层 □两层 □三层
	窗户和门的设计	□方形 □长方形 □圆形
基座	基座的高度	□约五人高 □约一人高 □约十人高
	基座结构	□多层式结构 □单层式结构

二、确定场景制作建模方法

根据以上对中式箭楼的深入分析，我们已经确认了场景原画稿中的建筑特点和结构。下面将进一步确定建模技术，规划模型布线。

（一）确定建模流程和建模方法

1. 查阅游戏建模流程的相关资料，列出主要的建模流程和建模方法，熟悉各建模方法的适用场景和优缺点，回答下列问题。

（1）在 Maya 中，建模方法主要有（　　）。【多选题】

A. 多边形建模　　B. 细分曲面建模　　C. 曲面建模　　D. 布尔建模

（2）观察不同建模方法的示例图，如图 2-3-2 所示，判断下列对每种建模方法特点的描述是否正确。

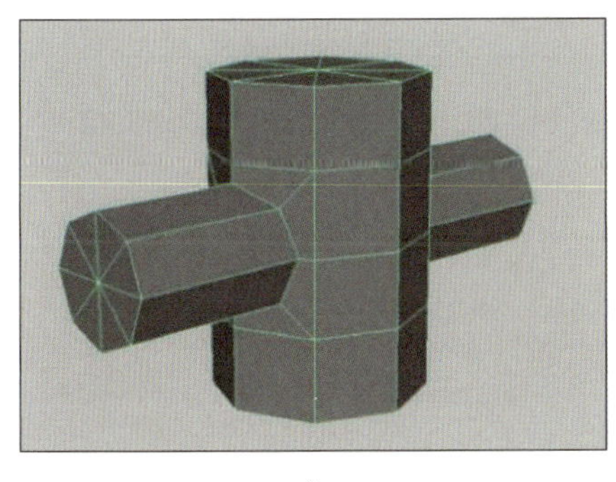
a)

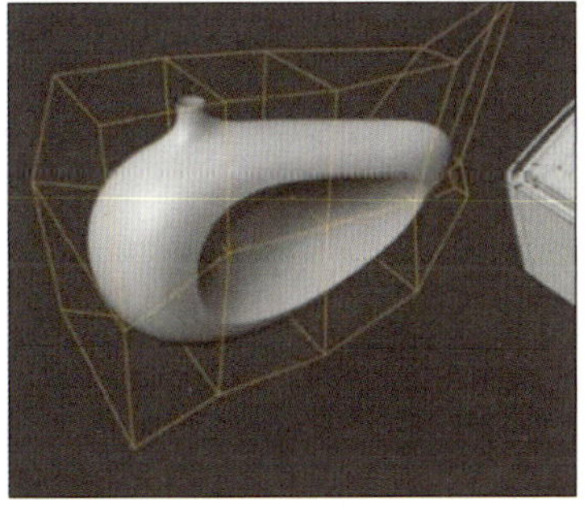
b)

c)

图 2-3-2 不同建模方法的示例图

a）多边形建模 b）细分曲面建模 c）曲面建模

1）多边形建模：通过直接创建和编辑网格的顶点、边和面来构建模型，经常用于硬表面模型的建模。（　　）

2）细分曲面建模：从面数较低的多边形的网格开始，应用细分曲面算法来平滑和细化造型，用于创建屋顶和装饰性元素的平滑曲线，但对计算机性能的要求较高。（　　）

3）曲面建模：可以精确控制曲线和平面的模型部分，这种方法可以创建非常平滑且精确的几何造型。（　　）

（3）由于项目的不同和建模师制作习惯的不同，建模流程也会不同。回顾学习任务一的建模流程，其属于（　　）。**【单选题】**

A. 由顶部建模至底部　　B. 由底部建模至顶部

C. 由整体到细节　　D. 先主体后附属

（4）每一种建模流程都有各自的优缺点，在下列选项中选择合适的描述并将其补充到对应的括号中。

建模流程 1：由整体到细节。优点：（　　）缺点：（　　）

建模流程 2：先主体后附属。优点：（　　）缺点：（　　）

建模流程 3：由顶部建模至底部。优点：（　　）缺点：（　　）

A. 有助于保持整体比例的一致性

B. 确保主体造型的精细程度

C. 在初期过度简化，后期会忽略一些细节

D. 较难保持模型的比例一致性，对制作人员的美术整体把握能力要求很高

E. 按线性顺序制作

F. 容易忽视附属物体的精细程度

（5）根据以上对建模流程的分析，适用于本任务的建模流程是：________________。

（6）根据以上分析和场景原画稿中中式箭楼的建筑结构和特点，按照由主体到附属装饰的顺序，中式箭楼建筑建模流程的大致顺序为：（　　）→（　　）→（　　）→（　　）→（　　）。

A. 增加建筑细节：为中式箭楼各个部位进一步合理建造细节

B. 修饰大型：将简单几何体修饰至与场景原画稿相似的形体

C. 搭建基础框架：使用简单的几何体（如立方体、圆柱体）快速搭建出建筑的基本轮廓，调整比例

D. 增加装饰元素：为中式箭楼各个部位制作装饰元素，如窗户、吊坠等

E. 观察场景原画稿，确定建筑各个部分的比例

2. 观看教师演示的建模方法和技巧，结合前期查阅的资料和知识，回答下列问题，确定本次学

习任务中使用的建模方法。

（1）不同表面特点的建筑适合不同的建模方法，本学习任务中的中式箭楼属于（　　）的建筑。【单选题】

A. 整体都为硬表面　　B. 整体都为软表面

C. 整体都为流体形态　　D. 以上描述都有

（2）根据上述建筑的表面特点，可推断本学习任务中的中式箭楼建筑的最优建模方法是（　　）。【单选题】

A. 多边形建模　　B. 曲面建模　　C. 细分曲面建模　　D. 布尔建模

（二）规划模型布线

根据场景原画稿中中式箭楼的建筑结构和特点，规划模型布线，以小组为单位，各成员交流并讨论各自的模型布线规划，确保布线后模型的面数既符合建筑特征又便于后期制作。

1. 以建筑模型布线规划示例图（图 2–3–3）为例，在进行三维建筑模型面数分配时，下列（　　）因素是决定主要视角和焦点区域面数分配的关键因素。【单选题】

A. 模型的颜色　　B. 观察者的视角

C. 使用的软件类型　　D. 建筑的地理位置

图 2–3–3　建筑模型布线规划示例图

2. 在（　　）模型上应分配较高的面数以增加细节。【单选题】

A. 较不显眼的后墙　　B. 观察者易见的大区域

C. 简单平坦的楼顶　　D. 平坦的内部地板

3. 在制作面数受限的三维建筑模型时，应（　　）。【单选题】

A. 在所有外部和内部元素上均匀分配面数　　B. 在主视角和复杂结构上分配更多面数

C. 仅对屋顶和基座分配较多面数　　D. 给内部结构分配大部分面数，将外部结构尽量简化

4. 在三维建模中分配多边形面数时，为准确呈现建筑特点并便于后期制作，重要的是（　　）。【单选题】

A. 通过在重要的视觉区域增加多边形数量，更精确地呈现复杂的建筑细节和装饰元素，增强模型的视觉吸引力

B. 减少关键视觉区域的多边形数量，以优化性能

C. 增加整体模型的多边形数量，以提高渲染速度

D. 随机分配多边形数量，以提高模型的可编辑性

5. 根据以上分析，完成网络游戏场景建模方法示意图，如图 2-3-4 所示，尝试在白模上绘制规划模型布线，并填写建模流程和建模方法。

（1）规划模型布线：

（2）建模流程：________________

（3）建模方法：________________

图 2-3-4　网络游戏场景建模方法示意图

三、确定场景的尺寸和比例

（一）确定场景的尺寸和比例的工具

1. 以场景原画稿中身高为 180 cm 的游戏角色作为建筑比例参考，观摩教师演示，了解通过人物与场景的对比来确定场景尺寸和比例的方法，在网络游戏场景和人物比例参照图绘制步骤记录表（见表 2-3-2）中记录教师示范过程中使用的步骤及主要工具。

表 2-3-2 网络游戏场景和人物比例参照图绘制步骤记录表

序号	步骤描述	主要工具
1	示例：将场景原画稿导入 Photoshop	Photoshop 导入

2. 场景的尺寸和比例决定了模型整体的造型面貌，根据教师的示范，阅读信息页中的“场景和人物比例参照图绘制步骤”，回答下列问题。

（1）建模前，可以以（　　）方式得出本学习任务中中式箭楼的长宽高比例。【单选题】

A. 凭肉眼判断

B. 以场景原画稿右下角的游戏角色剪影为参考

C. 用尺子测量

D. 用手测量

（2）可使用 Photoshop 将场景原画稿中的游戏角色单独抠取出来，以（　　）的方式进行建筑物的测量。【单选题】

A. 将游戏角色等比例拉长

B. 将游戏角色“叠罗汉”、横向排列

C. 用 Photoshop 内部标尺测量

D. 用肉眼对比游戏角色和建筑物

（3）观察下列不同建模方法，可准确、合理测量中式箭楼建筑高度和宽度的方法是（　　）。

【单选题】

A. 方法一

B. 方法二

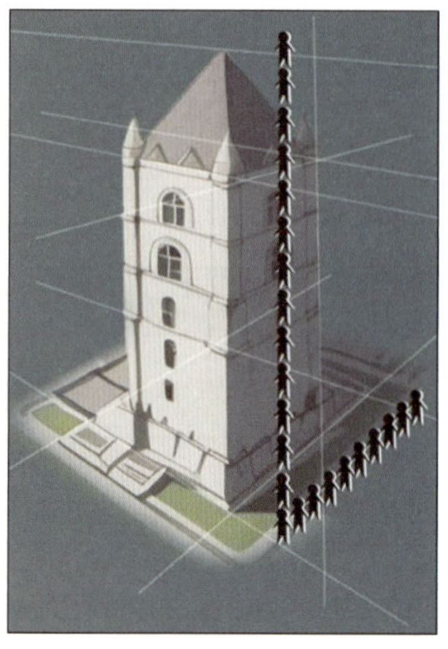

C. 方法三

（4）假定游戏角色身高为 1.8 m，肩宽为 0.4 m，则中式箭楼的高度和宽度分别约为（　　）。

【单选题】

A. 23.4 m　2.8 m

B. 13 m　7.5 m

C. 200 m　2 m

D. 20 m　7 m

（二）绘制网络游戏场景和人物比例参照图

根据对中式箭楼比例的分析结果，参考场景和人物比例示例图，如图 2-3-5 所示，使用 Photoshop 绘制出网络游戏场景和人物比例参照图，确定中式箭楼的尺寸。

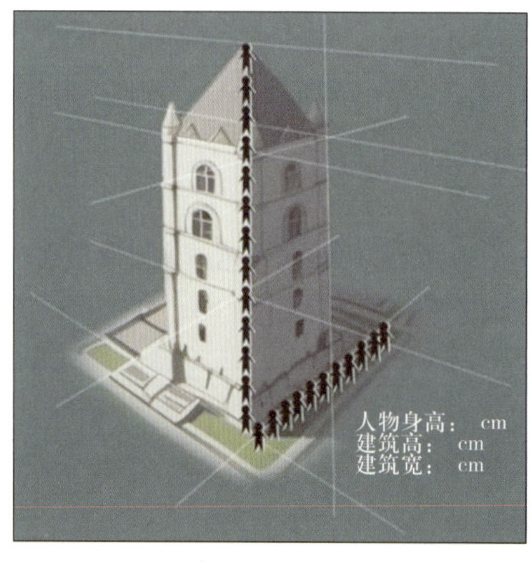

图 2-3-5　场景和人物比例示例图

四、制作场景模型

参考场景原画稿，按照之前测量的中式箭楼的尺寸和比例，在 Maya 中用大体块搭建模型的大体框架结构，模型大体框架结构搭建示意图如图 2–3–6 所示。

图 2–3–6　模型大体框架结构搭建示意图

先尝试制作建筑的一个部件，然后逐渐完成整个建筑模型的制作。

（一）制作场景模型单个部件，记录过程中的问题

1. 阅读信息页中的“单个部件建模过程分析”，尝试运用多边形建模方法制作中式箭楼的窗户模型，如图 2–3–7 所示，思考并回答下列关于建模技巧的问题。

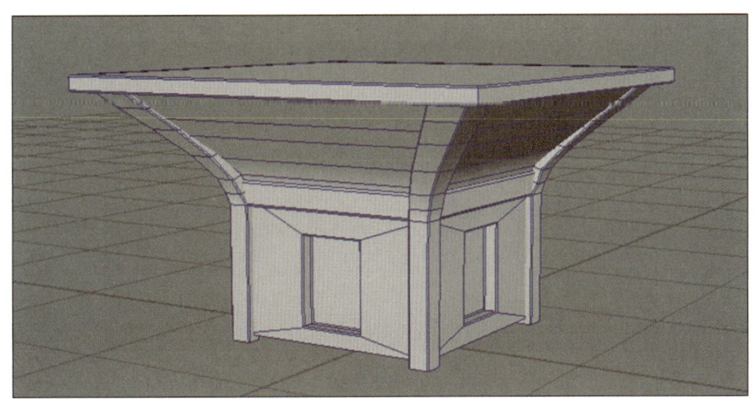

图 2–3–7　中式箭楼的窗户模型

（1）下列是四种为几何体加线工具的图标，辨识各个工具的具体名称，并将其填入对应横线处（如不明确对应名称，可打开 Maya 查看）。

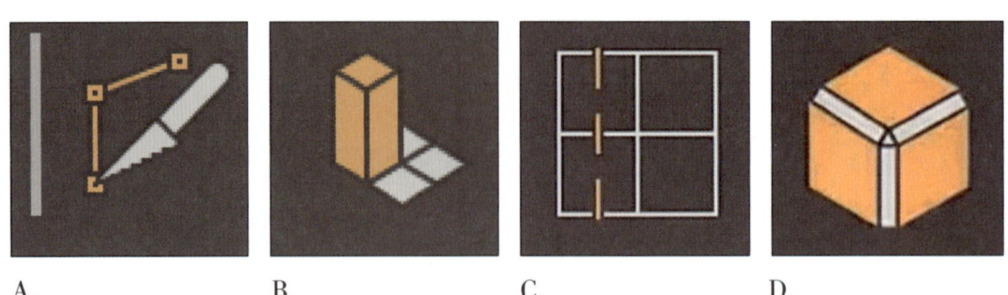

A. ______________　B. ______________　C. ______________　D. ______________

（2）在图 2-3-8 所示的几何体中，若要在不改变几何体原型的前提下加线，可以使用________________________________工具增加分段线。

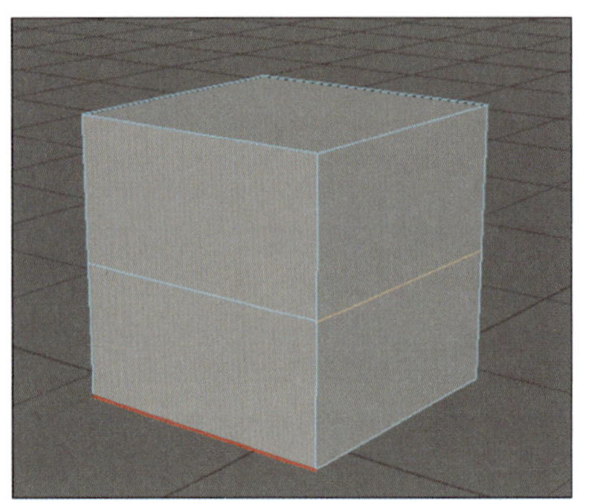

图 2-3-8　几何体

（3）在窗户造型制作（图 2-3-9）过程中，采用（　　）操作可准确且高效地制作凸出 4 个面的窗户造型。【单选题】

A. 2 次挤压命令　　B. 1 次挤压命令　　C. 加线编辑　　D. 布尔运算

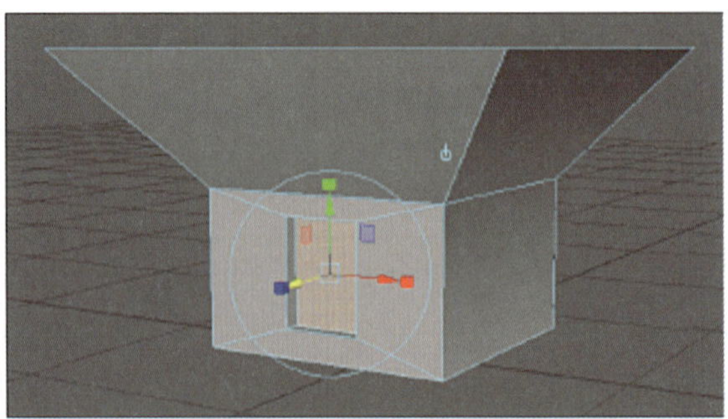

图 2-3-9　窗户造型制作

（4）利用已完成的模型来制作与这个模型方向、角度和造型基本一致的其他部件，是一种快速、高效且避免重复建模的制作技巧。图 2-3-10 所示是箭楼四角红木部件的制作示意图，其操作步骤的正确排序是：（　　）→（　　）→（　　）→（　　）→（　　）→（　　）。

A. 根据场景原画稿中红木部件的造型加线

B. 删除多余面

C. 对称复制已完成的红木部件模型至建筑另外三条边

D. 复制原模型

E. 位移红木部件并将其定位到准确的位置

F. 挤压处理边缘厚度

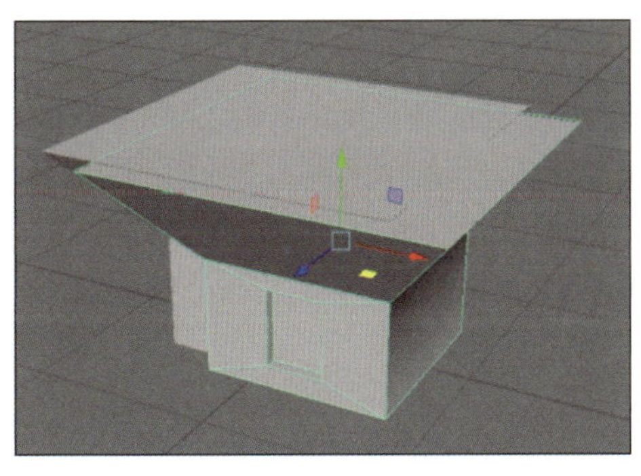

a)

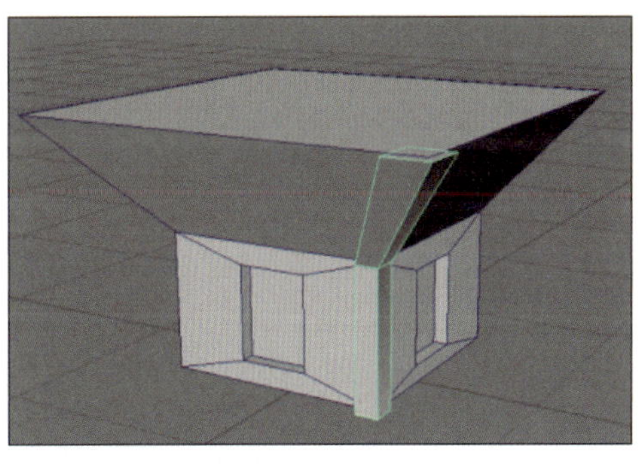

b)

c)

图 2-3-10　箭楼四角红木部件的制作示意图

a）第 1 步　b）中间步骤　c）最终效果

2. 在建模过程中，有一些容易被忽略，但会影响最终建模效果的小问题，与教师一起回顾以往的建模经历，回答下列问题。

（1）在调整模型细节层次方面，应注意（　　）。**【单选题】**

A. 在模型的所有部分均匀地增加细节

B. 根据模型不同部分的重要程度调整细节层次

C. 在不可见部分增加大量的细节

D. 仅在模型的核心部分增加细节

（2）在多边形密度分布上，常犯的错误是（　　）。【单选题】

A. 在所有模型部分合理分配多边形密度

B. 在不需要细节的部分增加多边形密度

C. 在一些形体复杂部分分配高多边形密度，在一些形体简单部分分配低多边形密度

D. 使用尽可能少的多边形以简化模型

（3）在多边形建模时，如果在执行挤压操作后，面没有被正确地拉出来，可能会导致（　　）的问题。【单选题】

A. 增加模型透明度

B. 模型表面颜色改变

C. 产生重叠的面，后期制作出现闪面

D. 自动删除原始面

（4）关于模型法线的处理，下列选项中描述正确的是（　　）。【单选题】

A. 法线方向错误不会影响模型的视觉效果

B. 只要多边形数量足够，法线的方向不重要

C. 法线方向错误会导致模型光照和阴影表现异常

D. 所有模型的默认法线方向都是正确的，不需要调整

3. 在场景模型单个部件制作问题和解决方法记录表（见表 2–3–3）中记录建模过程中的问题并及时与教师沟通解决，小组讨论、汇总组内问题，找出共性问题，并找到解决方法。

表 2–3–3　场景模型单个部件制作问题和解决方法记录表

序号	具体问题描述	解决方法
1	示例：实例复制无法触发同步修改	检查实例复制命令属性中是否已勾选同步参数

续表

序号	具体问题描述	解决方法

（二）完成场景建模

1. 观看教师演示的多边形建模过程，明确控制多边形面数的方法，以及特殊角度模型的修改、预判和处理方法，回答下列问题。

（1）点、线、面的选择和修改属于建模的基本操作，如图 2-3-11 所示的软选择操作示意图展示的是一种非常灵活且高效的方式，判断下列对于软选择功能作用的描述是否正确，正确的在括号中打“√”，错误的在括号中打“×”。

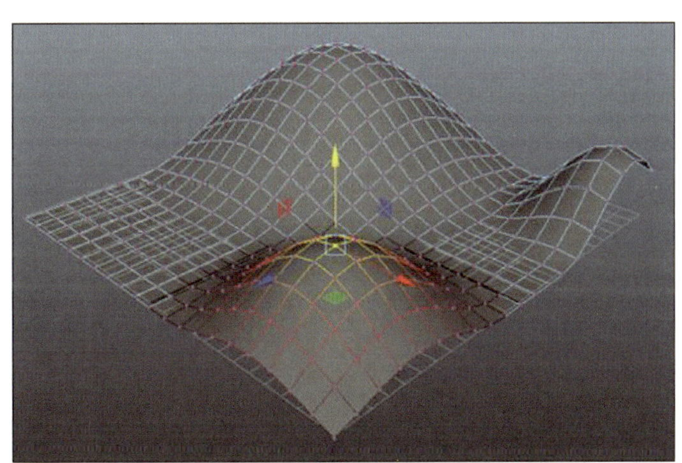

图 2-3-11 软选择操作示意图

1）软选择的核心功能是能对选中的顶点、边、面、UV 甚至多个网格产生渐变式影响。当启用软选择时，主要选中的元素会影响其周围的元素，影响强度会随着距离的增加而递减。（ ）

2）软选择允许用户灵活调节影响范围，即用户可以设定从选中元素到该影响区域边缘的距离。（ ）

3）在使用软选择时，Maya 提供了直观的颜色渐变视觉反馈，显示为从选中元素到影响区域边缘的颜色过渡。这种颜色的变化可帮助用户直观地看到当前的选择范围和影响强度，从而更精确地控制编辑效果。（ ）

4）软选择不仅适用于对单一顶点的编辑，同样适用于对边和面的编辑，这使软选择成为一个多用途的工具。无论是在建模过程中调整整体造型，还是在动画制作时微调角色的姿态，软选择都能提供强大的支持。（　　）

5）软选择只适用于软表面模型，不适用于硬表面模型。（　　）

（2）因为本学习任务中的中式箭楼属于对称结构，所以使用对称编辑能够明显提高建模效率。观察教师的示范，结合自己的制作经验，思考对称编辑在建模中的功能和作用，包括（　　）。**【多选题】**

A. 对称编辑允许用户选择模型一侧的顶点、边或面，Maya 会自动识别并选择另一侧的对应元素，当在一个侧面进行移动、缩放或旋转操作时，另一侧将会自动进行镜像操作

B. 如果对称编辑被激活，在模型一侧所做的任何添加或删除几何体的操作也会在另一侧自动镜像执行，包括添加新的边缘循环、挤出、剪切和连接等操作

C. 在对称编辑时，可选择进行对称操作的轴线（*X*、*Y* 或 *Z* 轴），并可调整对称轴的位置，还可根据模型的特定对称性需求灵活设定对称轴

D. Maya 提供工具来检测对称操作中可能出现的问题（如非对称顶点），还可帮助修复这些问题，确保模型两侧的对称效果完美

（3）各类制图建模软件都能对有规律的多个元素或模型实现高效的复制并变换操作，图 2-3-12 所示即使用复制并变换操作产生的多个球体。观察教师的示范，结合实际制作经验，思考复制并变换操作在建模时的功能和作用，包括（　　）。**【多选题】**

图 2-3-12　使用复制并变换操作产生的多个球体

A. 可以一次性复制多个对象，并通过设定的变换参数（如旋转角度或平移距离）自动排列这些对象

B. 可以详细设定每次复制时对象的平移、旋转和缩放参数，以及复制的次数，Maya 会根据这些

参数自动计算每个副本的位置和尺寸

C. 通过调整复制并变换操作的设置，可以实现从简单的直线重复到复杂的三维阵列排列

D. 以上选项都不对

（4）图 2-3-13 所示是使用实例复制的效果，观察教师的示范，结合实际制作经验，思考实例复制操作在建模时的功能和作用，包括（ ）。【多选题】

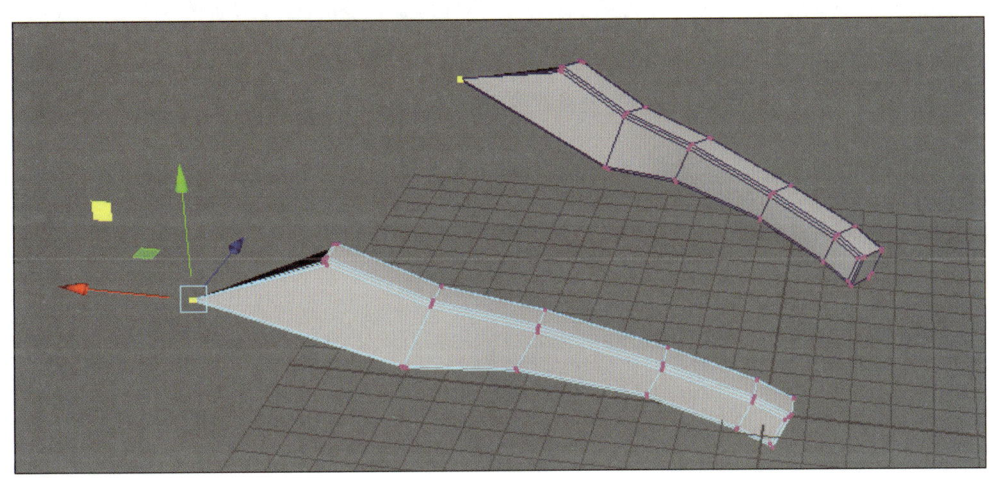

图 2-3-13 使用实例复制的效果

A. 实例复制意味着所有的复制对象都会链接到原始对象，任何对原始对象的修改都会自动反映到所有实例上

B. 每个实例都可以有自己独立的变换属性（如位置、旋转和缩放），提高了对每个实例个性化布局的灵活性

C. 实例复制创建的每个副本共享相同的几何数据和材质，这种方法相较于完全复制大大减少了对内存的占用

D. 以上选项都不对

（5）对于特殊角度的模型，如处于倾斜角度或改变坐标轴的模型，进行实例复制可以为二次修改模型提供便利，提高建模效率。观察图 2-3-14 所示的特殊角度模型的预判和提前处理效果，下列操作步骤的正确排序是：（ ）→（ ）→（ ）→（ ）。

A. 以正常的角度制作特殊角度的模型，并进行实例复制操作

B. 观察原画稿，对需要提前进行实例复制处理的模型进行预判，如屋顶的红木椽需要进行倾斜角度调整操作，存在后期二次修改不便的风险

C. 如需对已经调整了特殊角度的模型进行修改，则应使用实例复制的模型

D. 将实例复制的模型放置在不妨碍继续建模的区域，作为“控制器”备用

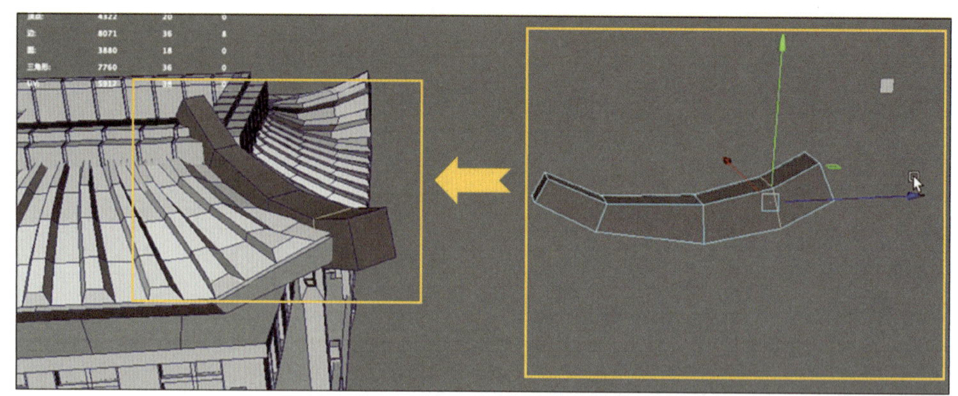

图 2-3-14　特殊角度模型的预判和提前处理效果

（6）图 2-3-15 所示是中式箭楼三维模型的爆炸图，观察图中模型的各个部件，思考有哪些部件可以使用以上特殊建模方法以提高建模效率。直接在图中将对应部件圈出，并标注使用的特殊建模方法。

图 2-3-15　中式箭楼三维模型的爆炸图

2. 完成中式箭楼的完整建模，并在建模过程中记录出现的问题及解决方法，分析建模过程中的典型问题。

（1）结合制作计划和对场景造型结构特点的分析，完成中式箭楼的建模，并将建模过程中的问题及解决方法记录在中式箭楼建模问题和解决方法记录表（见表 2–3–4）中。

表 2-3-4　　中式箭楼建模问题和解决方法记录表

序号	出现问题的步骤	问题描述	解决方法
1	示例：木梁制作	未能预判特殊角度模型需要二次修改，导致木梁修改困难	重新制作木梁，并采用实例复制方法提前处理特殊角度模型

（2）多边形建模典型问题分析表（见表 2–3–5）中列出的是在多边形建模过程中出现频率较高的典型问题，结合实际建模经验，分析这些典型问题，在正确的问题解析选项前的□里打“√”。

表 2-3-5　　多边形建模典型问题分析表

序号	问题	问题解析
1	在三维建模中，保持良好的边流（Edge Flow）对模型有什么好处？	□优化渲染时间 □增强模型的视觉吸引力 □减少模型细节 □降低中模复杂度
2	在分配多边形面数时应遵循的原则是什么？	□关键区域内应尽量减少多边形 □所有区域的多边形数量应相同 □关键视觉区域内应增加多边形数量 □模型底部应使用最多的多边形
3	如何避免模型中的法线问题？	□使用自动平滑 □随机调整法线方向 □手动翻转所有法线 □统一法线方向

续表

序号	问题	问题解析
4	多边形重叠在三维模型中可能导致什么情况？	□提升模型的视觉效果 □产生渲染时的错误面闪烁问题 □加快模型的渲染速度 □无任何影响
5	在模型的细节区域，未合并的顶点如何影响细节表现？	□使细节更加清晰 □没有任何影响 □导致细节处出现视觉错误 □简化细节的表现

3. 在中式箭楼建模完成后，参考图 2–3–16 所示的 4 张不同预览角度的截图文件示例图，在 Maya 中设置正视图、侧视图、顶视图和 45° 视图 4 个预览角度，提交 4 张不同预览角度的截图文件。

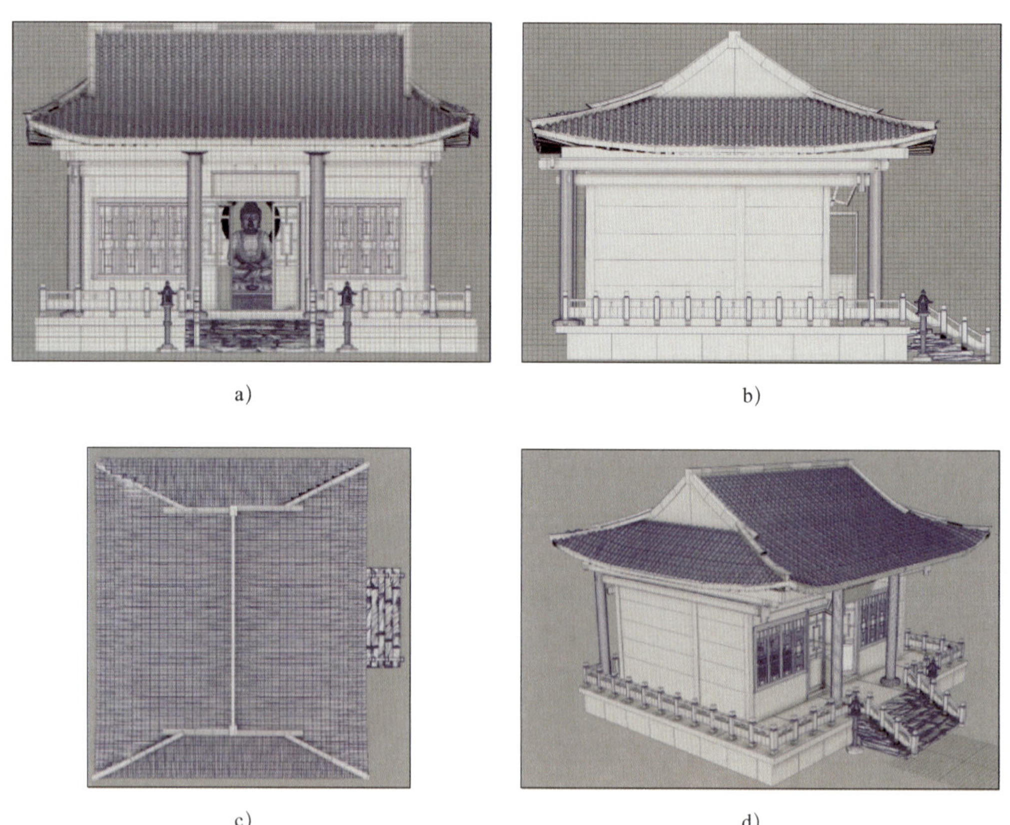

a） b）

c） d）

图 2–3–16 4 张不同预览角度的截图文件示例图

a）正视图 b）侧视图 c）顶视图 d）45° 视图

五、检查和优化场景模型

（一）明确检查方法，自检和优化模型

1. 将场景原画稿与模型进行对比，判断场景原画稿中建筑的比例、结构和特点表现是否准确。

（1）在对比原画稿和模型时，直观地检查原画稿与模型在造型、尺寸和位置上差异的方法有（　　）。【单选题】

A. 比对原画稿中的描述文字　　B. 叠加对比法

C. 肉眼观察模型　　D. 依靠他人的口头反馈

（2）通过（　　）方法可以量化验证模型的尺寸和比例的准确性。【单选题】

A. 维度标注比对　　B. 渲染比对

C. 专家审查　　D. 动态交互比对

（3）如果需要从多个角度检查模型的形态和细节，应使用（　　）比对方法。【多选题】

A. 动态交互　　B. 渲染

C. 叠加　　D. 维度标注

2. 根据建模规范和要求，使用检查非流形几何体、检查顶点面、整理场景大纲视图等方法对模型进行自检，优化场景模型。

（1）根据信息页中"非流形几何体"的相关内容，在多边形建模中，导致模型错误的是非流形几何体，其特征包括（　　）。【多选题】

A. 三个或更多面共享同一个边　　B. 两个面共享同一个顶点和边

C. 有未闭合孔洞　　D. 相邻面法线相反

（2）在多边形建模中，避免出现非流形几何体的方法包括（　　）。【多选题】

A. 因为三角面能更好地维持拓扑的一致性，易于管理和修改，所以尽可能使用三角面网格建模

B. 确保所有顶点、边和面都适当地连接到模型上，避免出现孤立的元素

C. 在添加新的几何体或进行布尔运算（如合并或切割模型）时，确保内部的边和面被适当处理，避免产生隐藏的面或复杂的内部结构

D. 在 Maya 中执行非流形几何体清理命令

（3）在 Maya 中，大纲视图主要用于（　　）。【单选题】

A. 渲染设置　　B. 组织和管理场景中的所有对象

C. 创建材质和纹理　　D. 动画渲染

（4）在 Maya 中，清理大纲视图的一个有效方法是删除未被使用的节点，下列操作中，正确的步骤是（　　）。【单选题】

A. 保留所有默认命名的对象，以备后续使用

B. 选择未被使用的对象并按 Delete 键将其删除

C. 隐藏未被使用的对象，避免将其删除

D. 将未被使用的对象放入一个新组，以便后续查找

（5）在 Maya 中，优化大纲视图中的层次结构的正确步骤是（　　）。【单选题】

A. 随机分配父子关系

B. 创建尽可能多的子级以增加复杂性

C. 使用拖放操作组织父子关系

D. 将所有对象都放在同一层级，避免使用子层

（6）在 Maya 中，重命名对象是清理大纲视图的一个重要步骤，其作用是（　　）。【单选题】

A. 增加文件大小　　　　B. 提高渲染速度

C. 快速识别对象的用途和内容　　　　D. 减少对象的数量

（7）在 Maya 中，使用层管理的主要优点是（　　）。【单选题】

A. 只影响渲染速度，不影响视图

B. 控制对象的渲染、选择和显示属性

C. 自动合并相似的对象

D. 减少需要渲染的对象总数

（二）场景模型制作过程性考核

1. 根据过程性考核项目 3：网络游戏场景模型制作评价表（见表 2-3-6）的评价指标进行场景模型自检，完成自评，将场景模型工程文件、效果预览截图文件提交给教师，教师进行教师评价。

表 2-3-6　　过程性考核项目 3：网络游戏场景模型制作评价表

序号	评价项目	配分（共 20 分）	评价细则	自评（占比 20%）	教师评价（占比 80%）	得分
1	模型造型准确	7	场景原画稿还原度高，6～7 分； 还原度较高，4～5 分； 还原度低，1～3 分			
2	结构比例准确	6	与场景原画稿中身高为 180 cm 的游戏角色对照，比例合理，结构清晰、准确，一处不符合扣 1 分，扣完为止			
3	布线简洁合理	3	面朝向一致，无冗余和交错的线，边保持连续，转折处线分布合理，一处不合理扣 1 分，扣完为止			

续表

序号	评价项目	配分（共 20 分）	评价细则	自评（占比 20%）	教师评价（占比 80%）	得分
4	模型干净，无重叠面	2	出现一处重叠面，扣 0.5 分，扣完为止			
5	面数合适	2	符合中模面数要求（10 000~15 000 个四边面）			
小计得分						
合计						

2. 根据教师点评的模型问题，思考并完成网络游戏场景模型修改和优化情况记录表（见表 2–3–7），再次修改和优化模型，提交优化后的场景模型文件。

表 2–3–7　网络游戏场景模型修改和优化情况记录表

检查项目	问题内容（教师填写）	修改方案（学生填写）	预期效果（学生填写）
整体比例	示例：整体造型在视觉上显得比例不协调、不准确	重新对比原画稿，调整模型网格，或通过变形器进行修改	达到更准确的模型比例
模型结构			
非流形几何体			
重叠面			
不必要的布线			
场景大纲视图			

六、分析场景模型

（一）分析模型，确定共用 UV

在三维场景中，将完全一样的模型和对称模型进行 UV 重叠处理，可达到节约 UV 空间的目的，共用 UV 的处理效果如图 2–3–17 所示。回答下列关于共用 UV 的问题，以小组为单位，分析场景模型并确定共用 UV。

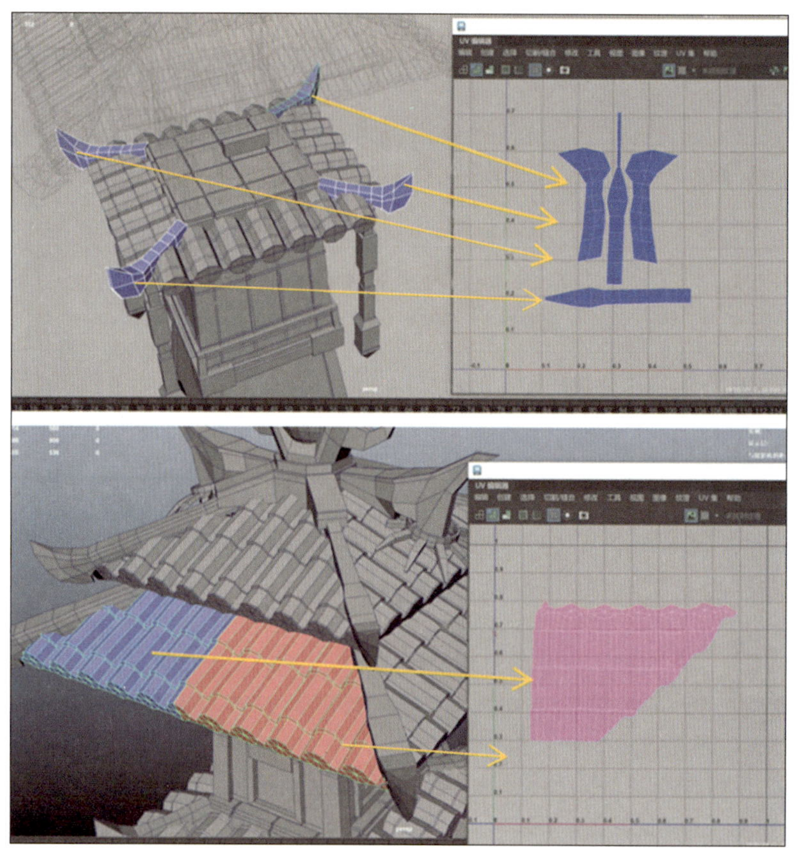

图 2-3-17 共用 UV 的处理效果

1. 在三维建模中，为节约 UV 空间，对两个完全一样模型 UV 的处理方式有（　　）。【单选题】

A. 为每个模型创建独立的 UV 布局

B. 允许两个模型的 UV 完全重叠

C. 随机排列每个模型的 UV

D. 只为一个模型创建 UV

2. 对于一个三维场景中的对称模型，可以最有效地利用 UV 空间的方式是（　　）。【单选题】

A. 为每个对称部分使用不同的 UV 布局

B. 对称部分的 UV 相互独立，互不重叠

C. 允许对称部分的 UV 重叠以节约空间

D. 对称部分不需要 UV 展开

3. 在三维建模中，共用 UV 的主要优点是（　　）。【单选题】

A. 增加模型的细节级别

B. 提高渲染的效率

C. 节省纹理空间

D. 增加模型的动画效果

（二）确定 UV 优先级

1. 在场景中占据较大比例并且在视觉层面上表现显著的模型部分应当优先进行 UV 展开，并为其分配较大的 UV 空间，以确保纹理的高质量和丰富的细节表现，UV 优先级的处理顺序如图 2-3-18 所示，回答下列关于 UV 优先级的问题。

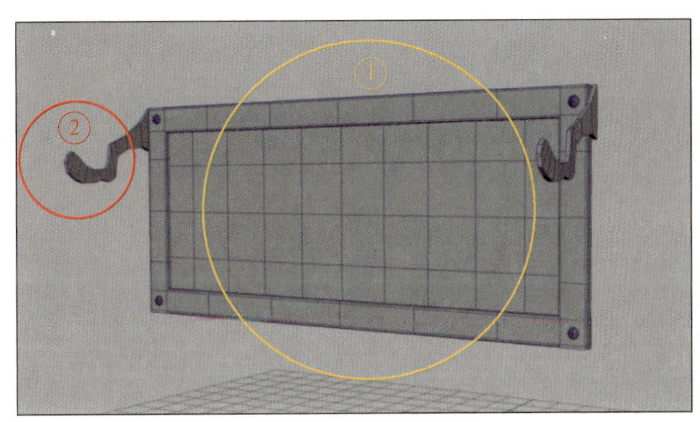

图 2-3-18　UV 优先级的处理顺序

（1）在一个三维场景中，应优先进行 UV 展开的模型是（　　）。【单选题】

A. 难以观察到的背景物体

B. 场景中的主要视觉焦点

C. 场景中不动的静态物体

D. 随机放置的小物件

（2）在决定 UV 展开优先级时，最重要的因素是（　　）。【单选题】

A. 模型在视觉上的占比大小　　B. 模型的颜色

C. 模型在视觉上是动是静　　D. 模型的数量

（3）对于需要用高分辨率纹理来保持细节的模型，处理其 UV 的方式应为（　　）。【单选题】

A. 随意展开，无须特殊处理

B. 进行 UV 网格放大比例处理

C. UV 展开的优先级应较低

D. 只需应用基本纹理

（4）UV 空间的合理利用示例图如图 2-3-19 所示，在三维模型的 UV 展开过程中，如果一个模型的面积占比较大，UV 格的 UV 处理方式为（　　）。【单选题】

A. 为面积占比较大的模型分配较小的 UV 空间，以节省纹理资源

B. 为面积占比较大的模型分配与其面积成比例的较大 UV 空间

C. UV 空间的大小与模型的面积无关

D. 所有模型分配均等 UV 空间

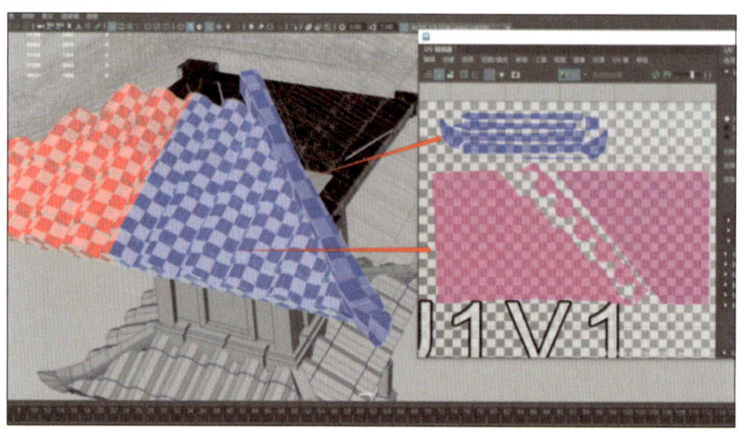

图 2-3-19　UV 空间的合理利用示例图

（5）当三维模型的某部分面积较大时，为保证纹理质量，其 UV 展开的处理方式为（　　）。【单选题】

A. 分配较少的 UV 空间，以节省纹理资源

B. 分配与其面积成比例的较大 UV 空间

C. 随机分配 UV 空间

D. 只使用重复的纹理图案，不分配 UV 空间

（6）大面积模型部分需要较大的 UV 空间，这是为了（　　）。【单选题】

A. 增加渲染速度　　B. 减少纹理的分辨率

C. 保持纹理的细节　　D. 简化 UV 展开的过程

2. 根据上述分析，观察中式箭楼三维模型的爆炸图，如图 2-3-20 所示，以小组为单位，选出中式箭楼中适合共用 UV 的模型，并进行 UV 优先级排序。

（1）共用 UV 模型（填写区域编号）：

____

（2）UV 优先级（填写区域编号）：

____

图 2-3-20　中式箭楼三维模型的爆炸图

七、展开 UV

（一）展开模型单个部件的 UV

1. 查阅信息页中的“单个部件 UV 展开示例”，回答下列关于模型 UV 展开技巧的问题。根据已建好的模型，使用 Maya 中的 Unfold3D 插件工具展开和排布 UV。

（1）在 Maya 中，UV 映射用于（　　）。【单选题】

A. 增加模型的多边形数量　　　　B. 将三维模型映射至二维平面上

C. 创建动画关键帧　　　　D. 调整光照效果

（2）在 Maya 中，自动映射选项的作用是（　　）。【单选题】

A. 仅对模型的一部分进行纹理映射

B. 选择一个固定的映射方式

C. 自动选择最佳的 UV 映射方式，随机布局 UV 块

D. 创建一个新的纹理文件

（3）在 UV 自动展开的第一步，需要做的是（　　）。【单选题】

A. 直接将三维模型投影到二维平面上

B. 识别三维模型的几何体结构，寻找可切割缝

C. 选择纹理图像

D. 优化纹理布局

（4）UV 自动展开的优化布局步骤的主要目的是（　　）。【单选题】

A. 增加模型的多边形数量

B. 最大化 UV 空间的使用效率

C. 创建动画效果

D. 删除不必要的 UV 岛

（5）在专业生产环境中，UV 自动展开后通常进一步的处理操作是（　　）。【单选题】

A. 重做模型建造

B. 手动调整以达到最佳视觉效果

C. 重新设计纹理图像

D. 减少模型的细节以适应 UV

2. 记录在展开建模 UV 过程中遇到的问题并及时与教师沟通解决，小组讨论，汇总组内问题，找出共性问题，并找到解决方法。

（1）大面积表面 UV 映射效果对比图如图 2-3-21 所示，根据图示分析：在对中式箭楼模型进行 UV 映射时，大面积表面（如墙面和地板）常会出现的问题是（　　）。【单选题】

A. 纹理缩放不均匀

B. 纹理重复和平铺效果明显

C. 纹理颜色变暗

D. 纹理被自动删除

a）

b）

图 2-3-21　大面积表面 UV 映射效果对比图

a）不理想效果　b）理想效果

（2）纹理拉伸部位示例图如图 2-3-22 所示，处理中式箭楼模型时，最可能出现纹理拉伸的部分

是（　　）。【单选题】

A. 宽广的平面区域　　B. 模型的内部结构

C. 长而窄的构件，如窗框或柱子　　D. 所有部分均有可能

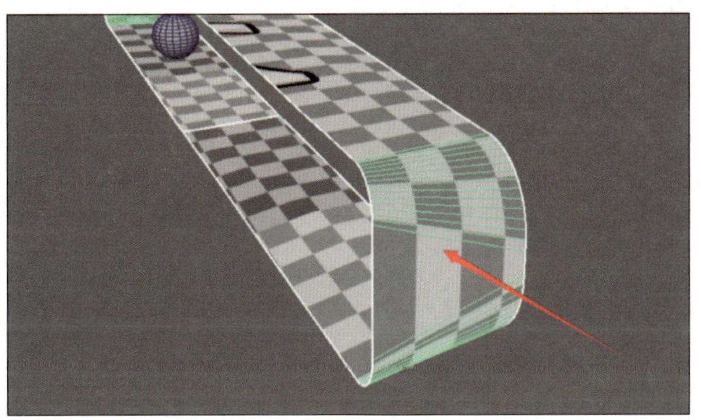

图 2-3-22　纹理拉伸部位示例图

（3）UV 映射的接缝和过渡问题示例图如图 2-3-23 所示，在中式箭楼 UV 映射中，接缝和过渡问题主要指（　　）。【单选题】

A. 模型的不同部分在材质上过渡不自然　　B. 纹理在接缝处断裂或不连续

C. 接缝部位纹理过度加深　　D. UV 布局完全重叠

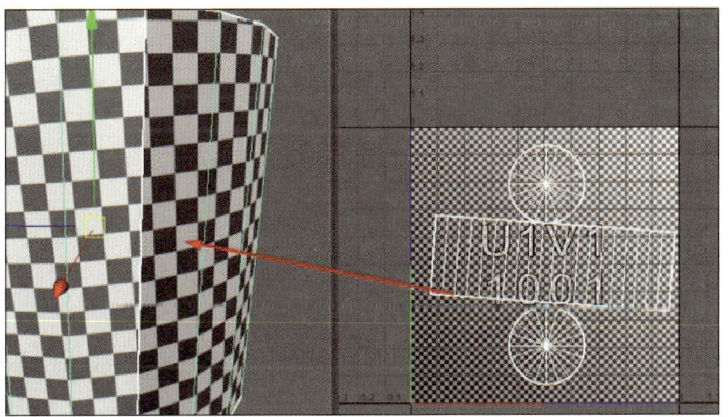

图 2-3-23　UV 映射的接缝和过渡问题示例图

（4）复杂几何造型 UV 映射问题示例图如图 2-3-24 所示，复杂几何造型在 UV 映射中容易出现问题，下列处理方式中描述正确的是（　　）。【单选题】

A. 不需要特殊处理

B. 使用自动映射即可解决

C. 需要进行精确的分区和映射，以保证纹理正确显示

D. 避免使用复杂造型

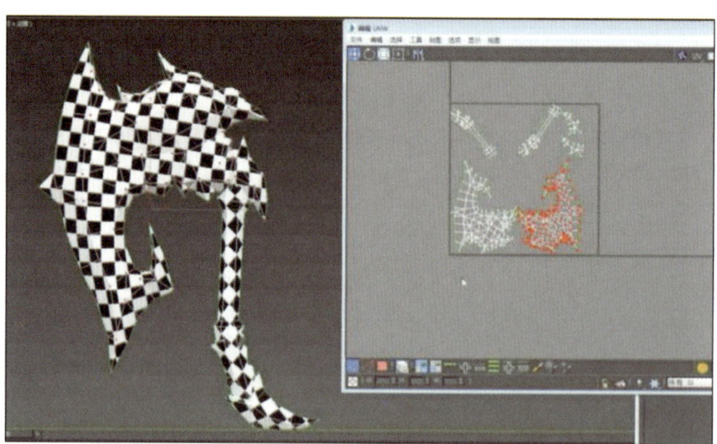

图 2-3-24 复杂几何造型 UV 映射问题示例图

（5）UV 分配不均匀问题示例图如图 2-3-25 所示，在 UV 映射过程中，UV 分配不均匀可能导致（ ）。【单选题】

A. 模型的多边形数量增加

B. 纹理在某些区域显得更清晰，在某些区域则很模糊

C. 纹理文件的容量变小

D. UV 映射速度变快

图 2-3-25 UV 分配不均匀问题示例图

（二）完成模型 UV 展开

1. 观摩教师演示的 UV 展开、排布和翻转方法，回答下列问题。

（1）UV 映射不规范可能导致的问题是纹理（ ）。【单选题】

A. 扭曲和拉伸　　　　B. 自动增亮

C. 颜色自动改变 D. 自动裁剪

（2）UV 分配不均可能对纹理质量产生的影响是（ ）。【单选题】

A. 提高纹理的动态范围 B. 影响特定区域的纹理分辨率

C. 增加纹理的透明度 D. 调整纹理的对比度

（3）不适当的 UV 切割和布局会导致（ ）。【单选题】

A. 模型颜色均匀 B. 纹理接缝明显

C. 渲染速度提高 D. 材质使用减少

（4）在制作高级贴图时，不规范的 UV 会导致（ ）。【单选题】

A. 贴图设计流程简化 B. 贴图的正确性受到影响

C. 贴图的逼真度增强 D. 图形处理单元（GPU）负担减轻

（5）不规范的 UV 布局可能对后期制作产生（ ）的影响。【单选题】

A. 提升效率 B. 增加工作量

C. 自动修正模型缺陷 D. 减少所需纹理数量

2. 根据教师的演示和讲解，使用 Maya 中的 Unfold3D 工具，完成网络游戏场景模型 UV 展开，并截取 UV 展开图以供检查。在完成 UV 展开后，正确的 UV 展开图截取方式是（ ）。【多选题】

A. 截取整个 UV 布局的全局视图，展示 UV 块的分布和间隔

B. 截取模型在原始状态下的三维视图

C. 放大截取特定 UV 岛的细节，检查重要区域的 UV 展开质量

D. 截取标注出的问题区域，如纹理拉伸或 UV 重叠

E. 使用棋盘格纹理检查的模型视图，截取展示纹理扭曲或拉伸情况

F. 截取模型的动画演示视频

八、检查和优化场景 UV

（一）明确检查要求，自检和优化 UV

思考并回答下列在 UV 展开中经常发生的问题。

1. 在提交棋盘格纹理截图给教师以供模型 UV 展开检查和评价时，应特别注意（ ）。【多选题】

A. 确保截图中模型每个部分的棋盘格大小完全一致

B. 检查棋盘格在模型表面的分布是否均匀，可揭示任何纹理拉伸或压缩

C. 检查模型中细节较多的区域，因为这些区域对纹理的要求较高

D. 观察棋盘格纹理在模型接缝处的对齐情况，检查是否存在纹理断裂

E. 从模型的多个角度（如正面、侧面、顶视和底视等）截图，以全面检查 UV 布局的效果，确保在不同视角下的表现一致

2. 在 UV 展开中，为什么要确保 UV 块之间有足够的间距？

答：____

____

3. UV 重叠有哪些潜在的影响？如何避免这些影响？有何特殊情况需要用到 UV 重叠？

答：____

____

4. UV 镜像应在什么情况下使用？它有哪些潜在问题？

答：____

____

5. 纹理密度的一致性为什么很重要？在哪些情况下纹理密度可以不一致？

答：____

____

（二）模型 UV 展开过程性考核

1. 根据过程性考核项目 4：网络游戏场景模型 UV 展开评价表（见表 2–3–8）的评价指标进行模型 UV 展开自检，完成自评，将场景模型 UV 展开截图文件提交给教师，教师进行教师评价，根据教师意见进行模型 UV 展开的修改和优化。

表 2–3–8　　过程性考核项目 4：网络游戏场景模型 UV 展开评价表

序号	评价项目	配分（共 20 分）	评价细则	自评（占比 20%）	教师评价（占比 80%）	得分
1	接缝位置选择	3	有一处接缝位置不合理扣 0.5 分，扣完为止			
2	共用模型 UV 运用得当	4	能共用模型 UV 但没有共用，有一处扣 0.5 分，扣完为止			
3	UV 优先级处理	3	依据材质面积和玩家视距，对 UV 进行优先级处理，没有处理不得分			

续表

序号	评价项目	配分（共 20 分）	评价细则	自评（占比 20%）	教师评价（占比 80%）	得分
4	UV 面积利用充分	4	UV 面积利用率达 80%，得 4 分； 利用率达 70%~80%，得 2 分； 利用率低于 70%，得 0 分			
5	UV 分布合理	3	UV 排列整齐、无重叠、无拉伸，3 分； 发现任一处问题，0 分			
6	分辨率符合要求	3	2 048×2 048 分辨率，3 分； 其他分辨率，0 分			
小计得分						
合计						

2. 根据教师意见进行模型 UV 展开的修改和优化，填写网络游戏场景模型 UV 修改和优化情况记录表（见表 2-3-9），参照 UV 展开示例图（图 2-3-26）提交修改和优化后的 UV 展开图。

表 2-3-9　网络游戏场景模型 UV 修改和优化情况记录表

模型区域	问题内容（教师填写）	修改方案（学生填写）	预期效果（学生填写）
示例：墙面	UV 接缝明显	调整 UV 坐标	接缝自然

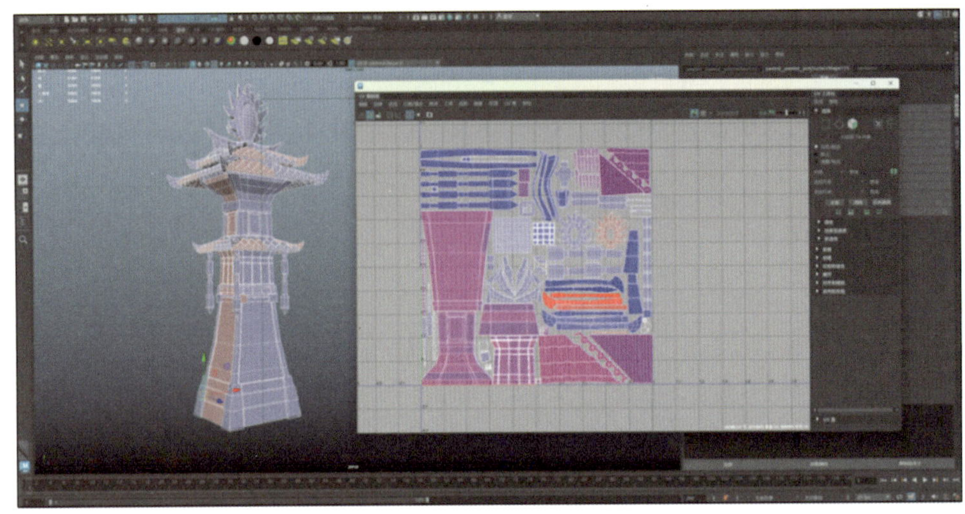

a）

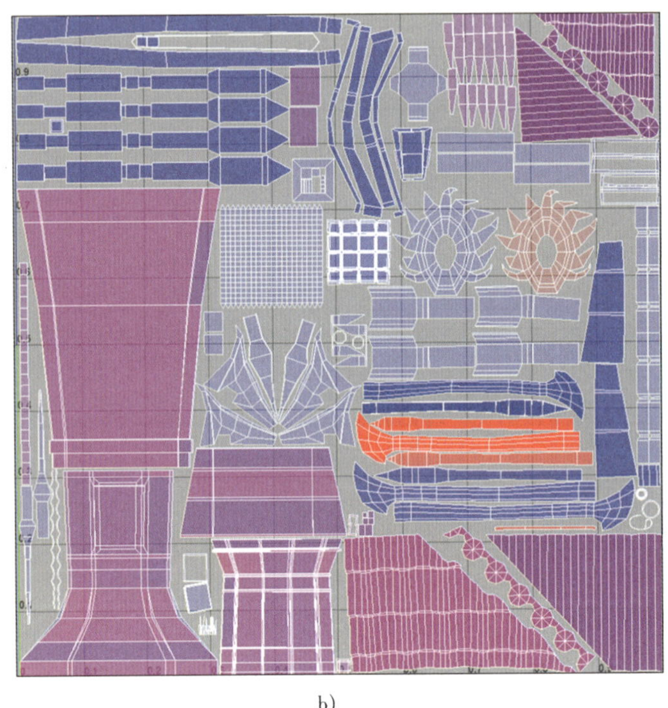

b）

图 2-3-26　UV 展开示例图

a）UV 展开界面　b）UV 展开效果

九、分析场景原画稿风格，收集贴图素材

（一）分析原画稿色彩和材质特点

1. 在互联网搜索“Maya 三维国风场景”相关信息，收集 2 张与场景原画稿类似的建筑模型图，观察三维场景的每种材质表现，回答下列问题。

（1）阅读信息页中的“原画色彩与材质特点分析”，尝试在建筑模型图案例分析表（见表 2-3-10）中描述收集到的建筑模型图的纹理类型、明度色调和各类材质特点。

表 2-3-10 建筑模型图案例分析表

建筑模型图	纹理类型	明度色调	各类材质特点

（2）在三维国风场景中，为保证后期灯光渲染表现正常，一般选择（　　）色调的贴图素材。【单选题】

A. 明暗对比强烈、层次明确　　B. 明暗对比不强烈，灰色

C. 无明确要求

2. 观察场景原画稿，思考和分析原画稿包含的色彩、明暗、材质类型等信息。

（1）描述场景原画稿包含的各类材质特点，填写场景原画稿材质特点分析表，见表 2-3-11。

表 2-3-11 场景原画稿材质特点分析表

材质类型	材质特点
金属	□高光强烈　□粗糙度高　□反射周边环境　□色彩明确　□明暗对比强
木头	□高光强烈　□粗糙度高　□反射周边环境　□色彩明确　□明暗对比强
布料	□高光强烈　□粗糙度高　□反射周边环境　□色彩明确　□明暗对比强
石材、混凝土	□高光强烈　□粗糙度高　□反射周边环境　□色彩明确　□明暗对比强

（2）观察场景原画稿，在下列选项中选出原画稿所对应的色调（　　）。【单选题】

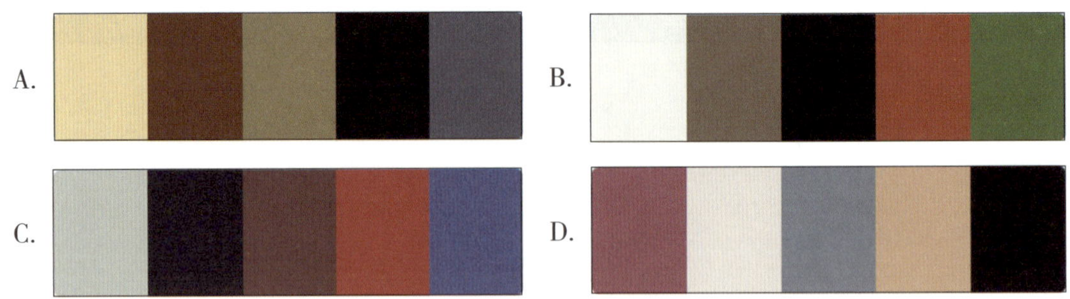

（3）根据以上对场景原画稿色调的分析结果，思考在 PBR 材质中，调节下列（　　）属性可以表现场景原画稿的质感。【多选题】

A. 金属度　　B. 粗糙度　　C. 颜色

D. 透明度　　E. 高度

（二）收集和遴选纹理贴图素材

准确提取信息关键词、高效收集素材并对素材进行合理分类和整理是信息处理能力的重要体现。根据场景原画稿的色彩和材质特点，回答下列有关纹理贴图素材收集和分类的问题，通过一些常用的素材网站（如微元素 CG 资源创作平台、爱给网等），收集、分类和整理贴图。

1. 在场景原画稿中，屋顶的瓦片属于（　　）类型。【单选题】

A. 青瓦

B. 琉璃瓦

C. 石板瓦

D. 金属瓦

2. 根据场景原画稿的色彩和材质特点，填写中式箭楼各部分贴图素材搜索关键词分析表，见表 2-3-12。

表 2-3-12　中式箭楼各部分贴图素材搜索关键词分析表

各部分	贴图素材搜索关键词
屋顶、飞檐装饰	
屋顶瓦片	

续表

各部分	贴图素材搜索关键词
屋梁、门窗、柱体	
墙体	

3. 通过关键词进行贴图素材搜索时，为避免收集的贴图与场景原画稿差异过大，在选取贴图时应注意（　　）等因素。【多选题】

A. 色彩匹配　　　　B. 纹理效果

C. 分辨率大于 1 024 × 1 024 像素　　　　D. 光影效果

E. 材质效果

4. 将收集好的贴图素材合理分类，能有效提高贴图工作的效率，整理和分类贴图的操作为（　　）。【单选题】

A. 按照材质和纹理分类：按照贴图表现的主要材质（如金属、木头、石材、布料等）分类

B. 按照使用频率分类：将常用的贴图单独分类，以便快速访问和使用

C. 按照应用场景分类：根据特定场景的需求分类

D. 按照光照和气氛分类：根据贴图在不同光照和气氛下的表现分类

十、贴图素材的再处理

（一）审核贴图素材

收集到的贴图素材通常不能被直接使用。根据场景原画稿的色彩和材质特点，以及贴图的基本属性，明确需要处理的贴图素材和处理方法，回答下列问题。

1. 在获得贴图素材后，常常需要对其明暗色调进行修改处理，观察图 2-3-27 所示的贴图素材问题示例，相较于图 2-3-27b，图 2-3-27a 的素材在色调方面需要修改的地方有（　　）。【多选题】

A. 色彩反差过大，需要统一色调

B. 明暗对比过大，需要统一亮度

C. 无须修改

D. 比例不合适，需要调整长宽比

a)　　　　b)

图 2-3-27　贴图素材问题示例

a）需修改素材　b）参考素材

2. 贴图素材纹理效果的处理难度较高，观察图 2-3-28 所示的贴图素材纹理问题示例，图中素材在纹理方面存在的问题有（　　）。**【多选题】**

A. 图 2-3-28a 中的贴图分辨率不匹配

B. 图 2-3-28a 中的纹理贴图有接缝

C. 图 2-3-28a 中的纹理重复度高

D. 无须修改

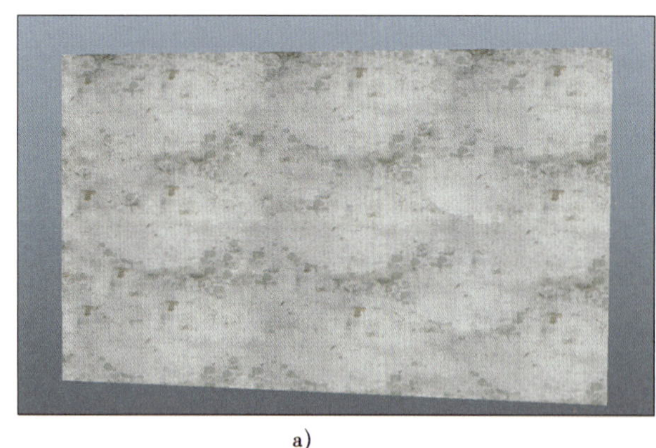
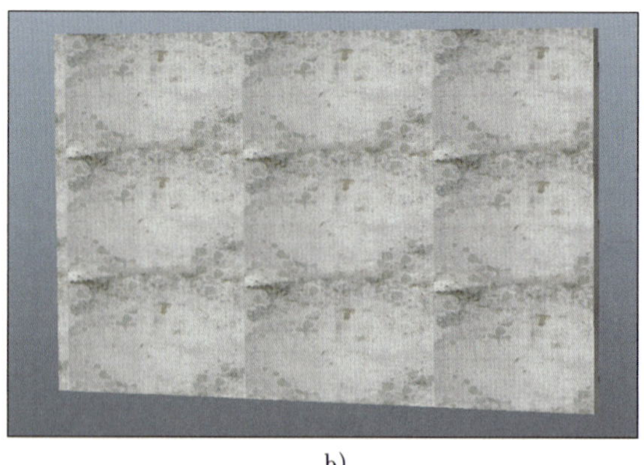

a)　　　　b)

图 2-3-28　贴图素材纹理问题示例

a）石板贴图 1　b）石板贴图 2

3. 观察贴图素材分辨率问题示例，如图 2-3-29 所示，图中素材需要修改的地方有（　　）。**【单选题】**

A. 纹理模糊　　　　B. 纹理不协调

C. 纹理色调不正确　　　　D. 无须修改

图 2-3-29 贴图素材分辨率问题示例

（二）明确贴图素材再处理方法，完成贴图素材处理

贴图素材再处理的常见方法包括调整色彩、修复缺陷、增加细节等。回答下列有关贴图素材再处理技巧的问题，根据教师的示范，使用 Photoshop 进行贴图素材的再处理。

1. 观察贴图素材色调问题示例，如图 2-3-30 所示，对比图 2-3-30a 和图 2-3-30b 的效果，分析两者色调、明暗的区别。下列选项中，应利用 Photoshop 对图 2-3-30b 进行的调整是（　　）。【单选题】

A. 色调过于鲜艳，应降低其色彩饱和度，提升亮度

B. 纹理不协调，应利用仿制图章工具复制纹理使其协调

C. 色彩鲜艳，可用作模型贴图，无须调整

D. 颜色偏红色，通过混合颜色通道降低红色数值即可

a)

b)

图 2-3-30 贴图素材色调问题示例

a）参考素材 b）需修改素材

2. 贴图纹理的高重复度是贴图处理的重要考虑因素，观察贴图素材纹理重复度问题示例，如图 2-3-31 所示，相较于图 2-3-31a，应利用 Photoshop 对图 2-3-31b 进行的调整是（　　）。【单选题】

A. 贴图裂纹不合理，需要更换素材

B. 贴图裂纹不协调，可利用仿制图章工具修复

C. 贴图裂纹无任何问题，无须调整

D. 贴图裂纹不协调，可利用拾色器取色，然后用画笔涂抹裂纹

a)

b)

图 2-3-31 贴图素材纹理重复度问题示例

a）参考素材 b）需修改素材

3. 观察贴图素材连续效果再处理示例，如图 2-3-32 所示，在下列选项中选择对应处理过程并准确排序：（ ）→（ ）→（ ）。

A. 使用仿制图章工具修补接缝处

B. 使用色阶工具调整色调和亮度

C. 增加贴图素材的分辨率

D. 对贴图素材使用位移工具，将其处理为重复、连续的素材

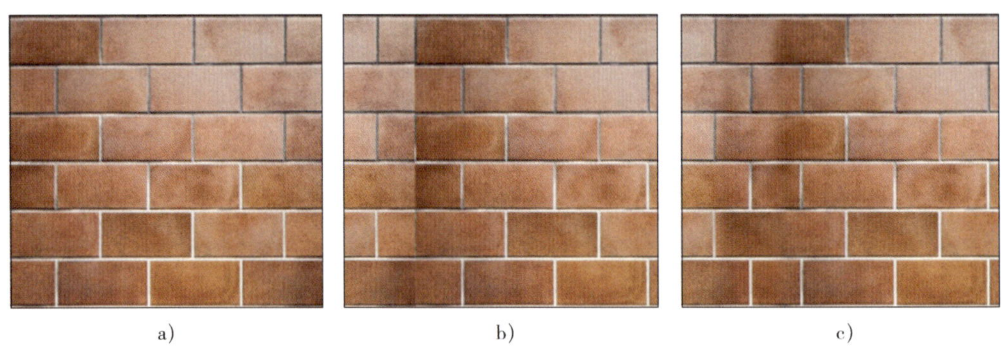

a) b) c)

图 2-3-32 贴图素材连续效果再处理示例

a）处理前素材 b）处理中素材 c）处理后素材

4. 观察贴图素材锐化效果再处理示例，如图 2-3-33 所示，应利用 Photoshop 对贴图素材进行的调整是（ ）。**【单选题】**

A. 调色　　B. 降低明暗　　C. 纹理克隆　　D. 锐化

a)　　b)

图 2-3-33　贴图素材锐化效果再处理示例

a）处理前素材　b）处理后素材

十一、制作场景材质贴图

（一）制作场景单个材质贴图

阅读信息页中关于“单个材质贴图的制作过程”的内容，对分好 UV 的模型进行材质贴图制作，回答下列问题。

1. 将模型在 Substance 3D Painter 中进行基础烘焙后，会得到的贴图包括（　　）。【多选题】

A. Normal　B. World Space Normal　C. ID　D. Ambient Occlusion

E. Curvature　F. Position　G. Metal　H. Thickness

2. 在 Substance 3D Painter 中，材质填充可调节的基本属性包括（　　）。【多选题】

A. Base Color　B. Height　C. Roughness

D. Metallic　E. Normal　F. Position

3. 在使用 Substance 3D Painter 进行材质制作的过程中，需要调用烘焙贴图来协助制作的情况为（　　）。【单选题】

A. 用普通的纹理笔刷绘制时　B. 外部纹理映射至模型时

C. 用智能材质制作时　D. 贴图输出时

4. Substance 3D Painter 作为一款需要与三维建模软件配合使用的 3D 材质应用软件，它的操作方式与（　　）基本一致。【单选题】

A. Maya　B. 3ds Max　C. Cinema 4D　D. Blender

5. 在使用 Substance 3D Painter 对模型进行观察时，需要尽量规避材质光的影响，如只需观察纯色时，应该把通道切换至（　　）。【单选题】

A. Metallic　B. Base Color　C. Normal　D. Height

6. 在 Substance 3D Painter 内，对模型进行照明的方式是（　　）。【单选题】

A. 物理平行灯光　　B. 无任何照明　　C. HDR 环境贴图　　D. 内置 Arnold 渲染器

（二）完成场景材质贴图制作

1. 观察教师的演示，结合学习任务一的材质贴图制作经验，参照图 2-2-1 中的流程图样例，在下方绘制 PBR 贴图制作流程和流程说明。

2. 根据教师的演示和讲解，使用 Substance 3D Painter 为分好 UV 的场景添加材质贴图。

（1）在 Substance 3D Painter 中导入预先分好 UV 的模型，使用模型自烘焙功能进行模型烘焙。为了确保结果达到所需的质量和细节水平，应该注意下列要点。

1）分辨率应当设置为（　　）像素。【单选题】

A. 512 × 512　B. 1 024 × 1 024　C. 2 048 × 2 048　D. 4 096 × 4 096

2）色彩空间设置为（　　）。【单选题】

A. sRGB709　B. LOG–3　C. RAW　D. ACEScg

3）自烘焙贴图的分辨率建议处于（　　）数值范围。【单选题】

A. 512 ~ 1 024　B. 1 024 ~ 2 048　C. 2 048 ~ 4 096　D. 2 048 ~ 8 192

4）烘焙贴图的通道包含（　　）。【多选题】

A. Normal　B. World Space Normal　C. ID　D. Ambient Occlusion

E. Curvature　F. Position　G. Thickness　H. Brightness

（2）根据教师的演示，在利用 Substance 3D Painter 的工具和材料库为模型添加基础的色彩和质感时，应注意下列要点。

1）在 Substance 3D Painter 中导入纹理贴图时，需要找到相应的导入选项以加载纹理贴图，漫反射等贴图应该规范导入（　　）属性栏中。【单选题】

A. Alpha　B. Colorful　C. Environment　D. Texture

2）在 Substance 3D Painter 中导入贴图资源时，“当前会话”对话框中的导入资源在关闭软件后__________；“项目 MeetMat”对话框中的导入资源跟着项目文件______；“库 your_assets”对话框中的导入资源会____________，成为软件永久素材。

（3）在使用 Substance 3D Painter 为模型添加基础的色彩和质感后，可进行色彩和质感调整，回答下列问题。

1）利用（　　）可以调整材质层贴图的颜色属性，包括色调、饱和度和亮度，让画面更协调，更接近原画稿。【单选题】

A. 色阶　B. 智能材质

C. 图层 Base Color 属性　D. Photoshop

2）为达到类似原画稿的视觉效果，修改图层光泽质感的操作是调整（　　）。【单选题】

A. 金属度、粗糙度　B. 透明效果

C. 次表面散射层　D. 图层颜色

（4）利用 Substance 3D Painter 的（　　）工具，可进一步细化纹理，确保各种纹理和材料在模型上融合自然，避免出现不真实的接缝和边缘。【单选题】

A. 笔刷、橡皮擦、仿制图章　　B. 钢笔

C. 几何体填充　　D. 涂抹

（5）处于真实世界中的物体往往有使用痕迹，在模型上对材质进行做旧处理，可使模型看起来更加真实和有历史感。

1）在 Substance 3D Painter 中，最适合用来添加磨损效果的工具包括（　　）。【多选题】

A. 光泽度滑块　　B. 磨损笔刷　　C. 智能材质　　D. 混合模式

2）思考如何使用 Substance 3D Painter 给一个新的三维模型添加刮痕效果，在 Substance 3D Painter 添加刮痕效果步骤分析表（见表 2-3-13）中描述所需的步骤和可能使用的工具或技术。

表 2-3-13　　Substance 3D Painter 添加刮痕效果步骤分析表

添加刮痕效果的步骤	使用的工具或技术

十二、检查和优化材质贴图

（一）自检和优化三维模型材质贴图

审美素养综合体现在对画面效果的观察、分析、判断和调整上，这些需要在日常学习中不断积累和提升。掌握好美术效果的评价要点和评价方法，是提升审美素养的有效途径。观察教师材质贴图检查的示范，明确材质贴图检查的要点及自检方法。

1. 在完成三维模型材质贴图制作后，进行自检和优化调整，是将作品提交上级（如模型组长、总监）检查前的必要步骤。回答下列关于材质贴图检查要点的问题。

（1）在企业中，进行三维模型材质贴图自检的目的是（　　）。【单选题】

A. 检查文件大小　　B. 判断色彩和材质特点是否表现准确

C. 选择合适的渲染器　　D. 比较不同软件的效果

E. 进行三维动画或游戏项目制作质量控制

（2）在对照场景原画稿和场景材质贴图进行自检时，需关注的要点有（　　）。【单选题】

A. 场景原画稿还原的准确性　　B. 材质的质感

C. 贴图的尺寸、比例　　D. 贴图的接缝处理

E. 贴图的灰度对比　　F. 上述所有内容

（3）进行材质贴图检查时，各个检查要点的重要性有所差别。分析网络游戏场景模型材质贴图检查要点权重分析表（见表 2-3-14）中的各个材质贴图检查要点，为它们赋予与之匹配的权重分值。

表 2-3-14　网络游戏场景模型材质贴图检查要点权重分析表

材质贴图检查要点	权重分值（总分 20 分）
材质表现符合场景原画稿风格	____分
材质真实自然	____分
贴图色彩效果符合场景原画稿风格	____分
贴图无接缝	____分
贴图清晰，分辨率符合要求	____分
颜色贴图无高光和阴影	____分

2. 有经验的模型师在进行三维模型材质贴图检查时，会采取一些快速且行之有效的方法。回答下列关于材质贴图检查方法的问题。

（1）根据以上对材质贴图检查要点权重的分析，在完成三维模型的材质贴图后，应首先进行（　　）的操作以确保材质贴图的准确性。【单选题】

A. 对照原画稿和规范检查每个材质贴图

B. 最终渲染输出

C. 删除所有材质重新开始

D. 随机更改材质来测试效果

（2）利用不同 HDR 环境灯对三维模型材质贴图进行自检是比较高效的检查方法，采用这种方法检查的目的是（　　）。【单选题】

A. 提高渲染速度

B. 减小文件大小

C. 确保材质在不同光照条件下的表现一致

D. 创建更多的阴影效果

3. 对照场景原画稿，按照网络游戏场景模型材质贴图自检记录表（见表 2-3-15）中的检查要点逐项自检，记录出现的问题并进行优化和修改。

表 2-3-15　　网络游戏场景模型材质贴图自检记录表

检查要点	自检问题
□材质表现符合场景原画稿风格	
□材质真实自然	
□贴图色彩效果符合场景原画稿风格	
□贴图无接缝	
□贴图清晰，分辨率符合要求	
□颜色贴图无高光和阴影	

（二）三维模型材质贴图过程性考核

1. 根据过程性考核项目 5：网络游戏场景模型材质贴图制作评价表（见表 2–3–16）的评价指标对场景模型材质贴图进行自检和优化，将材质贴图效果截图文件提交给教师，教师进行教师评价，根据教师意见进行材质贴图的修改和优化。

表 2-3-16　　过程性考核项目 5：网络游戏场景模型材质贴图制作评价表

序号	评价项目	配分（共 20 分）	评价细则	自评（占比 20%）	教师评价（占比 80%）	得分
1	材质表现符合场景原画稿风格	5	模型材质表现准确，与场景原画稿有一处表现不符扣 1 分，扣完为止			
2	材质真实自然	4	所有材质有做旧处理，有一处未做旧扣 1 分，扣完为止			
3	贴图色彩效果符合场景原画稿风格	5	贴图色彩效果与场景原画稿风格有一处不符扣 2 分，扣完为止			
4	贴图无接缝	2	有一处接缝扣 0.5 分，扣完为止			

续表

序号	评价项目	配分（共 20 分）	评价细则	自评（占比 20%）	教师评价（占比 80%）	得分
5	贴图清晰，分辨率符合要求	2	有一处分辨率不足、效果模糊扣 0.5 分，扣完为止			
6	颜色贴图无高光和阴影	2	有一处不符合要求扣 0.5 分，扣完为止			
小计得分						
合计						

2. 根据教师意见进行材质贴图的修改和优化，填写网络游戏场景模型材质贴图修改和优化情况记录表（见表 2-3-17），参照材质贴图成果示例图（图 2-3-34）提交修改和优化后的 Substance 3D Painter 模型材质贴图效果，同时提交模型透视图效果和材质贴图界面的展示图。

表 2-3-17　　网络游戏场景模型材质贴图修改和优化情况记录表

模型区域	问题内容（教师填写）	修改方案（学生填写）	预期效果（学生填写）
示例：整体模型	贴图分辨率低导致图片模糊	重新搜集素材，或通过图形处理软件锐化或拼接出更高质量的贴图素材	提高模型视觉清晰度，丰富细节

图 2-3-34　材质贴图成果示例图

学习环节四　审核优化、文件提交

学习目标

1. 能根据项目制作规范，在 Substance 3D Painter 中进行场景的多角度渲染，将网络游戏场景渲染截图提交给教师，进行整体效果审核，根据反馈对整体效果进行优化和调整，直至教师审核通过，修改过程体现对场景整体效果的评判和把握，体现审美素养。

2. 能根据场景制作项目规范文件要求对文件进行命名、整理和打包，提交项目文件包，交付成果，遵守合同规定的保密协议，确保不泄露项目机密信息，体现诚实守信的职业素养。

建议学时

3 学时

学习要求

序号	学习步骤	学习内容	学时	备注
1	提交网络游戏场景渲染截图，审核和优化画面整体效果	1. 场景画面整体效果的判断 2. 场景画面整体效果的调整 3. 场景画面整体效果包含的要素 4. 审美素养	2	
2	输出和交付项目文件	1. 项目文件整理归档方法 2. 交付标准和流程 3. 保密意识	1	

一、提交网络游戏场景渲染截图，审核和优化画面整体效果

提交的网络游戏场景渲染截图要能够比较直观地展现出画面的整体效果，所以截取的角度很重要。截图的造型、比例、色彩等要素要能与场景原画稿达到基本一致，符合网络游戏场景画面整体效果要求。

（一）输出和提交场景渲染截图

1. 观察并说出下列各图符合哪种视角，将合适的序号填写在图片下方。

①正视图 ②侧视图 ③背视图 ④底视图 ⑤顶视图 ⑥透视图 ⑦细节图

2. 在 Substance 3D Painter 中截取场景多角度渲染图时，一般截取的角度包括（　　）。【多选题】

A. 正视图　　B. 侧视图

C. 背视图　　D. 底视图

E. 顶视图　　F. 透视图

G. 细节图

3. 在审核时每个角度的渲染图各有观察的侧重点，阅读信息页中关于“常见几种视角的特点和应用介绍”的内容，从展示内容、展示目的和审核作用三个方面进行思考和分析，将下列对应信息进行连线。

视图	展示内容	展示目的	审核作用
正视图	展示建筑物的三维效果	了解建筑物的平面布局和内部结构	确定建筑物的比例和形状
侧视图	展示建筑物的顶面	了解建筑物的外观和结构	确定建筑物的布局和空间分配
顶视图	展示建筑物的侧面	感受建筑物的立体空间效果和景观	确定建筑物的立体感和氛围
透视图	展示建筑物的正面	了解建筑物的长度、宽度和高度等尺寸	确定建筑物的基本形状和外观信息

4. 根据以上分析确定截图视角，对照渲染截图提交确认表（见表 2-4-1），完成多个角度渲染图的截取和提交。

表 2-4-1　　渲染截图提交确认表

渲染图	是否完成
正视图	□是　□否
侧视图	□是　□否
顶视图	□是　□否
透视图	□是　□否

（二）审核和优化场景画面整体效果

对比学习任务一的道具模型，本任务模型在造型、结构、色彩、材质上更加复杂，也对制作者的审美素养提出了更高要求。根据下列指引，审核场景画面的整体效果。

1. 考察直观视觉印象是审核画面的第一步，观察下列场景图，选出视觉效果更好的那张图，并在对应图片下的括号内打“√”，口述选择它的原因。

2. 判断画面整体效果是一个主观与客观结合的过程，涉及多个方面。下列内容是动画或游戏画面的审美评判标准，仔细阅读并分辨其中关于三维游戏场景的内容，并在对应内容前面的□内打“√”。

□构图：画面的构图是否均衡，是否存在引导观众视线的元素，以及这些元素的布局；画面主题是否突出，背景元素是否有效地衬托了主题。

□造型：造型和比例是否与概念稿或原画稿一致，结构是否合理，有无明显的错误或比例失调。

□色彩：色彩细节是否与原画稿吻合，画面的整体色调是否和谐统一，突出场景氛围，是否有过亮或过暗的情况。

□光线：光线在画面中的运用情况，包括光源的方向、强度和色温；阴影是否有助于塑造画面的深度和立体感；光线和阴影是否增强了画面的故事性或情感表达。

□细节：画面中的细节（如纹理、笔触和线条等）是否精细且富有表现力。

□材质：材质效果是否符合原画稿，材质是否细节丰富、贴图清晰，画面中物体的质感是否有真实且引人入胜的表现。

□技巧：画面是否展示了制作人员熟练的技术技巧，如透视、比例和色彩搭配等；绘画或摄影技术是否恰当地服务于画面的主题和情感表达。

□风格：整体画面风格与原画稿是否一致。

□主题：画面传达的情感或主题是否明确且有深度；画面元素（如色彩、构图等）是否有助于强化这种情感或主题。

□创新：画面是否在构图、色彩运用、主题表达等方面展现出独特性和创新性；画面是否突破了传统的表现手法，为观众带来了新的视觉体验。

3. 根据以上分析，从造型、风格、色彩、材质方面对小型游戏场景模型效果图（图 2–4–1）进行简单评价，并在小型游戏场景模型效果评价表（见表 2–4–2）中尝试对评价思路进行简单描述。

图 2–4–1 小型游戏场景模型效果图

表 2-4-2　　小型游戏场景模型效果评价表

评价项目	评价结果	评价思路（简单描述）
造型	□优　□良　□中　□差	
风格	□优　□良　□中　□差	
色彩	□优　□良　□中　□差	
材质	□优　□良　□中　□差	

4. 听取教师对场景画面整体效果的评价，通过随机配对，与某位同学进行成果互评，并接受教师的评价和修改建议，完成过程性考核项目 6：网络游戏场景模型整体效果评价表，见表 2-4-3。

表 2-4-3　　过程性考核项目 6：网络游戏场景模型整体效果评价表

序号	评价项目	配分（共 10 分）	评价细则	互评（占比 30%）	同学修改意见	教师评价（占比 70%）	教师修改意见	得分
1	造型	3	模型整体造型符合场景原画稿设定，比例结构合理，无明显建模错误					
2	风格	2	模型整体风格与场景原画稿一致					
3	色彩	2	色彩细节与场景原画稿吻合，搭配和谐，突出场景氛围					
4	材质	3	材质细节丰富，贴图清晰，材质效果真实					
小计得分								
合计								

5. 根据同学和教师的修改意见对场景整体效果进行优化、调整，并确认最终效果，重新截取场景多角度渲染图并完成网络游戏场景整体效果修改和优化情况记录表，见表 2-4-4。

表 2-4-4　　网络游戏场景整体效果修改和优化情况记录表

修改内容	修改记录	预期效果
示例：箭楼台座偏高	对照箭楼整体比例，压缩台座高度	整体比例协调，符合原画稿

续表

修改内容	修改记录	预期效果

二、输出和交付项目文件

（一）明确项目交付要求和标准

1. 认真阅读场景制作项目规范文件，小组讨论并填写交付要求和标准。

（1）箭楼模型：不超过____________个四边面。

（2）箭楼的 PBR 贴图分辨率为__________________。

（3）模型的形体比例与场景原画稿要求（□一致 □不一致）。

（4）提交前将模型的________、__________、缩放值和轴心点归于__________。

（5）提交的 Maya 源文件禁止锁定__________，需要软、硬边或光滑组处于可__________状态。

2. 参考场景制作项目规范文件中描述的文件夹建立和命名规范，建立文件夹，并整理和打包应提交的文件。

（1）参考文件夹命名示例图（图 2-4-2）中的文件夹命名方式，写出本项目文件夹和子文件的正确命名格式。

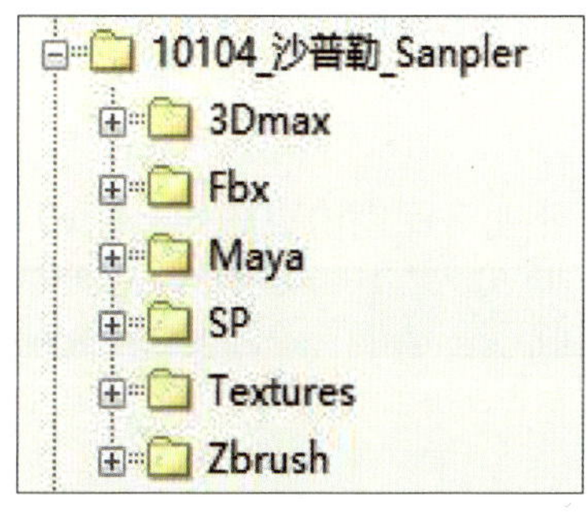

图 2-4-2　文件夹命名示例图

一级文件夹命名：____。

二级文件夹命名：__________、__________、__________、__________。

（2）根据场景制作项目规范文件中的文件命名要求，写出工程文件名称（如 Building_101_tower_dr1.ma）：____。

（二）提交项目文件包，交付成果

1. 对照项目文件交付要求和标准，检查各项文件是否完成，确保达到最终质量要求。按时提交项目文件包，交付成果，填写项目交付文档确认表，见表 2–4–5。

表 2–4–5　项目交付文档确认表

项目名称			提交时间	
序号	文件类型	文件格式	文件名称	是否完成
1	建模			
2	贴图			
3	效果截图			

2. 本任务是一个处于制作阶段、尚未正式发布、需要高度保密的商业项目，要求在制作过程中严格遵守保密协议。回答下列关于遵守保密协议方面的问题。

（1）在商业活动中，由于抵制不住利益诱惑或保密意识淡薄而造成的商业机密泄露，往往会导致严重的后果。阅读信息页中“泄露商业机密的行为”“泄露商业机密的后果”的相关内容，通过互联网查阅关于泄露商业机密的警示案例，小组讨论、总结不遵守保密协议可能造成的后果，填写不遵守保密协议后果分析表，见表 2–4–6。

表 2–4–6　不遵守保密协议后果分析表

分析角度	不遵守保密协议可能造成的后果
泄密造成公司损失	

续表

分析角度	不遵守保密协议可能造成的后果
泄密使当事人受到惩罚	
泄密使当事人个人前途受到影响	

（2）网络游戏从立项到上市流程多、技术复杂、工期长、涉及人员多且研发费用高昂。回顾制作过程，小组讨论应该规避的有可能造成泄密的言行包括（　　）。【多选题】

A. 在公司中与制作团队成员对接制作流程

B. 在亲朋好友等与项目制作无关的人员面前炫耀正在制作的项目

C. 工期太仓促，将项目文件拷贝回家继续加班制作

D. 在公司中使用私人计算机进行项目制作

E. 在接待或展示过程中充分讲解制作技术细节

F. 在公司中随意拍摄照片或录制短视频

学习环节五 展示汇报、总结反馈

学习目标

1. 能梳理网络游戏非雕刻场景制作技术难点和解决方法，制作网络游戏非雕刻场景制作任务成果展示图。

2. 能展示网络游戏非雕刻场景制作成果，分享和交流技术难点的解决方法和心得体会。

建议学时

3 学时

学习要求

序号	学习步骤	学习内容	学时	备注
1	梳理制作技术难点，制作成果展示图	1. 技术难点的梳理 2. 成果展示图的制作	1	
2	展示交流，总结反馈	总结、评价和反馈	2	

一、梳理制作技术难点，制作成果展示图

（一）梳理制作过程中的技术难点

1. 回顾本学习任务中对技术要点、制作问题和场景画面整体效果等的分析，将制作过程中难以解决的技术难点梳理并填写在网络游戏非雕刻场景制作技术难点梳理图（图 2-5-1）中。

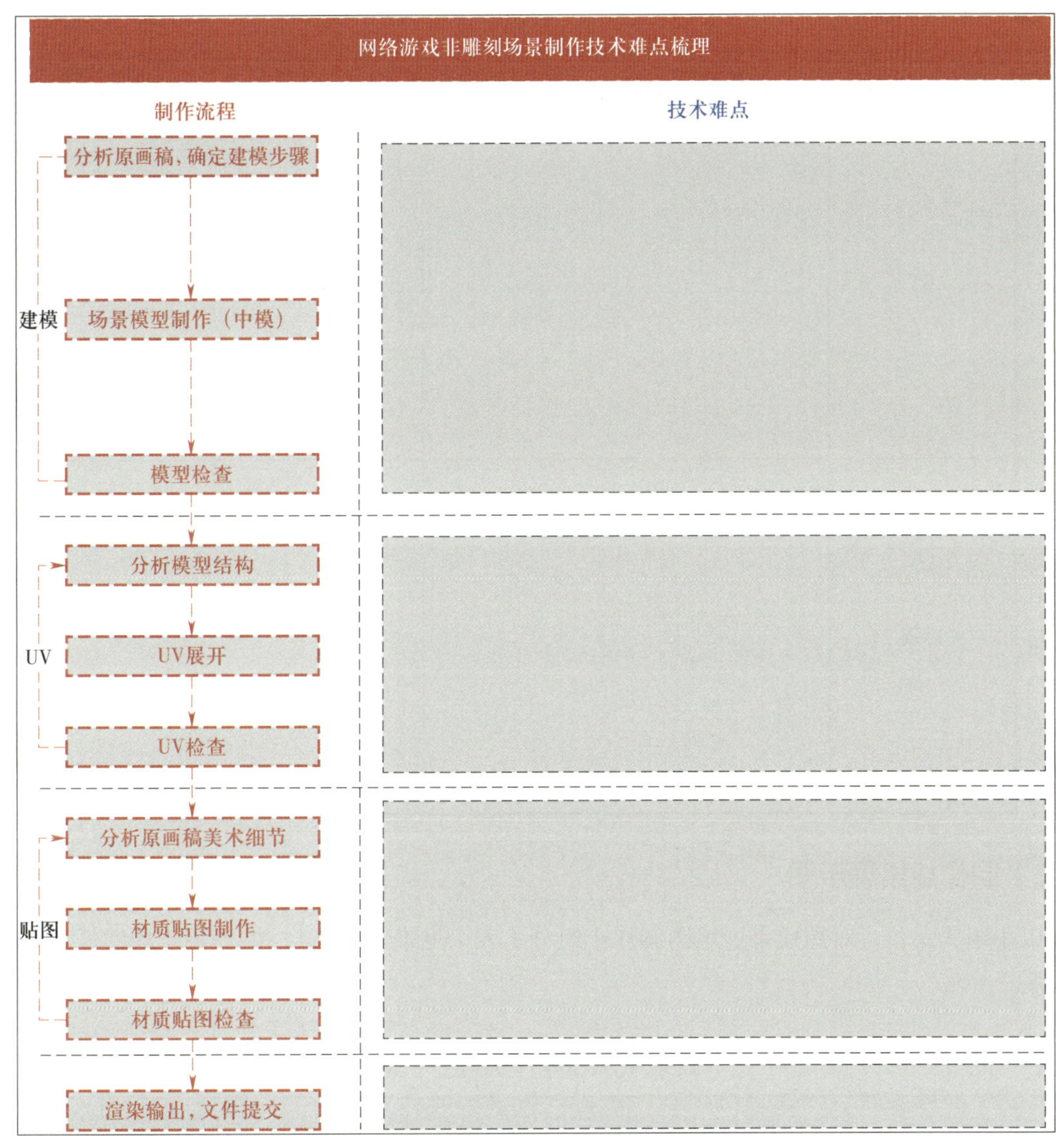

图 2-5-1　网络游戏非雕刻场景制作技术难点梳理图

2. 以小组为单位，对比分析组员各自的技术难点，找出普遍存在的部分，并记录在网络游戏非雕刻场景制作技术难点表（见表 2-5-1）中，与教师沟通技术难点的解决方法。

表 2-5-1　网络游戏非雕刻场景制作技术难点表

序号	项目	技术难点	解决方法
1	建模		

续表

序号	项目	技术难点	解决方法
2	UV		
3	贴图		

（二）制作成果展示图

1. 以小组为单位，对照成果展示图制作小组分工表（见表 2-5-2），梳理各阶段的任务成果，提炼成果展示内容。

表 2-5-2　　成果展示图制作小组分工表

序号	工作内容	负责人	完成情况
1	成果收集 （1人）		□场景模型截图 □ UV 展开截图 □贴图窗口截图 □四视角渲染图 □项目文件整理截图
2	技术难点整理 （1人）		□整理组内普遍存在的共性问题
3	制作技巧整理 （2人）		□整理组内认为比较高效的技术和技巧

2. 参考成果展示图效果示例（图 2-5-2）的形式，制作网络游戏非雕刻场景制作任务成果展示图。

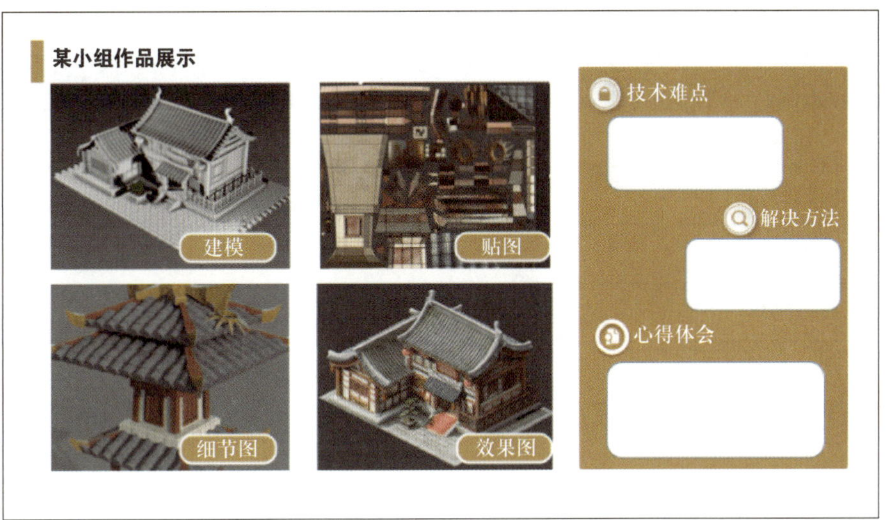

图 2-5-2 成果展示图效果示例

二、展示交流，总结反馈

（一）展示成果，交流心得

各小组选派一名组员进行工作成果汇报，分享和交流技术难点、解决方法和制作心得体会，小组其他成员可以补充展示内容。其他小组在倾听的过程中，对照过程性考核项目 7：网络游戏非雕刻场景制作任务成果展示评价表（见表 2-5-3）进行组间互评，教师完成教师评价。

表 2-5-3 过程性考核项目 7：网络游戏非雕刻场景制作任务成果展示评价表

序号	评价项目	配分（共 10 分）	评价细则	组间互评（占比 30%）	教师评价（占比 70%）	得分
1	展示内容	2	展示内容完整、画面清晰，成果无遗漏			
2	成果质量	2	成果的造型、风格、色彩和材质制作质量高			
3	技术交流	4	技术难点、解决方法、技术技巧有借鉴参考价值			
4	展示效果	2	条理清晰，自信大方，语言表达流畅			
小计得分						
合计						

（二）听取教师的总结和反馈

听取并记录教师对本次任务成果展示过程中各组表现、亮点和问题的点评，对照本组的表现，填写成果展示问题和解决方法记录表，见表 2-5-4。

表 2-5-4　　成果展示问题和解决方法记录表

序号	项目	记录内容
1	优点	
2	存在的问题	
3	亮点行为	
4	改进思路	

三、汇总过程性考核成绩

将本任务所有过程性考核项目的得分汇总在“网络游戏非雕刻场景制作”学习任务过程性考核成绩汇总表（见表 2-5-5）中。

表 2-5-5　“网络游戏非雕刻场景制作”学习任务过程性考核成绩汇总表

考核项目	配分 / 分	考核成绩
1. 任务信息提取（能力素养）	10	
2. 网络游戏场景制作计划（学习成果）	10	
3. 网络游戏场景模型制作（技能考核）	20	
4. 网络游戏场景模型 UV 展开（技能考核）	20	
5. 网络游戏场景模型材质贴图制作（技能考核）	20	
6. 网络游戏场景模型整体效果（能力素养）	10	
7. 网络游戏非雕刻场景制作任务成果展示（学习成果）	10	
合计	100	